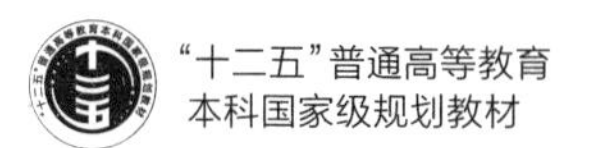

实变函数与泛函分析概要 第5版 第2册

Elements for Functions of a Real Variable and Functional Analysis

王声望 郑维行 编

高等教育出版社·北京

内容提要

本书第5版除了尽量保持内容精选、适用性较广外，尽力做到可读性强，便于备课、讲授及学习。修订时吸收了教学中的建议，增添了少量重要内容、例题与习题，一些习题还给出提示。

全书分两册。第1册包含集与点集、勒贝格测度、可测函数、勒贝格积分与函数空间 L^p 五章，第2册介绍距离空间、巴拿赫空间与希尔伯特空间、巴拿赫空间上的有界线性算子，以及希尔伯特空间上的有界线性算子四章。

本书每章附有小结，指出要点所在，并给出参考文献，以利进一步研习需要。习题较为丰富，供教学时选用。

本书可作为综合大学、理工大学、师范院校数学类专业的教学用书，也可作为有关研究生与自学者的参考书。学习本书的预备知识为数学分析、线性代数、复变函数的主要内容。

图书在版编目（CIP）数据

实变函数与泛函分析概要．第2册／王声望，郑维行编．－－5版．－－北京：高等教育出版社，2019.5（2023.11重印）
ISBN 978-7-04-051235-9

Ⅰ.①实… Ⅱ.①王… ②郑… Ⅲ.①实变函数－高等学校－教材②泛函分析－高等学校－教材 Ⅳ.①O17

中国版本图书馆 CIP 数据核字（2019）第011979号

策划编辑 田 玲　责任编辑 田 玲　特约编辑 刘 荣　封面设计 张申申
版式设计 徐艳妮　责任校对 窦丽娜　责任印制 刁 毅

出版发行 高等教育出版社
社 址 北京市西城区德外大街4号
邮政编码 100120
印 刷 天津嘉恒印务有限公司
开 本 787mm×1092mm 1/16
印 张 14.75
字 数 250千字
购书热线 010-58581118
咨询电话 400-810-0598
网 址 http://www.hep.edu.cn
http://www.hep.com.cn
网上订购 http://www.hepmall.com.cn
http://www.hepmall.com
http://www.hepmall.cn
版 次 1990年5月第1版
2019年5月第5版
印 次 2023年11月第6次印刷
定 价 28.60元

物 料 号 51235-00

第 5 版前言

本书自 2010 年第 4 版出版以来至今已逾八年。很多老师建议能修订一次为好，多听取一线教师的建议，修正错误，改进论述，以利莘莘学子学习并适应教改的新形势。高等教育出版社与上述意见不谋而合，经与编者协商，决定 2017 年 5 月 26 日在南京召开一次教材修订会议。同时会外的一些热心教授与读者也提供了许多宝贵建议，于是编者有了修改依据。修订工作持续了数月，凡有错误或不当之处，一经指出，即行改正。我们还对一些内容的编排作了变动，对一些重要定理、概念，补充了若干例子以增进其理解与应用，各章习题均重新编序。此外，对很多重要内容给予引申，指出相关文献以供进一步学习参考。总之，一切为了读者着想。

在此我们对南京大学朱晓胜、宋国柱、梅加强、徐兴旺、栗付才、师维学、李军各位教授与魏顺吉、刘泽华、王童瑞、陈谋、王少东同学，南京师范大学徐焱、张吉慧教授、华中师范大学彭双阶教授以及高等教育出版社田玲和刘荣同志一并表示衷心感谢。正是由于他们的宝贵意见与热心协助，修订工作得以顺利完成。虽经一定努力，仍恐有新的错误与不当之处，希望广大读者与专家不吝指正。

编　者

2018 年 7 月于南京

第4版前言

本书是在第3版的基础上修订编写而成。自2005年第3版以来,收到很多读者提出的宝贵意见,本校师维学、代雄平、栗付才、钟承奎几位教授及南京大学2006届数学系的同学在教学和使用过程中,都对本书提出了不少有益的意见和建议。本次修订在充分吸收这些意见和建议的基础上,考虑到现行学时的安排,在篇幅上进行了较大的调整,增加了关于依测度基本列概念与积分列的勒贝格-维它利定理,删去广义函数、解析算子演算、酉算子、正常算子的谱分解定理等内容,习题量进行了扩充以供选用,一些要点给予特别提示以利教学,对理论的论述、安排与例证均进行了推敲使其可读性更强,便于备课、讲授与学习。同时,还注意吸取国内外一些新教材的长处。

本书第1版时的初稿曾得到程其襄、严绍宗、王斯雷、张奠宙、徐荣权、俞致寿教授等的细心审查与认真讨论,曾远荣、江泽坚、夏道行教授专门审阅了手稿,函数论教研室的马吉溥、苏维宜、任福贤、何泽霖、宋国柱、王巧玲、王崇祜、华茂芬等同志也协助阅读了手稿,并参加了部分修改工作。在此谨向所有对本书提出意见和建议的专家、广大教师与读者表示衷心感谢,书中一丝一毫的改进均是与他们分不开的。虽然我们作了一定的努力,但书中的谬误想必难免,盼望专家与读者们不吝指正。

编　者

2010年10月

第3版前言

本书自第2版出版以来，经过不少学校教师使用，普遍感到基本上能适合教学要求，但也提出一些宝贵建议。我们在这次修订时认真地参考这些建议作了修改。例如，在内容上删去了非线性泛函部分，增加了Banach空间解析算子演算，对Hilbert空间自伴紧算子知识作了较详细阐述。此外，对一些不恰当之处也进行了修正，将不少术语改为通行的用词，如将直交改为正交，共轭空间改为对偶空间，自共轭算子改为自伴算子等等。由于水平所限，时间较紧，错误、遗漏之处在所难免，敬希广大读者不吝赐教。在此我们要感谢高等教育出版社王瑜、李蕊和崔梅萍等编辑的热心支持与很多教师、读者的宝贵建议，还要感谢ATA编辑部朱燕在打印中的辛勤劳动。

编　者

2004年10月于南京

目　录

— 第 2 册 —

第2册

第六章 距离空间

§1 距离空间的基本概念

在前面几章中,我们陆续讨论了 n 维欧几里得(Euclid) 空间 $\mathbf{R}^n$,L^2 空间,L^p 空间等.以 $\mathbf{R}^n$ 为例,我们在其中定义了**距离** ρ(见第一章 §4),它满足下面三个条件:

(i) **非负性**:对任何 $x,y\in\mathbf{R}^n$, $\rho(x,y)\geqslant 0$,而且 $\rho(x,y)=0$ 的充分必要条件是 $x=y$;

(ii) **对称性**: 对任何 $x,y\in\mathbf{R}^n$,有 $\rho(x,y)=\rho(y,x)$;

(iii) **三角不等式**: 对任何 $x,y,z\in\mathbf{R}^n$, 有

$$\rho(x,y)\leqslant\rho(x,z)+\rho(z,y).$$

如果我们仔细分析一下 $\mathbf{R}^n$ 中的许多重要内容(如收敛)与结论(如极限的唯一性),就可以发现,实质上它们仅与距离 ρ 的条件(i)—(iii) 有关.再以第五章中介绍过的空间 $L^p(F)$ (F 为可测集,$1\leqslant p<\infty$) 为例,首先在其中定义了范数,然后利用范数定义了距离:

$$\rho(x,y)=\left(\int_F |x(t)-y(t)|^p\mathrm{d}t\right)^{1/p}\quad (x,y\in L^p(F)).$$

读者不难发现,$L^p(F)$ 中的收敛以及与之有关的很多结论,实质上也与其中的距离满足条件(i)—(iii) 有关.因此,为了在一般的非空集合中引进收敛,一个可行的办法就是先引进距离.为了引进距离,则应以条件(i)—(iii) 为基础,因它们反映了事物的本质.

1.1 距离空间的定义及例

定义 1.1 设 X 为一非空集合,如果对于 X 中任给的两个**元素** x,y,均有一个确定的实数,记为 $\rho(x,y)$,与它们对应且满足下面三个条件:

(i) **非负性**: $\rho(x,y)\geqslant 0$, $\rho(x,y)=0$ 的充分必要条件是 $x=y$;

(ii) **对称性**: $\rho(x,y)=\rho(y,x)$;

(iii) **三角不等式**：$\rho(x,y) \leqslant \rho(x,z) + \rho(z,y)$，这里 z 也是 X 中的任意一个元素，

则称 ρ 是 X 上的一个**距离**，而称 X 是以 ρ 为距离的**距离空间**，记为 (X,ρ). 条件(i)—(iii) 称为**距离公理**. 距离空间中的元素又称为**点**. 在不会引起混淆的情况下，我们将 (X,ρ) 简记为 X.

现在设 X 为一距离空间，以 ρ 为距离. 又设 A 为 X 的一非空子集，则 A 按距离 ρ 也是一距离空间，称它为 X 的**子空间**. 如果 $A \neq X$，则称它为 X 的**真子空间**.

读者将会看到，一般的距离空间有很多与 $\mathbf{R}^n$ 相似的性质，但也有很多实质的不同，这些不同更应引起我们的重视.

其次，在任何一个非空集合 X 上，我们都可以定义距离. 例如，对任一 $x \in X$，我们规定 $\rho(x,x) = 0$，而对任给的 $y \in X$，只要 $y \neq x$，便规定 $\rho(x,y) = 1$. 显然 ρ 满足距离的全部条件，因此 X 按照距离 ρ 是一个距离空间，我们称它为**离散的**距离空间.

例 1（第一章 §4） **n 维欧氏空间 $\mathbf{R}^n$**

记 $\mathbf{R}^n$ 为所有 n 维实向量 $(\xi_1,\xi_2,\cdots,\xi_n)$ 构成的集合. 我们已经指出，在 $\mathbf{R}^n$ 中如果定义向量 $x = (\xi_1,\xi_2,\cdots,\xi_n)$ 与向量 $y = (\eta_1,\eta_2,\cdots,\eta_n)$ 之间的距离如下：

$$\rho(x,y) = \left(\sum_{k=1}^{n} |\xi_k - \eta_k|^2\right)^{1/2}, \tag{1}$$

则 ρ 满足定义 1.1 中的全部条件. 在第一章中，我们没有逐一验证这些条件. 为清楚起见，今以三角不等式为例加以验证. 为此先证明**柯西**(A. Cauchy) **不等式**

$$\left(\sum_{k=1}^{n} a_k b_k\right)^2 \leqslant \sum_{k=1}^{n} a_k^2 \cdot \sum_{k=1}^{n} b_k^2, \tag{2}$$

其中 $a_k, b_k (k = 1,2,\cdots,n)$ 均为实数. 任取实数 λ，则

$$0 \leqslant \sum_{k=1}^{n} (a_k + \lambda b_k)^2 = \sum_{k=1}^{n} a_k^2 + 2\lambda \sum_{k=1}^{n} a_k b_k + \lambda^2 \sum_{k=1}^{n} b_k^2.$$

右端是 λ 的二次三项式. 上述不等式表明它对 λ 的一切实数值都是非负的，故其判别式不大于零，即

$$\left(\sum_{k=1}^{n} a_k b_k\right)^2 \leqslant \sum_{k=1}^{n} a_k^2 \cdot \sum_{k=1}^{n} b_k^2.$$

柯西不等式(2)成立. 由这个不等式得到

$$\sum_{k=1}^{n} (a_k + b_k)^2 = \sum_{k=1}^{n} a_k^2 + 2\sum_{k=1}^{n} a_k b_k + \sum_{k=1}^{n} b_k^2$$

$$\leqslant \sum_{k=1}^{n} a_k^2 + 2\left(\sum_{k=1}^{n} a_k^2 \cdot \sum_{k=1}^{n} b_k^2\right)^{1/2} + \sum_{k=1}^{n} b_k^2$$

$$= \left[\left(\sum_{k=1}^{n} a_k^2\right)^{\frac{1}{2}} + \left(\sum_{k=1}^{n} b_k^2\right)^{\frac{1}{2}}\right]^2.$$

在 $\mathbf{R}^n$ 中任取点 $x=(\xi_1,\xi_2,\cdots,\xi_n)$，$y=(\eta_1,\eta_2,\cdots,\eta_n)$，$z=(\zeta_1,\zeta_2,\cdots,\zeta_n)$，并在上述不等式中令 $a_k=\xi_k-\zeta_k$，$b_k=\zeta_k-\eta_k(k=1,2,\cdots,n)$ 便得到三角不等式：

$$\rho(x,y) \leqslant \rho(x,z) + \rho(z,y).$$

因此 $\mathbf{R}^n$ 按距离(1)是一个距离空间.

在集合 $\mathbf{R}^n$ 中，我们还可以引入如下的距离：

$$\rho_1(x,y) = \max_{1\leqslant k\leqslant n} |\xi_k - \eta_k|, \tag{1'}$$

那么 ρ_1 也满足距离的全部条件，故 $\mathbf{R}^n$ 按照距离 ρ_1 也是一个距离空间（见本章习题）.

例 1 告诉我们，在一个集合中定义距离的方式不是唯一的.一般来说，如果在一个非空集合 X 中定义了距离 ρ 与 ρ_1，当它们不同时，我们则应如实地将 (X,ρ)、(X,ρ_1) 作为两个不同的距离空间来对待.

类似于例 1 中的 $\mathbf{R}^n$，我们还可以考虑复数的情形.假设 $\mathbf{C}^n$ 是由所有 n 维复向量

$$(\xi_1,\xi_2,\cdots,\xi_n)$$

构成的集合.对 $\mathbf{C}^n$ 中的任意两个向量 $x=(\xi_1,\xi_2,\cdots,\xi_n)$ 及 $y=(\eta_1,\eta_2,\cdots,\eta_n)$，我们仍旧用(1) 定义它们之间的距离，即

$$\rho(x,y) = \left(\sum_{k=1}^{n} |\xi_k - \eta_k|^2\right)^{1/2}.$$

与实数情形类似，可以证明复数情形的柯西不等式：

$$\left(\sum_{k=1}^{n} |a_k b_k|\right)^2 \leqslant \sum_{k=1}^{n} |a_k|^2 \cdot \sum_{k=1}^{n} |b_k|^2,$$

其中 $a_k,b_k(k=1,2,\cdots,n)$ 均为复数.

由柯西不等式可得

$$\left(\sum_{k=1}^{n} |a_k + b_k|^2\right)^{1/2} \leqslant \left(\sum_{k=1}^{n} |a_k|^2\right)^{1/2} + \left(\sum_{k=1}^{n} |b_k|^2\right)^{1/2}.$$

于是又可得到三角不等式

$$\rho(x,y) \leqslant \rho(x,z) + \rho(z,y),$$

这里 x,y,z 均属于 $\mathbf{C}^n$. 因此按照(1)定义的距离 ρ, $\mathbf{C}^n$ 是一个距离空间.

今后如不特别声明,均取(1)作为 $\mathbf{R}^n$, $\mathbf{C}^n$ 中的距离.

例 2　空间 $C[a,b]$

考察定义在$[a,b]$上所有实(或复)连续函数构成的集合 $C[a,b]$. $C[a,b]$ 中任意两个元素 x,y 之间的距离定义为

$$\rho(x,y)=\max_{a\leqslant t\leqslant b}|x(t)-y(t)|, \tag{3}$$

则 $C[a,b]$ 按照(3)中的距离 ρ 是一个距离空间. 距离公理中的条件(i)与(ii)是明显的. 我们仅验证三角不等式. 设 $x,y,z\in C[a,b]$, 则

$$\begin{aligned}|x(t)-y(t)|&\leqslant|x(t)-z(t)|+|z(t)-y(t)|\\&\leqslant\max_{a\leqslant t\leqslant b}|x(t)-z(t)|+\max_{a\leqslant t\leqslant b}|z(t)-y(t)|\\&=\rho(x,z)+\rho(z,y).\end{aligned}$$

因此

$$\rho(x,y)=\max_{a\leqslant t\leqslant b}|x(t)-y(t)|\leqslant\rho(x,z)+\rho(z,y),$$

三角不等式成立. 故 $C[a,b]$ 按照(3)中的距离 ρ 是一个距离空间.

例 3　空间 $L^p(F)$ $(1\leqslant p<\infty, F\subset\mathbf{R}$, 且为可测集)

在第五章中,我们已比较详细地讨论了空间 $L^p(F)$, 这里不打算重复. 大家知道,两个几乎处处相等的 p 幂可积函数在 $L^p(F)$ 中视为同一元素. 现在仅仅指出,如果对 $L^p(F)$ 中任意两个元素 x,y, 令*

$$\rho(x,y)=\left(\int_F|x(t)-y(t)|^p\mathrm{d}t\right)^{1/p}, \tag{4}$$

则 ρ 满足距离公理的全部条件(见第五章),因此 $L^p(F)$ 按照(4)中的距离 ρ 是一个距离空间.

例 4　空间 $L^\infty(F)$

在第五章中也已介绍了空间 $L^\infty(F)$. 现在我们对它进行比较详细的讨论,主要目的是证明按照由下面的(5)式定义的距离 ρ, $L^\infty(F)$ 是一个距离空间.

称定义在可测集 F 上的可测函数 $x(\cdot)$ 是**本性有界**的,如果存在 F 的某个零测度子集 F_0, 使得 $x(\cdot)$ 在集合 $F\backslash F_0$ 上有界. F 上所有本性有界可测函数构成的集合用 $L^\infty(F)$ 表示,几乎处处相等的两个本性有界的可测函数看作同一元素. 对 $L^\infty(F)$ 中任意两个元素 x,y, 令

---

* 在第 2 册中,所有积分符号均改为与微积分中黎曼积分的符号一致,而与第 1 册中使用的积分符号不同,特此声明.

$$\rho(x,y) = \inf_{\substack{mF_0=0 \\ F_0\subset F}} \left\{ \sup_{t\in F\setminus F_0} |x(t) - y(t)| \right\}$$

$$= \operatorname*{ess\,sup}_{t\in F} |x(t) - y(t)|. \tag{5}$$

需要验证 ρ 满足距离的三个条件.我们也只验证三角不等式.

设 $x,y,z \in L^\infty(F)$.任给 $\varepsilon > 0$,存在 $F_1,F_2 \subset F, mF_1 = mF_2 = 0$, 使得

$$\sup_{t\in F\setminus F_1} |x(t) - z(t)| \leqslant \rho(x,z) + \frac{\varepsilon}{2},$$

$$\sup_{t\in F\setminus F_2} |z(t) - y(t)| \leqslant \rho(z,y) + \frac{\varepsilon}{2}.$$

注意到 $m(F_1 \cup F_2) = 0$, 于是

$$\begin{aligned}
\rho(x,y) &\leqslant \sup_{t\in F\setminus(F_1\cup F_2)} |x(t) - y(t)| \\
&\leqslant \sup_{t\in F\setminus(F_1\cup F_2)} |x(t) - z(t)| + \sup_{t\in F\setminus(F_1\cup F_2)} |z(t) - y(t)| \\
&\leqslant \sup_{t\in F\setminus F_1} |x(t) - z(t)| + \sup_{t\in F\setminus F_2} |z(t) - y(t)| \\
&\leqslant \rho(x,z) + \rho(z,y) + \varepsilon.
\end{aligned}$$

令 $\varepsilon\to 0$,便得到

$$\rho(x,y) \leqslant \rho(x,z) + \rho(z,y).$$

即三角不等式成立. 因此按照(5) 中定义的距离 $\rho, L^\infty(F)$ 确为一个距离空间.

例 5　空间 $l^p(1 \leqslant p < \infty)$

令 l^p 是由满足下列不等式的实(或复) 数列 $x = \{\xi_1,\xi_2,\cdots,\xi_n,\cdots\}$ 构成的集合:

$$\sum_{n=1}^{\infty} |\xi_n|^p < \infty.$$

我们的目的是证明 l^p 按照下面的(9) 式定义的距离为距离空间. 为清楚起见,先设 $1 < p < \infty$.在第五章 §1 的不等式 $u^\alpha v^\beta \leqslant \alpha u + \beta v(u \geqslant 0, v \geqslant 0)$ 中令 $\alpha = \dfrac{1}{p}, \beta = \dfrac{1}{q}$,这里 p,q 互为相伴数, 于是

$$u^{\frac{1}{p}} v^{\frac{1}{q}} \leqslant \frac{u}{p} + \frac{v}{q}. \tag{6}$$

任取 l^p 中的元素 $x = \{\xi_1,\xi_2,\cdots,\xi_n,\cdots\}$ 及 l^q 中的元素 $y = \{\eta_1,\eta_2,\cdots,\eta_n,\cdots\}$.对于任意给定的 $n = 1,2,3,\cdots$, 取

$$u=\frac{|\xi_n|^p}{\sum\limits_{k=1}^{\infty}|\xi_k|^p},\quad v=\frac{|\eta_n|^q}{\sum\limits_{k=1}^{\infty}|\eta_k|^q}.$$

将以上的 u,v 代入(6) 中,并对 n 求和再经过简单计算,便有

$$\frac{\sum\limits_{n=1}^{\infty}|\xi_n\eta_n|}{\left(\sum\limits_{k=1}^{\infty}|\xi_k|^p\right)^{1/p}\left(\sum\limits_{k=1}^{\infty}|\eta_k|^q\right)^{1/q}}\leqslant\frac{1}{p}+\frac{1}{q}=1.$$

再将上式左端分母中的 k 换成 n,得到

$$\sum_{n=1}^{\infty}|\xi_n\eta_n|\leqslant\left(\sum_{n=1}^{\infty}|\xi_n|^p\right)^{1/p}\left(\sum_{n=1}^{\infty}|\eta_n|^q\right)^{1/q}. \tag{7}$$

我们也称(7)为**赫尔德(O. Hölder)不等式**.

今任取 l^p 中的两个元素 $x=\{\xi_1,\xi_2,\cdots,\xi_n,\cdots\}$ 及 $y=\{\eta_1,\eta_2,\cdots,\eta_n,\cdots\}$. 由不等式

$$|a+b|^p\leqslant[|a|+|b|]^p\leqslant[2\max\{|a|,|b|\}]^p\leqslant 2^p(|a|^p+|b|^p)$$

(这里 a,b 均为实(或复)数)可知,$\{\xi_1+\eta_1,\xi_2+\eta_2,\cdots,\xi_n+\eta_n,\cdots\}$ 也含于 l^p. 于是 $\{|\xi_1+\eta_1|^{p/q},|\xi_2+\eta_2|^{p/q},\cdots,|\xi_n+\eta_n|^{p/q},\cdots\}$ 含于 l^q. 由赫尔德不等式,有

$$\sum_{n=1}^{\infty}|\xi_n||\xi_n+\eta_n|^{p/q}\leqslant\left(\sum_{n=1}^{\infty}|\xi_n|^p\right)^{1/p}\left(\sum_{n=1}^{\infty}|\xi_n+\eta_n|^p\right)^{1/q};$$

$$\sum_{n=1}^{\infty}|\eta_n||\xi_n+\eta_n|^{p/q}\leqslant\left(\sum_{n=1}^{\infty}|\eta_n|^p\right)^{1/p}\left(\sum_{n=1}^{\infty}|\xi_n+\eta_n|^p\right)^{1/q}.$$

于是

$$\begin{aligned}\sum_{n=1}^{\infty}|\xi_n+\eta_n|^p&=\sum_{n=1}^{\infty}[(|\xi_n+\eta_n|)|\xi_n+\eta_n|^{p-1}]\\&\leqslant\sum_{n=1}^{\infty}[(|\xi_n|+|\eta_n|)|\xi_n+\eta_n|^{p/q}]\\&=\sum_{n=1}^{\infty}|\xi_n||\xi_n+\eta_n|^{p/q}+\sum_{n=1}^{\infty}|\eta_n||\xi_n+\eta_n|^{p/q}\\&\leqslant\left[\left(\sum_{n=1}^{\infty}|\xi_n|^p\right)^{1/p}+\left(\sum_{n=1}^{\infty}|\eta_n|^p\right)^{1/p}\right]\left(\sum_{n=1}^{\infty}|\xi_n+\eta_n|^p\right)^{1/q},\end{aligned}$$

因此

$$\left(\sum_{n=1}^{\infty}|\xi_n+\eta_n|^p\right)^{1/p}\leqslant\left(\sum_{n=1}^{\infty}|\xi_n|^p\right)^{1/p}+\left(\sum_{n=1}^{\infty}|\eta_n|^p\right)^{1/p}. \tag{8}$$

如果 $p=1$,不等式(8) 显然成立.因此我们在应用不等式(8) 时,既可设 $p>1$,也可设 $p=1$.称(8) 为**闵可夫斯基(H.Minkowski) 不等式**.

在 $l^p(1\leqslant p<\infty)$ 中定义如下的距离

$$\rho(x,y)=\left(\sum_{n=1}^{\infty}|\xi_n-\eta_n|^p\right)^{1/p}. \tag{9}$$

利用闵可夫斯基不等式可以证明三角不等式,方法与例 3 完全类似,故从略.于是 ρ 满足距离的条件(iii).至于距离的条件(i)、(ii),则显然. 因此 $l^p(1\leqslant p<\infty)$ 按照(9) 中定义的距离 ρ 是一个距离空间.

当 $p=1$ 时,我们将 l^1 简记为 l.

例 6　空间 l^∞

令 l^∞ 是由一切有界的实(或复) 数列构成的集合.任取 l^∞ 中的两个元素 $x=\{\xi_1,\xi_2,\cdots,\xi_n,\cdots\}$ 及 $y=\{\eta_1,\eta_2,\cdots,\eta_n,\cdots\}$. 令

$$\rho(x,y)=\sup_{1\leqslant n<\infty}|\xi_n-\eta_n|. \tag{10}$$

不难证明(10)中定义的 ρ 满足距离的全部条件,因此 l^∞ 按照(10)中定义的距离 ρ 是一个距离空间.

1.2　距离空间中的收敛及其性质

这一章开始时,我们就已指出, 在一非空集合中引进距离后,便可以引进收敛.现在就着手引进收敛的定义并讨论与它有关的一些性质.

定义 1.2　设 $\{x_n\}$ 为距离空间 X 中的一个**点列**(或称**序列**),这里 $n=1,2,3,\cdots$. 如果存在 X 中的点 x_0,使得当 $n\to\infty$ 时,$\rho(x_n,x_0)\to 0$,则称点列 $\{x_n\}$ **收敛**于 x_0, 记为

$$\lim_{n\to\infty}x_n=x_0 \quad \text{或} \quad \{x_n\}\to x_0 \quad (n\to\infty).$$

有时也简记为

$$x_n\to x_0 \quad (n\to\infty).$$

称 x_0 为 $\{x_n\}$ 的**极限**.

定理 1.1　设 $\{x_n\}$ 是距离空间 X 中的收敛点列,则下列性质成立:

(i) $\{x_n\}$ 的极限唯一;

(ii) 对任意的 $y_0\in X$,数列 $\{\rho(x_n,y_0)\}$ 有界.

证　(i) 设 $\{x_n\}$ 收敛于 x_0,又收敛于 y_0. 由关系式

$$\rho(x_0,y_0)\leqslant\rho(x_n,x_0)+\rho(x_n,y_0)\to 0 \quad (n\to\infty)$$

可知, $x_0=y_0$,$\{x_n\}$ 的极限唯一.(i) 成立.

(ii) 现设 y_0 是 X 中任一给定的点.因数列 $\{\rho(x_n,x_0)\}$ 收敛,故有界,于是存

在 $M>0$,使得 $\rho(x_n,x_0)\leqslant M$ 对一切 n 成立,因此

$$\rho(x_n,y_0)\leqslant\rho(x_n,x_0)+\rho(x_0,y_0)\leqslant M+\rho(x_0,y_0).$$

$\{\rho(x_n,y_0)\}$ 有界,(ii) 成立. ∎

定理 1.2 设 $\{x_n\}$ 是距离空间 X 中的点列,且收敛,则 $\{x_n\}$ 的任一子列 $\{x_{n_k}\}$ 也收敛,且收敛于同一极限.

反之,若 $\{x_n\}$ 的任一子列收敛,则 $\{x_n\}$ 本身也收敛.

证 设 $\{x_n\}$ 收敛于 x_0,则容易证明任一子列 $\{x_{n_k}\}$ 也收敛于 x_0. 证明与数学分析中的相应结果类似,故从略.

反之,设 $\{x_n\}$ 不收敛,则存在 $\varepsilon_0>0$ 及子列 $\{x_{n_k}\}$,使得

$$\rho(x_{n_k},x_{n_l})>\varepsilon_0.$$

因此 $\{x_{n_k}\}$ 不收敛也不存在收敛的子列. 与假设矛盾,故结论必成立,即 $\{x_n\}$ 本身必收敛. ∎

现在考察空间 $\mathbf{R}^n$ 及 $C[a,b]$ 中的收敛.

对于 $\mathbf{R}^n$ 来说,其中的点列 $\{x^{(m)}\}=\{(\xi_1^{(m)},\xi_2^{(m)},\cdots,\xi_n^{(m)})\}$ 按照等式(1) 或按照等式(1′) 定义的距离收敛于 $x=(\xi_1,\xi_2,\cdots,\xi_n)$ 的充分必要条件均为 $x^{(m)}$ 的每个坐标收敛于 x 的相应坐标. 证明如下. 由以下一系列不等式

$$\begin{aligned}\max_{1\leqslant k\leqslant n}|\xi_k^{(m)}-\xi_k| &\leqslant\left(\sum_{k=1}^{n}|\xi_k^{(m)}-\xi_k|^2\right)^{1/2}\\ &\leqslant|\xi_1^{(m)}-\xi_1|+\cdots+|\xi_n^{(m)}-\xi_n|\\ &\leqslant n\max_{1\leqslant k\leqslant n}|\xi_k^{(m)}-\xi_k|\end{aligned}$$

可知,

$$\rho_1(x^{(m)},x)\leqslant\rho(x^{(m)},x)\leqslant n\rho_1(x^{(m)},x).$$

因此结论成立.

对于 $C[a,b]$(距离由等式(3) 定义) 来说,其中的点列 $\{x_n\}$ 收敛于点 x_0 的充分必要条件是:作为函数列的 $\{x_n(\cdot)\}$ 在 $[a,b]$ 上一致收敛于函数 $x_0(\cdot)$.

设 $\{x_n\}$ 按照距离(3) 收敛于 x_0,则当 $n\to\infty$ 时,

$$\max_{a\leqslant t\leqslant b}|x_n(t)-x_0(t)|\to 0.$$

这意味着对任给的 $\varepsilon>0$,存在着仅与 ε 有关的 N,使得当 $n>N$ 时,对所有的 $t\in[a,b]$,有

$$|x_n(t)-x_0(t)|<\varepsilon,$$

故 $\{x_n(t)\}$ 一致收敛于 $x_0(t)$.

反之,设$\{x_n(\cdot)\}$在$[a,b]$上一致收敛于 $x_0(\cdot)$,则对于任给的 $\varepsilon>0$,存在仅与 ε 有关的 N,使得当 $n>N$ 时,不等式

$$|x_n(t)-x_0(t)|<\varepsilon$$

对于所有的 $t\in[a,b]$ 一致地成立,于是

$$\max_{a\leqslant t\leqslant b}|x_n(t)-x_0(t)|\leqslant\varepsilon\quad(n>N),$$

即 $\rho(x_n,x_0)\leqslant\varepsilon(n>N)$.这表明$\{x_n\}$作为空间 $C[a,b]$ 中的点列按照距离(3)收敛于 x_0.

在$C[a,b]$中还可以定义其他的距离,但相应的收敛概念未必与一致收敛等价.例如对 $C[a,b]$ 中任意两个元素 x,y,定义:

$$\rho_1(x,y)=\left(\int_a^b|x(t)-y(t)|^2\mathrm{d}t\right)^{1/2}.$$

容易看出,$C[a,b]$ 按照ρ_1 是一个距离空间而且是 $L^2[a,b]$ 的子空间.在 $C[a,b]$ 中取函数列

$$x_n(t)=\frac{1}{(b-a)^n}(t-a)^n\quad(t\in[a,b],n=1,2,\cdots).$$

由勒贝格控制收敛定理(第四章),$\{x_n\}$ 按照距离ρ_1 收敛于$C[a,b]$中的零元素.但作为函数列,$\{x_n(\cdot)\}$在$[a,b]$上显然不一致收敛于零.因此在 $C[a,b]$ 中,按照距离 ρ_1 导出的收敛概念不等价于一致收敛.

迄今为止,我们已经引进了距离及距离空间,在此基础上又引进了收敛,并讨论了若干有关的性质.概括起来,我们应当注意以下几方面:

(i) 对于任何一个非空集合,我们都可以定义距离.但是一般说来,我们应当根据该集合的特点适当地引进距离以充分反映这些特点.例如,对 $C[a,b]$,我们常常用等式(3) 定义距离;对于 $L^p(F)$,我们常常用等式(4) 定义距离,等等.只有这样,在理论和实践上才有意义.

(ii) 定义距离的方式一般说不唯一.

(iii) 如果一个非空集合中定义了两个或两个以上的距离,那么由它们导出的收敛可以等价也可以不等价.当不等价时,便得到本质上不同的距离空间.

§2 距离空间中的点集及其上的映射

2.1 几类特殊的点集

类似于空间 $\mathbf{R}^n$，在一般的距离空间中也可以引进邻域、开集、闭集等. 关于 $\mathbf{R}^n$ 中的邻域、开集、闭集等，在第一章中已作了详细讨论. 这里将根据一般距离空间的特点引进这些概念，且在叙述的方式上基本相同. 不过在一般的距离空间中，它们所包含的内容既丰富得多也深刻得多.

定义 2.1 距离空间 X 中的点集

$$\{x:\rho(x,x_0)<r\} \quad (r>0) \tag{1}$$

称为以 x_0 为中心，以 r 为半径的**开球**，这里 x_0 是 X 中一个给定的点. 如果在(1)式中将"$<$"换成"$\leqslant$"，则相应的点集 $\{x:\rho(x,x_0)\leqslant r\}$ $(r>0)$ 称为以 x_0 为中心，以 r 为半径的**闭球**. 上述开球与闭球分别用 $S(x_0,r)$，$\overline{S}(x_0,r)$ 表示. 以 x_0 为中心，以正数 r 为半径的开球又称为 x_0 的一个**球形邻域**，简称为**邻域**.

有了邻域的概念，便可以引进开集、闭包、闭集，等等.

定义 2.2 设 X 是一个距离空间，$G\subset X$，$x\in G$. 如果存在 x 的某个邻域 $S(x,r)\subset G$，则称 x 是 G 的**内点**. G 的全部内点构成的集合记为 G°，称为 G 的**内部**. 如果 G 中的每一个点都是它的内点，则称 G 为**开集**. 空集规定为开集.

由定义可知，X 中的任何开集一定是某些开球（可能无穷多个）的并，而任何一个开球本身也是开集.

如果 x 是集合 $A\subset X$（A 未必是开集）的内点，我们也称 A 是 x 的一个邻域.

定理 2.1 设 X 是距离空间，则

(i) 空间 X 与空集 $\varnothing$ 都是开集；

(ii) 任意多个开集的并是开集；

(iii) 有限多个开集的交是开集.

由于几乎可以逐字逐句重复第一章有关定理的证明，故本定理的证明从略.

定义 2.3 设 X 是距离空间，$A\subset X$，点 $x_0\in X$. 若对任给的 $\varepsilon>0$，x_0 的邻域 $S(x_0,\varepsilon)$ 中含有 A 中异于 x_0 的点，即

$$S(x_0,\varepsilon)\cap(A\setminus\{x_0\})\neq\varnothing,$$

则称 x_0 是 A 的**聚点**或**极限点**. 若 $x_0\in A$ 但不是 A 的聚点，则称 x_0 为 A 的**孤立点**.

集合 A 的全部聚点构成的集合称为 A 的**导集**，记为 A'. 并集 $A\cup A'$ 称为 A 的**闭包**，记为 $\overline{A}$. 如果 $A=\overline{A}$，则称 A 为**闭集**.

我们已经引进了集合 A 的内点、聚点与孤立点，等等. 此外还引进了开集、导

集、闭包与闭集，等等.容易看出，A 的内点与孤立点必属于集合 A，聚点则可能属于 A 也可能不属于 A.而聚点与孤立点则是两个相反的概念.还容易看出，一个开集恰好由它的全部内点构成，一个集合的闭包恰好由它的全部聚点（可能属于这个集合也可能不属于这个集合）与它的全部孤立点（必属于这个集合）构成.闭集则恰好由它的全部聚点与全部孤立点（二者均属于这个集合）构成.

例 1　在 $\mathbf{R}$ 中考察点集 $A=\left\{1,\frac{1}{2},\cdots,\frac{1}{n},\cdots\right\}$，距离为 $\rho(x,y)=|x-y|$，则对于每个 $n(n=1,2,\cdots)$，$\frac{1}{n}$ 是 A 的孤立点，0 是 A 的聚点，但不属于 A.设 B 是区间 $(0,1]$，距离与 A 的距离相同，则闭区间 $[0,1]$ 中的一切点都是 B 的聚点，$(0,1)$ 中的一切点都是它的内点.因此聚点可以是内点也可以不是内点.

例 2　设 $A=\{0,1,2,\cdots,n,\cdots\}$，即 A 为全部非负整数构成的集合，距离同例 1 中 A 的距离.显然，A 按照距离 ρ 为一距离空间.A 中的一切点都是它的孤立点，也都是它的内点.由此可见内点与孤立点并非互斥.

以下的定理给出了闭包的基本特性.

定理 2.2　设 X 是距离空间，A，B 都是 X 的子集，则

(i) $A\subset\overline{A}$；　(ii) $\overline{\overline{A}}=\overline{A}$；　(iii) $\overline{A\cup B}=\overline{A}\cup\overline{B}$；　(iv) $\overline{\varnothing}=\varnothing$.

证　(i) 与 (iv) 是明显的，我们只证 (ii) 与 (iii).

(ii) 由 (i) 显然有 $\overline{A}\subset\overline{\overline{A}}$.今设 $x_0\in\overline{\overline{A}}$，那么对任给的 $\varepsilon>0$，开球 $S(x_0,\varepsilon)$ 中必含 $\overline{A}$ 中的点，任取一个这样的点，记为 y_0.令 $\delta=\varepsilon-\rho(x_0,y_0)$，则 $\delta>0$.因 $y_0\in\overline{A}$，故开球 $S(y_0,\delta)$ 中至少含有 A 中的一个点，记为 z_0. 由于

$$S(x_0,\varepsilon)\supset S(y_0,\delta),$$

故 $z_0\in S(x_0,\varepsilon)$，这说明 $x_0\in\overline{A}$，因此 $\overline{A}=\overline{\overline{A}}$.

(iii) 由于 $A\subset A\cup B$，故 $\overline{A}\subset\overline{A\cup B}$.同理 $\overline{B}\subset\overline{A\cup B}$，于是

$$\overline{A}\cup\overline{B}\subset\overline{A\cup B}.$$

现在证明 $\overline{A\cup B}\subset\overline{A}\cup\overline{B}$.设 $x_0\in\overline{A\cup B}$，于是对于任给的 $\varepsilon>0$，有

$$S(x_0,\varepsilon)\cap(A\cup B)\neq\varnothing. \tag{2}$$

因此以下的交中

$$S(x_0,\varepsilon)\cap A;\quad S(x_0,\varepsilon)\cap B,$$

至少有一个非空，于是 x_0 或者属于 $\overline{A}$ 或者属于 $\overline{B}$，二者必居其一.因此 $x_0\in\overline{A}\cup\overline{B}$.这表明 $\overline{A\cup B}\subset\overline{A}\cup\overline{B}$，因此 $\overline{A\cup B}=\overline{A}\cup\overline{B}$. ∎

由定理2.2(ii)可知,任何集合的闭包必为闭集.此外,还容易证明,$A \subset X$为闭集的充分必要条件是$X \backslash A$是开集(见本章习题).由这一事实及定理2.1可知,下面的定理成立:

定理2.3 设X为距离空间,则

(i) 空间X及空集$\varnothing$都是闭集;

(ii) 任意多个闭集的交是闭集;

(iii) 有限多个闭集的并是闭集.

例3 设X为一离散的距离空间.X中的距离由下面的等式给出(见§1.1):

$$\rho(x,y)=\begin{cases}0, & 若\ x=y,\\ 1, & 若\ x\neq y,\end{cases}$$

这里x,y均属于X.根据这个定义,X中的每个点既为它的内点也为它的孤立点.因此X的每个子集都是既开且闭的集.

2.2 稠密性与可分性

在第五章中我们已经在空间$L^p(F)$中定义了稠密性与可分性,并且证明了$L^p(F)$是可分的.由于定义它们的主要基础是$L^p(F)$中的距离,因此不难将它们拓广到一般情形.

定义2.4 设A,B均为距离空间X的子集.如果$\overline{B} \supset A$,则称B在A中**稠密**.

稠密性有下面几个等价命题:

(i) 对于任给的$x \in A$以及任给的$\varepsilon > 0$,存在B中的点y使$\rho(x,y) < \varepsilon$;

(ii) 对于任给的$\varepsilon > 0$,以B中的每个点为中心,以ε为半径的全部开球的并包含A;

(iii) 对于任给的$x \in A$,存在B中的点列$\{x_n\}$收敛于x(在第五章中,对L^p空间引入稠密性时,用的便是这一等价命题).

应当注意,在稠密性的定义中,并不要求$B \subset A$,B与A甚至可以没有公共点.

定义2.5 设X为距离空间.若X存在稠密的可列子集,则称X**可分**.

例4 (i) $\mathbf{R}^n$是可分的,因为$\mathbf{R}^n$中坐标为有理数的点构成的集是$\mathbf{R}^n$的一个可列稠密子集.

(ii) 空间$C[a,b]$是可分的,因为利用第五章中的伯恩斯坦定理可以证明:所有有理系数的多项式构成的集P_0在$C[a,b]$中稠密,而P_0是可列集.

(iii) 空间$L^p(F)$ $(p \geqslant 1)$是可分的,这在第五章§2中已经证明.

但确实存在着不可分的距离空间.

例5 $L^\infty[a,b]$是不可分的距离空间.设A是由如下的函数

$$x_s(t)=\begin{cases}1, & a \leqslant t \leqslant s, \\ 0, & s < t \leqslant b\end{cases} \quad (s \in [a,b])$$

构成的集合. 由空间 $L^\infty[a,b]$ 中距离的定义,对于任意的 $s,s' \in [a,b]$,只要 $s \neq s'$, 就有

$$\rho(x_s, x_{s'}) = 1. \tag{3}$$

如果 $L^\infty[a,b]$ 是可分的,则它存在稠密的可列子集,记为 M_0. 以 M_0 中的每个元素为中心,以 1/3 为半径作开球,这类开球有可列个,且它们的并是 $L^\infty[a,b]$,因此包含 A. 由于 A 的基数为 $\aleph$,故 A 中至少有两个元素,例如说,x_{s_0} 及 x_{s_1} 含在同一个球中. 于是 x_{s_0}, x_{s_1} 的距离不可能大于 2/3, 即

$$\rho(x_{s_0}, x_{s_1}) \leqslant \frac{2}{3},$$

这与等式 (3) 矛盾. 因此 $L^\infty[a,b]$ 不可分.

2.3 距离空间上的连续映射

§2.1、§2.2 研究了距离空间中点集的性质. 为了更全面地研究距离空间,我们还需研究从一个距离空间到另一个距离空间的映射,其中又以连续映射比较重要.

定义 2.6 设 X, Y 都是距离空间,距离分别为 ρ, ρ_1. 如果对每一个 $x \in X$,按照某个规律必有 Y 中唯一的 y 与之对应,则称这个对应是一个**映射**. 映射常用记号 T 来表示. 据此,我们有 $Tx = y$.

如果对于某一给定的点 $x_0 \in X$,映射 T 满足下面的条件:对任给的 $\varepsilon > 0$,存在 $\delta > 0$,使得当 $\rho(x, x_0) < \delta$ 时,有 $\rho_1(Tx, Tx_0) < \varepsilon$,则称映射 T 在点 x_0 处**连续**. 如果映射 T 在 X 中的每一点处都连续,则称 T 在 X **上连续**,且称 T 是**连续映射**.

定义 2.7 设 T 是由距离空间 X 到距离空间 Y 的映射,$A \subset X$. 称集合

$$\{Tx : x \in A\}$$

为集合 A 的**像**,记为 $T(A)$. 设 $B \subset Y$, 则称集合

$$\{x : Tx \in B\}$$

为集合 B 的**原像**,记为 $T^{-1}(B)$.

例 6 设 X 是距离空间, 以 ρ 为距离, $x_0 \in X$ 为任一给定的点, 则 $f(x) = \rho(x, x_0)$ 是 X 到 $\mathbf{R}$ 的连续映射.

证 对于任给的 $x, y \in X$, 由三角不等式有

$$\rho(y, x_0) \leqslant \rho(y, x) + \rho(x, x_0),$$

因此

$$\rho(y,x_0)-\rho(x,x_0)\leqslant\rho(y,x). \tag{4}$$

同理

$$\rho(x,x_0)-\rho(y,x_0)\leqslant\rho(y,x). \tag{5}$$

由(4),(5)可知,

$$|f(y)-f(x)|=|\rho(y,x_0)-\rho(x,x_0)|\leqslant\rho(y,x).$$

任给 $\varepsilon>0$,取 $\delta=\varepsilon$,则当 $\rho(y,x)<\delta$ 时,有 $|f(y)-f(x)|<\varepsilon$.故 f 是连续映射. ∎

今后我们将由距离空间 X 到实(或复)数域中的映射称为**泛函**.例如上例中的 $f(x)=\rho(x,x_0)$ 便是定义在 X 上的一个泛函.与古典分析中函数的记号类似,在本书中,常用 f,g,h 等表示泛函.

下面的定理给出了映射连续性的等价条件.

定理 2.4 距离空间 X 到距离空间 Y 中的映射 T 在点 $x_0\in X$ 连续的充分必要条件是对任何收敛于 x_0 的点列 $\{x_n\}\subset X$,有 $\{Tx_n\}$ 收敛于 Tx_0.

证 必要性 设 X,Y 的距离分别为 ρ,ρ_1,且设 T 在点 x_0 处连续,则对于任给的 $\varepsilon>0$,存在 $\delta>0$,使得当 $\rho(y,x_0)<\delta$ 时,$\rho_1(Ty,Tx_0)<\varepsilon$. 今设 $\{x_n\}\subset X$ $(n=1,2,3,\cdots)$ 收敛于 x_0.于是存在 $N>0$,使得当 $n>N$ 时,$\rho(x_n,x_0)<\delta$,因此 $\rho_1(Tx_n,Tx_0)<\varepsilon$,即 $\{Tx_n\}\to Tx_0$.

充分性 用反证法.设定理的条件成立,但 T 在 x_0 处不连续,于是存在某个正数 ε_0 以及点列 $\{x_n\}\subset X$,使得对于每个 n $(n=1,2,3,\cdots)$,有 $\rho(x_n,x_0)<\dfrac{1}{n}$,但 $\rho_1(Tx_n,Tx_0)\geqslant\varepsilon_0$.显然与定理中的充分性假设矛盾,故 T 在点 x_0 处连续. ∎

定理 2.5 距离空间 X 到距离空间 Y 中的映射 T 连续的充分必要条件是下列两个条件之一成立:

(i) 对于 Y 中的任一开集 G,G 的原像 $T^{-1}(G)$ 是 X 中的开集;

(ii) 对于 Y 中的任一闭集 F,F 的原像 $T^{-1}(F)$ 是 X 中的闭集.

证 (i) 必要性 X,Y 的距离仍分别设为 ρ,ρ_1.再设 G 是 Y 中的开集,如果 $T^{-1}(G)$ 是空集,则它显然是开集.今设 $T^{-1}(G)$ 非空.任取 $x_0\in T^{-1}(G)$,令 $y_0=Tx_0$,则 y_0 是 G 的内点,故存在 $\varepsilon>0$,使 $S_1(y_0,\varepsilon)\subset G$,这里 $S_1(y_0,\varepsilon)$ 表示 Y 中以 y_0 为中心,以 ε 为半径的开球.因 T 连续,故存在 $\delta>0$,使得当 $\rho(x,x_0)<\delta$ 时,$\rho_1(Tx,Tx_0)=\rho_1(Tx,y_0)<\varepsilon$,即 $Tx\in S_1(y_0,\varepsilon)\subset G$,故 $x\in T^{-1}(G)$. 而 x 是 $S(x_0,\delta)$ 中的任一点,故 $S(x_0,\delta)\subset T^{-1}(G)$,因此 $T^{-1}(G)$ 为 X 中的开集.

充分性 任取 $x_0\in X$ 并任取 $\varepsilon>0$.令 $G=S_1(Tx_0,\varepsilon)$.由假设,$T^{-1}(G)$ 为开

集,故存在 $\delta > 0$ 使 $S(x_0,\delta) \subset T^{-1}(G)$. 由此可知,当 $\rho(x,x_0) < \delta$ 时,$\rho_1(Tx, Tx_0) < \varepsilon$,故 T 在 x_0 处连续. 而 $x_0 \in X$ 是任意的,故 T 在 X 上连续.

(ii) 不难证明:对于 Y 中的任何两个子集 A,B,如果 A,B 在 Y 中互为余集,那么它们的原像在 X 中也互为余集. 注意到开集与闭集互为余集,由(i) 的充分必要性可知,(ii) 也是 T 连续的充分必要条件. ∎

连续映射的重要特例是**同胚映射**及更特殊的情形:**等距映射**. 为此,先引进逆映射.

设 T 是由距离空间 X 到距离空间 Y 的单映射,即对任意的 $x_1,x_2 \in X$,当 $x_1 \neq x_2$ 时,$Tx_1 \neq Tx_2$. 今再设 T 为满映射,即 $T(X) = Y$. 于是对于任一 $y \in Y$,必存在唯一的 $x \in X$, 使得

$$Tx = y. \tag{6}$$

因此通过 (6) 我们得到一个新的映射,它将 y 映成 x. 称这个映射为 T 的**逆映射**,记为 T^{-1}, 于是

$$T^{-1}y = x.$$

容易看出, 对任何 $x \in X$, 有

$$T^{-1}(Tx) = x, \tag{7}$$

而对任何 $y \in Y$, 则有

$$T(T^{-1}y) = y. \tag{8}$$

当 T 存在逆映射时,称 T 是**可逆的**.

因此 T 存在逆映射的充分必要条件是 T 既为单映射又为满映射. 今后我们称既单且满的映射为**双映射**. 单映射又称为**一对一**映射. 在本书中,一对一映射与单映射这两个名称将同时使用. 有的场合,我们使用一对一映射,有的场合则使用单映射.

定义 2.8 设 X,Y 为距离空间,距离分别为 ρ,ρ_1. 又设 T 是由 X 到 Y 的映射. 若 T 存在逆映射,且 T 及其逆映射 T^{-1} 均连续,则称 T 是 X 到 Y 上的**同胚映射**. 如果存在一个从 X 到 Y 上的同胚映射,则称 X 与 Y **同胚**.

设 T 是双映射,且对任意的 $x,y \in X$,有 $\rho_1(Tx,Ty) = \rho(x,y)$,则称 T 是 X 到 Y 上的**等距映射**. 如果存在一个从 X 到 Y 上的等距映射,则称 X 与 Y **等距**.

两个同胚或等距的距离空间在很多情况下可视为同一.

例 7 $y = \arctan x$ 是 $\mathbf{R}$ 到 $\left(-\dfrac{\pi}{2},\dfrac{\pi}{2}\right)$ 上的同胚映射,因此 $\mathbf{R}$ 与 $\left(-\dfrac{\pi}{2},\dfrac{\pi}{2}\right)$ 同胚. $y = e^x$ 是 $\mathbf{R}$ 到 $(0,\infty)$ 上的同胚映射. 因此 $\mathbf{R}$ 与 $(0,\infty)$ 同胚.

这一节讨论的内容较多. 就点的类型来说,有内点、聚点、孤立点等. 就集合

的类型来说,则有开集、导集、闭包、闭集等.就距离空间与它的子集的相互关系来说,则引进了稠密性以及在此基础上的可分性.最后,就两个距离空间的相互关系来说,则引进了映射、连续映射、同胚映射及等距映射.我们应当注意:

(i) 由于非空集合 X 的任意性以及在 X 上定义距离的多样性导致了距离空间的复杂性.

(ii) 当读者学习这一节的内容时,要注意一般的距离空间与空间 $\mathbf{R}^n$ 相似的一面,更要注意它们不同的一面.因为这反映了它们不同的本质.而当我们注意这些不同的本质时,最重要的是:所有的内容都离不开预先给定的距离.

(iii) 因此如果在一个非空集合中定义了两个或两个以上的距离,我们应如实地将它们看成两个或两个以上不同的距离空间.由于它们不同,故其中一个很可能是可分的,而其他的则不是.对于稠密性以及映射的连续性与同胚等,也有类似的情形.不再一一赘述.

§3 完备性 · 集合的类型

3.1 完备的距离空间

大家知道,实数域有一个重要特性,即任何柯西序列或基本序列必有极限.这就是通常所说的实数域的**完备性**.这个性质在数学中起着关键作用.例如由它可以获得级数收敛的柯西判别准则,由它的等价命题可以证明有界闭区间上连续函数的三个重要性质,等等.

在第五章中,我们引进了 L^p 空间的完备性并证明了 L^p 空间是完备的.但一般的距离空间就不一定具有这一性质.在本节中,我们将特别研究具有完备性的距离空间.

定义 3.1 距离空间 X 中的点列 $\{x_n\}$ 叫做**基本点列或柯西点列**,若对任给的 $\varepsilon > 0$,存在 $N > 0$,使得当 $m,n > N$ 时,

$$\rho(x_m,x_n) < \varepsilon.$$

如果 X 中的任一基本点列必收敛于 X 中的某一点,则称 X 为**完备的距离空间**.

由基本点列的定义可以直接导出以下三个性质:

(i) 距离空间中的任一收敛点列必是基本点列.

(ii) 若基本点列的某个子列收敛,则基本点列本身也收敛,且极限相同.

(iii) 完备距离空间的任何闭子空间也是完备的.

性质(i) 的逆不成立,这是因为存在不完备的距离空间.例如有理数域按照距离 $\rho(x,y) = |x-y|$ 是不完备的距离空间.

尽管如此,却存在着为数众多的完备距离空间.例如 §1.1 中讨论过的空间 $\mathbf{R}^n$,$C[a,b]$ 都是完备的距离空间.$\mathbf{R}^n$ 的完备性可由实数域的完备性导出,故不详细讨论.下面研究空间 $C[a,b]$ 以及几个常见的空间的完备性.

例 1　空间 $C[a,b]$

设$\{x_n\} \subset C[a,b]$是一基本点列,于是对于任给的$\varepsilon > 0$,存在仅与ε有关的$N > 0$,使得当$m,n > N$时,$\rho(x_n,x_m) < \varepsilon$.由 §1.1 中等式(3),不等式$|x_m(t) - x_n(t)| < \varepsilon$对一切$t \in [a,b]$一致地成立.由数学分析可知,$\{x_n(t)\}$在$[a,b]$上一致收敛于某一连续函数$x_0(t)$.因此$x_0 \in C[a,b]$.注意到一致收敛与 §1.1 中等式(3) 定义的收敛等价,故$\rho(x_n,x_0) \to 0$,因此$C[a,b]$完备.

例 2　空间 $L^p(F)$ $(1 \leqslant p < \infty)$

由第五章定理 1.4 可知,空间 $L^p(F)$ 完备.

例 3　空间 $l^p(1 \leqslant p < \infty)$

已知 l^p 是由满足

$$\sum_{k=1}^{\infty} |\xi_k|^p < \infty$$

的一切实(或复)数列 $x = \{\xi_1,\xi_2,\cdots,\xi_k,\cdots\}$ 构成的集.对于 l^p 中的任意两个元素 $x = \{\xi_1,\xi_2,\cdots,\xi_k,\cdots\}$ 及 $y = \{\eta_1,\eta_2,\cdots,\eta_k,\cdots\}$,已知它们之间的距离为(§1 例 5):

$$\rho(x,y) = \left(\sum_{k=1}^{\infty} |\xi_k - \eta_k|^p\right)^{1/p}.$$

可以证明 l^p 为一完备的距离空间(见本章习题 14).

例 4　空间 S

定义在测度有限的可测集 F 上的一切**几乎处处**有限的可测函数构成的集记为 S.S 中凡几乎处处相等的函数视为同一元素.在 S 中定义距离如下:

$$\rho(x,y) = \int_F \frac{|x(t) - y(t)|}{1 + |x(t) - y(t)|}\mathrm{d}t \quad (x,y \in S),$$

则 S 为完备的距离空间.

证　先证 S 为距离空间.距离公理中的条件(i)、(ii)都是显然的,只需验证三角不等式.考察函数$f(t) = \dfrac{t}{1+t}$ $(t \geqslant 0)$.由$f(t) = 1 - \dfrac{1}{1+t}$可知,$f(t)$当$t \geqslant 0$时是增函数,故当$0 \leqslant t' < t''$时,有

$$\frac{t'}{1+t'} < \frac{t''}{1+t''}. \tag{1}$$

任取 S 中的元素 x,y,z,按照 S 中距离的定义,并应用不等式(1),得到

$$\begin{aligned}\rho(x,y) &= \int_F \frac{|x(t)-y(t)|}{1+|x(t)-y(t)|}\mathrm{d}t \\ &\leqslant \int_F \frac{|x(t)-z(t)|+|z(t)-y(t)|}{1+|x(t)-z(t)|+|z(t)-y(t)|}\mathrm{d}t \\ &\leqslant \int_F \frac{|x(t)-z(t)|}{1+|x(t)-z(t)|}\mathrm{d}t + \int_F \frac{|z(t)-y(t)|}{1+|z(t)-y(t)|}\mathrm{d}t \\ &= \rho(x,z)+\rho(z,y),\end{aligned}$$

于是 S 按照所定义的距离为距离空间.

现在证明空间 S 中的收敛等价于**测度收敛**.设 $\{x_n\} \subset S(n=1,2,3,\cdots)$ 按照 S 的距离收敛于 $x \in S$.任给 $\sigma > 0$,在下列关系中

$$\begin{aligned}\rho(x_n,x) &= \int_F \frac{|x_n(t)-x(t)|}{1+|x_n(t)-x(t)|}\mathrm{d}t \\ &\geqslant \int_{F(|x_n-x|\geqslant\sigma)} \frac{|x_n(t)-x(t)|}{1+|x_n(t)-x(t)|}\mathrm{d}t \\ &\geqslant \frac{\sigma}{1+\sigma} mF(|x_n-x|\geqslant\sigma),\end{aligned} \tag{2}$$

令 $n\to\infty$,可得 $mF(|x_n-x|\geqslant\sigma)\to 0$,因此 $\{x_n(\cdot)\}$ 测度收敛于 $x(\cdot)$.

反之,设 S 中的函数列 $\{x_n(\cdot)\}$ 测度收敛于几乎处处有限的可测函数 $x(\cdot)$.对任给的 $\sigma > 0$,有

$$\begin{aligned}\rho(x_n,x) &= \int_F \frac{|x_n(t)-x(t)|}{1+|x_n(t)-x(t)|}\mathrm{d}t \\ &= \left(\int_{F(|x_n-x|\geqslant\sigma)} + \int_{F(|x_n-x|<\sigma)}\right) \frac{|x_n(t)-x(t)|}{1+|x_n(t)-x(t)|}\mathrm{d}t \\ &\leqslant mF(|x_n-x|\geqslant\sigma) + \frac{\sigma}{1+\sigma} mF(|x_n-x|<\sigma) \\ &\leqslant mF(|x_n-x|\geqslant\sigma) + \frac{\sigma}{1+\sigma} mF.\end{aligned} \tag{3}$$

任给 $\varepsilon > 0$,取正数 σ,使得 $\frac{\sigma}{1+\sigma}mF < \frac{\varepsilon}{2}$. 对于这个 σ,再取正数 N,使得当 $n > N$ 时,$mF(|x_n-x|\geqslant\sigma) < \frac{\varepsilon}{2}$.由关系式(3) 可知

$$\rho(x_n,x) < \varepsilon \quad (n > N).$$

因此按 S 的距离，$\{x_n\} \to x\ (n \to \infty)$.

最后证明 S 的完备性. 设 $\{x_n\}$ 是 S 中的基本点列，于是对于任给的 $\varepsilon > 0$，存在 $N > 0$，使得当 $m,n > N$ 时，

$$\rho(x_n,x_m) < \varepsilon. \tag{4}$$

在 (2) 中将 x 换成 x_m，再由(4) 可知，当 $m,n > N$ 时，

$$mF(|x_n - x_m| > \sigma) < \varepsilon \frac{1+\sigma}{\sigma}.$$

这表明 $\{x_n(\cdot)\}$ 是依测度基本点列，应用第三章 §2 定理 2.4 的证明方法可证，存在$\{x_n(\cdot)\}$ 的子列$\{x_{n_k}(\cdot)\}$ 使得对于几乎所有的 $t \in F$，$\{x_{n_k}(t)\}$ 为基本点列，故 $x_{n_k}(t)$ 必几乎处处收敛于某个几乎处处有限的可测函数 $x_0(t)$，于是 $x_0 \in S$. 在不等式(4) 中将 m 换成 n_k，得到

$$\rho(x_n,x_{n_k}) < \varepsilon \quad (n,n_k > N).$$

令 $k \to \infty$，并应用勒贝格控制收敛定理可得

$$\rho(x_n,x_0) \leqslant \varepsilon.$$

因此 $\{x_n\}$ 在 S 中收敛于 x_0，这表明 S 完备. ▮

例 5　空间 s

令 s 为一切实(或复) 数序列 $x = \{\xi_1,\xi_2,\cdots,\xi_k,\cdots\}$ 构成的集，在 s 中定义距离如下：

$$\rho(x,y) = \sum_{k=1}^{\infty} \frac{1}{2^k} \frac{|\xi_k - \eta_k|}{1 + |\xi_k - \eta_k|},$$

其中 $x = \{\xi_1,\xi_2,\cdots,\xi_k,\cdots\}$，$y = \{\eta_1,\eta_2,\cdots,\eta_k,\cdots\}$，则 s 为一完备的距离空间.

证　先证 s 为距离空间. 只验证三角不等式. 任取 $x,y,z \in s$，由于函数 $f(t) = \dfrac{t}{1+t}\ (t \geqslant 0)$ 单调增，我们有

$$\begin{aligned}
\rho(x,y) &= \sum_{k=1}^{\infty} \frac{1}{2^k} \frac{|\xi_k - \eta_k|}{1 + |\xi_k - \eta_k|} \\
&\leqslant \sum_{k=1}^{\infty} \frac{1}{2^k} \frac{|\xi_k - \zeta_k| + |\zeta_k - \eta_k|}{1 + |\xi_k - \zeta_k| + |\zeta_k - \eta_k|} \\
&\leqslant \sum_{k=1}^{\infty} \frac{1}{2^k} \frac{|\xi_k - \zeta_k|}{1 + |\xi_k - \zeta_k|} + \sum_{k=1}^{\infty} \frac{1}{2^k} \frac{|\zeta_k - \eta_k|}{1 + |\zeta_k - \eta_k|}
\end{aligned}$$

$$= \rho(x,z) + \rho(z,y),$$

其中 ξ_k, η_k, ζ_k 分别为 x,y,z 的第 $k(k=1,2,3,\cdots)$ 个坐标.

现在证明空间 s 中的收敛等价于按坐标收敛.设 $x_n = \{\xi_1^{(n)}, \xi_2^{(n)}, \cdots, \xi_k^{(n)}, \cdots\}$, $x_0 = \{\xi_1^{(0)}, \xi_2^{(0)}, \cdots, \xi_k^{(0)}, \cdots\}$ 均属于 s 且 $\rho(x_n, x_0) \to 0 (n \to \infty)$. 于是对于任给的 $\varepsilon > 0$,存在 $N > 0$,使得当 $n > N$ 时,

$$\rho(x_n, x_0) = \sum_{k=1}^{\infty} \frac{1}{2^k} \frac{|\xi_k^{(n)} - \xi_k^{(0)}|}{1 + |\xi_k^{(n)} - \xi_k^{(0)}|} < \varepsilon,$$

因此对每个给定的 k,更有

$$\frac{1}{2^k} \frac{|\xi_k^{(n)} - \xi_k^{(0)}|}{1 + |\xi_k^{(n)} - \xi_k^{(0)}|} < \varepsilon \quad (n > N),$$

由此容易证明,对每个 $k=1,2,\cdots$,当 $n \to \infty$ 时,$|\xi_k^{(n)} - \xi_k^{(0)}| \to 0$,也就是说,$x_n$ 的每个坐标收敛于 x_0 的对应坐标.

反之,设 x_n 的每个坐标收敛于 x_0 的对应坐标,即对每个 k $(k=1,2,3,\cdots)$,当 $n \to \infty$ 时,$|\xi_k^{(n)} - \xi_k^{(0)}| \to 0$.我们证明 $\{x_n\}$ 按照 s 的距离收敛于 x_0.任给 $\varepsilon > 0$,取定充分大的 m,使 $\frac{1}{2^m} < \frac{\varepsilon}{2}$. 于是

$$\rho(x_n, x_0) = \sum_{k=1}^{m} \frac{1}{2^k} \frac{|\xi_k^{(n)} - \xi_k^{(0)}|}{1 + |\xi_k^{(n)} - \xi_k^{(0)}|} + \sum_{k=m+1}^{\infty} \frac{1}{2^k} \frac{|\xi_k^{(n)} - \xi_k^{(0)}|}{1 + |\xi_k^{(n)} - \xi_k^{(0)}|}$$

$$\leqslant \sum_{k=1}^{m} |\xi_k^{(n)} - \xi_k^{(0)}| + \frac{\varepsilon}{2}.$$

由于 m 是取定的,故存在 $N > 0$,使得当 $n > N$ 时,$\sum_{k=1}^{m} |\xi_k^{(n)} - \xi_k^{(0)}|$ 也小于 $\frac{\varepsilon}{2}$. 于是当 $n > N$ 时,$\rho(x_n, x_0) < \varepsilon$,因此 $\rho(x_n, x_0) \to 0$ $(n \to \infty)$.这表明 $\{x_n\}$ 按 s 的距离收敛于 x_0. 于是 s 中的收敛与按坐标收敛等价. ■

应用上面的方法还可以证明:如果 $\{x_n\}$ 是 s 中的一个基本点列,则对于每个 k $(k = 1,2,3,\cdots)$,x_n 的第 k 个坐标 $\xi_k^{(n)}$ 构成一基本序列.由实数域的完备性可知它们都有极限,这些极限组成的数列为 s 中的一个元素,记为 x_0.x_0 显然就是 $\{x_n\}$ 在 s 中的极限.故 s 完备.

在下面的例 6 中,需要用到几乎一致收敛.我们先介绍它的含义.设 $\{x_n(\cdot)\}$ $(n=1,2,3,\cdots)$ 是定义在可测集 F 上的可测函数列,$x_0(\cdot)$ 是定义在 F 上的可测函数.如果存在 F 的零测度子集 F_0,使得 $\{x_n(\cdot)\}$ 在 $F \backslash F_0$ 上一致收敛于 $x_0(\cdot)$,则

称$\{x_n(\cdot)\}$ **几乎一致收敛于** $x_0(\cdot)$.

例 6　空间 $L^\infty(F)$

在 §1.1 中我们已经证明了 $L^\infty(F)$ 是距离空间. 而按照$L^\infty(F)$ 中距离的定义还可以证明$L^\infty(F)$ 中的收敛等价于几乎一致收敛，由此不难证明$L^\infty(F)$ 是完备的.

3.2　第一及第二类型的集

在这一章 §2.2 中，我们在距离空间中引进了稠密性与稠密集. 现在再引进一类与此完全不同的集合，并在此基础上引进第一及第二类型的集.

定义 3.2　设X为一距离空间，A是X的子集. 如果A在X的任何一个非空开集中均不稠密，则称 A 为**稀疏集**，或**无处稠密集**.

定义中的非空开集可以换成非空开球. 下面的定理给出了稀疏集的一个简单的判别准则.

定理 3.1　距离空间 X 的子集 A 为稀疏集的充分必要条件是对于任一开球 $S(x_0,r)$，存在另一个含于 $S(x_0,r)$ 中的开球 $S(y_0,r')$ 使得

$$A \cap S(y_0,r') = \varnothing.$$

证　必要性　设A是稀疏集，则A在开球$S(x_0,r)$ 中不稠密，于是存在$y_0 \in S(x_0,r)$ 以及以y_0为中心的开球$S(y_0,r') \subset S(x_0,r)$ 使得$S(y_0,r')$ 与A不相交，即 $A \cap S(y_0,r') = \varnothing$.

充分性　如果定理中的条件满足，则 A 在任一非空开集中不可能稠密，因此 A 是稀疏集. ∎

显然，定理 3.1 中所提到的开球均可换成闭球.

定义 3.3　设A为距离空间 X 的子集. 如果A可以表示成至多可列个稀疏集的并，则称 A 是**第一类型的集**. 凡不是第一类型的集均称为**第二类型的集**.

因此，距离空间 X 的子集或者是第一类型的集或者是第二类型的集，二者必居其一.

例 7　1° n 维欧几里得空间 $\mathbf{R}^n$ 中的任一有限子集是稀疏集. 特别地，任一单元素集是稀疏集，因此 $\mathbf{R}^n$ 中的任一可列子集是第一类型的集.

2° 设X为这一章 §1.1 中所讲的离散的距离空间，则X中的任一单元素集都是第二类型的集. 证明如下：

设$\{x_0\}$是 X 中的一个单元素集，则 $S(x_0,1/2)$ 是第二类型的集. 因$\{x_0\} = S(x_0,1/2)$，故结论成立.

由例 7 可以看出，第一类型的集与第二类型的集都是相对于一定的距离空间而言的，因而与该空间本身的特点有着不可分割的联系.

在数学分析中，有著名的区间套定理，它是实数域完备性的一个等价命题. 与此类似，在完备的距离空间中则有闭球套定理.

定理 3.2 设 X 是完备的距离空间，$\{K_n=\overline{S}(x_n,r_n)\}_{n\in\mathbf{N}}$ 是 X 中的一列闭球，满足

$$K_1\supset K_2\supset\cdots\supset K_n\supset\cdots(\text{称为}\textbf{闭球套}).$$

如果半径 r_n 构成的序列 $\{r_n\}\to 0(n\to\infty)$，则有 X 中唯一的点 x_0 含于所有的球中.

证 考察这些球的中心构成的点列 $\{x_n\}$. 设 $m>n$，则 $K_m\subset K_n$，所以 $x_m\in K_n$. 于是

$$\rho(x_m,x_n)\leqslant r_n,$$

故当 $m,n\to\infty$ $(m>n)$ 时，$\rho(x_m,x_n)\to 0$，因此 $\{x_n\}$ 是基本点列. 注意到 X 完备，故 $\{x_n\}$ 收敛于某一点 $x_0\in X$. 我们证明 x_0 属于所有的 K_n. 任意取定一个 K_{n_0}，当 $n\geqslant n_0$ 时，一切 x_n 均属于 K_{n_0}. 而 K_{n_0} 是闭的，故其极限 x_0 也属于 K_{n_0}，从而 x_0 属于所有的球 K_n.

现在设除去点 x_0 外，点 y_0 也属于所有的球 K_n，于是对任意的 $n=1,2,\cdots$，

$$\rho(x_0,y_0)\leqslant\rho(x_0,x_n)+\rho(x_n,y_0)\leqslant 2r_n.$$

令 $n\to\infty$，可得 $\rho(x_0,y_0)=0$，故 $x_0=y_0$. 唯一性成立. ∎

定理 3.2 的逆命题也成立.

定理 3.3 设距离空间 X 满足：X 中半径趋于零的任一闭球套均有非空的交，那么 X 完备.

证 设 $\{x_n\}$ 为 X 中的一基本点列，则存在子列 $\{x_{n_k}\}$ 使得

$$\rho(x_{n_{k+1}},x_{n_k})<\frac{1}{2^k}.$$

记 K_k 是以 x_{n_k} 为中心，以 $\dfrac{1}{2^{k-1}}$ 为半径的闭球 $(k=1,2,3,\cdots)$. 易见当 $x\in K_{k+1}$ 时，有

$$\rho(x,x_{n_k})\leqslant\rho(x,x_{n_{k+1}})+\rho(x_{n_{k+1}},x_{n_k})<\frac{1}{2^k}+\frac{1}{2^k}=\frac{1}{2^{k-1}},$$

故 $x\in K_k$. 因此 $K_k\supset K_{k+1}$，$\{K_k\}$ 为一闭球套. 其次，闭球 K_k 的半径构成的序列

$\left\{\dfrac{1}{2^{k-1}}\right\}$ 趋于零(当 $k\to\infty$).由假设,存在 X 中的点 x_0 属于所有的球 K_k.

现在证明$\{x_n\}$收敛于 x_0.因为 $x_0\in K_k$ 对 $k=1,2,3,\cdots$ 均成立,故

$$\rho(x_n,x_0)\leqslant\rho(x_n,x_{n_k})+\rho(x_{n_k},x_0)\leqslant\rho(x_n,x_{n_k})+\frac{1}{2^{k-1}}.$$

再注意到$\{x_n\}$为一基本点列,故当 n 及 k 都趋于无穷大时,右端两项均趋于零.故$\{x_n\}\to x_0$,X 完备. ▌

下面的定理讨论完备距离空间的一个重要特性.

定理 3.4 (贝尔(R. Baire)) 任何完备的距离空间均为第二类型的集.

证 假定结论不对,则存在完备距离空间 X,使 X 为第一类型的集,于是有

$$X=\bigcup_{n=1}^{\infty}F_n,\tag{5}$$

其中 $F_n(n=1,2,3,\cdots)$ 均为稀疏集.在 X 中任取一个闭球 $\bar{S}(x_0,r_0)$ $(r_0>0)$.因 F_1 是稀疏集,于是存在一个包含在球 $\bar{S}(x_0,r_0)$ 内的闭球 $\bar{S}(x_1,r_1)$,它不含 F_1 中的点.不妨设半径 r_1 满足:$0<r_1<1$.对于球 $\bar{S}(x_1,r_1)$ 来说,由于 F_2 是稀疏集,于是存在一个包含在$\bar{S}(x_1,r_1)$ 内的闭球 $\bar{S}(x_2,r_2)$,它不含 F_2 中的点.不妨设半径 r_2 满足:$0<r_2<\dfrac{1}{2}$.依此类推,我们便得到一个闭球列$\{\bar{S}(x_n,r_n)\}$ 满足

$$\bar{S}(x_1,r_1)\supset\bar{S}(x_2,r_2)\supset\cdots\supset\bar{S}(x_n,r_n)\supset\cdots,$$

其中 r_n 满足:$0<r_n<\dfrac{1}{n}$.因此$\{r_n\}\to 0$.由 $\bar{S}(x_n,r_n)$ 的作法可知,它不含 F_1, $F_2,\cdots,F_n$ 中的点.这对每个 $n(n=1,2,3,\cdots)$ 均成立.另一方面,由定理3.2知,存在 $y_0\in\bigcap_{n=1}^{\infty}\bar{S}(x_n,r_n)$,故 $y_0\in X$.但是 y_0 显然不属于每个 $F_n(n=1,2,3,\cdots)$.由等式(5),$y_0\,\bar{\in}\,X$.矛盾.这个矛盾说明 X 为第二类型的集. ▌

大家知道,距离空间既有完备的,也有不完备的,而且不完备的距离空间都可以通过完备化而成为完备的距离空间.以下是距离空间的完备化定理,由于需作较多的准备,故证明从略.

定理 3.5 对于每个距离空间 X,必存在一个完备的距离空间 X_0,使得 X 等距于 X_0 中的一个稠密子空间 X'_0,且除去等距不计外,X_0 是唯一的.

例 8 (i) l_0^p 的完备化空间 $(p\geqslant 1)$.

设 l_0^p 是由所有形如 $\{\xi_1,\xi_2,\cdots,\xi_k,0,0,\cdots\}$ 的序列构成的集,其中 $\xi_j(j=1,$

2,…,k)为实(或复)数,k为任意的自然数.按照l^p的距离,l_0^p是l^p的子空间,但不完备.例如序列

$$x_1=\{1,0,0,\cdots\},\ x_2=\left\{1,\frac{1}{2},0,0,\cdots\right\},\cdots,$$

$$x_n=\left\{1,\frac{1}{2},\cdots,\frac{1}{2^{n-1}},0,\cdots\right\},\cdots$$

是l_0^p中的基本列,但在l_0^p中无极限.

显然l_0^p在l^p中稠密而l^p完备,故l^p是l_0^p的完备化空间.

(ii) 令P表示所有多项式构成的集.按照$C[0,1]$的距离,P是$C[0,1]$的子空间,但P不完备.例如函数列

$$p_1(t)=1,\ p_2(t)=1+\frac{1}{2}t,\cdots,$$

$$p_n(t)=1+\frac{1}{2}t+\cdots+\frac{1}{2^{n-1}}t^{n-1},\cdots$$

是P中的基本列,但在P中无极限.因P在$C[0,1]$中稠密,且$C[0,1]$完备,故$C[0,1]$是P的完备化空间.

(iii) $C[a,b]$按照L^2中的距离在$L^2[a,b]$中稠密,因$L^2[a,b]$是完备的,故$L^2[a,b]$是$C[a,b]$的完备化空间(按照$L^2[a,b]$的距离).

在这一节中,我们引进了空间的完备性、第一、第二类型的集等,最后还介绍了距离空间的完备化定理.希望读者注意:

(i) 与§2的情形一样,所有这些内容都离不开预先给定的距离.因此,若在一个非空集合X上定义了两个或两个以上的距离,则X按照其中一个距离可能完备,而按照其余的距离可能不完备.对于第一、第二类型的集,也有类似的情形.

(ii) 完备与不完备的距离空间都是存在的.

(iii) 任何一个不完备的距离空间都可以完备化,而且除去等距不计外,完备化空间唯一.在很多情况下,我们将非完备的距离空间看成它的完备化空间的子空间.

(iv) 任何完备的距离空间必是第二类型的集,而非完备的距离空间可以是第一类型的集也可以是第二类型的集.

§4 准紧集及紧集

4.1 准紧集及紧集

我们已多次强调,实数域的一个重要特性是它的完备性.这一特性有几个等价命题.例如这一章 §3.2 提到的区间套定理便是其中之一,而且区间套定理在完备的距离空间中有相应的推广 —— 闭球套定理.实数域完备性的另一个等价命题是实数域中的每一有界无限集至少有一个聚点,这就是实数域中有界无限集的准紧性.

但是在一般的距离空间即使是完备的距离空间中,并非每一个有界无限集都有聚点.这说明,一般距离空间的构造远比实数域复杂.在本节中,我们将在一般的距离空间中引进准紧集及紧集并研究它们的一些基本特性.而所讨论的集合可以是有限集也可以是无限集.现在先引进有界集的定义.

定义 4.1 距离空间 X 中的子集 A 称为**有界**,如果 A 包含在 X 中的某个闭球或开球内.

容易证明,距离空间 X 中的任何收敛点列及任何基本点列都是有界的.

定义 4.2 设 A 是距离空间 X 的子集.如果 A 中的每个点列都含有子列收敛于 X 中的某一点,则称 A 为**准紧集**.如果 A 中的每个点列都含有子列收敛于 A 中的某一点,则称 A 为**紧集**.如果空间 X 自身是紧集,则称 X 是**紧距离空间**.

由定义 4.2 可知,下列事实成立.

(i) 任何有限集都是紧集;

(ii) 任何准紧集的子集都是准紧集;

(iii) 任何紧集的闭子集都是紧集.

例 1 $L^2[-\pi,\pi]$ 中的三角函数系

$$\left\{\frac{1}{\sqrt{2\pi}},\frac{1}{\sqrt{\pi}}\cos t,\frac{1}{\sqrt{\pi}}\sin t,\cdots,\frac{1}{\sqrt{\pi}}\cos nt,\frac{1}{\sqrt{\pi}}\sin nt,\cdots\right\}$$

是有界的,但其中任意两个元素间的距离都等于$\sqrt{2}$,故不可能存在收敛的子列,因此不是准紧集.

4.2 准紧集及全有界集的性质

与准紧集密切关联的是全有界集.应用全有界集,我们可以给出距离空间中准紧集的判别准则.

定义 4.3 设 X 为距离空间,ρ 为距离.A,B 都是 X 的子集,ε 为一给定的正

数.如果对于 A 中的任一点 x,都有 B 中的点 y 使得 $\rho(x,y)<\varepsilon$,则称 B 是 A 的一个 ε - 网.

根据 ε - 网的定义,所谓 B 为 A 的 ε - 网,实际上是指 A 中的任一点 x 必含在 B 的某个点 y 的邻域 $S(y,\varepsilon)$ 内,或者说,以 B 中的点为中心,以 ε 为半径的所有开球之并包含 A.

还应该注意,在定义中并不要求 B 包含在 A 中.

定义 4.4 设 A 是距离空间 X 的子集.如果对于任给的 $\varepsilon>0$,A 总存在有限的 ε - 网,则称 A 是**全有界集**.

由定义 4.4 可知,全有界集具有下列性质:

(i) 任何有限集都是全有界的;

(ii) 全有界集的子集也是全有界的;

(iii) 设 A 为全有界集,则对任给的 $\varepsilon>0$,我们总可以取 A 的一个有限子集作为 A 的 ε - 网.

证 (i) (ii) 显然.以下证明(iii).由于 A 全有界,故对于任给的 $\varepsilon>0$,A 有有限的 $\dfrac{\varepsilon}{2}$ - 网 $\{x_1,x_2,\cdots,x_{n_0}\}$,其中 $x_1,x_2,\cdots,x_{n_0}$ 都是距离空间 X 中的点.不妨设对每个 $k=1,2,\cdots,n_0$,$A\cap S\left(x_k,\dfrac{\varepsilon}{2}\right)\neq\varnothing$.任取 $y_k\in A\cap S\left(x_k,\dfrac{\varepsilon}{2}\right)$ $(k=1,2,\cdots,n_0)$,则 $\{y_1,y_2,\cdots,y_{k_0}\}$ 包含在 A 中且为 A 的一个有限 ε - 网. ■

定理 4.1 全有界集有界且可分.

证 设 X 是给定的距离空间,ρ 为距离,并设 $A\subset X$ 全有界,于是可设 $B=\{x_1,x_2,\cdots,x_{n_0}\}$ 是 A 的一个 1 - 网,因此对任一 $x\in A$,有 $x_k\in B$ $(k=1,2,\cdots,n_0)$,使

$$\rho(x,x_k)<1.$$

故

$$\rho(x,x_{n_0})\leqslant\rho(x,x_k)+\rho(x_k,x_{n_0})<1+\max_{1\leqslant k\leqslant n_0}\rho(x_k,x_{n_0})=1+K,$$

其中 $K=\max\limits_{1\leqslant k\leqslant n_0}\rho(x_k,x_{n_0})$ 是有限数,故 A 有界.

现在设 B_n 是 A 的有限 $\dfrac{1}{n}$ - 网,且 $B_n\subset A$,这里 $n=1,2,3,\cdots$.因每个 B_n 都是有限集,故它们的并集

$$B=\bigcup_{n=1}^{\infty}B_n$$

可列. 任取 $x \in A$,则存在 $x_n \in B_n$,使 $\rho(x,x_n) < \frac{1}{n}$. 故点列 $\{x_n\}$ 收敛于 x. 由稠密性的第三个等价命题（本章 §2.2 定义 2.4 之后）可知,B 在 A 中稠密,故 A 可分. ∎

设 A 是距离空间 X 的子集,称 $\sup\limits_{x,y \in A} \rho(x,y)$ 为 A 的**直径**.

定理 4.2 设 X 是距离空间,以 ρ 为距离,又设 X 的子集 A 准紧,则 A 全有界. 若 X 是完备的距离空间,则当 A 全有界时,A 必定准紧. 因此在完备的距离空间中,准紧性与全有界性等价.

证 证明分两部分.

(1) 设 A 为距离空间 X 中的准紧集. 如果 A 不是全有界的,则必存在某一 $\varepsilon_0 > 0$,使得 A 没有有限的 ε_0 - 网. 于是对任一 $x_1 \in A$,必存在 $x_2 \in A$ 使 $\rho(x_1,x_2) \geqslant \varepsilon_0$,否则 $\{x_1\}$ 就是 A 的一个有限 ε_0 - 网. 同理,存在 $x_3 \in A$ 使 $\rho(x_j,x_3) \geqslant \varepsilon_0 (j = 1,2)$,否则 $\{x_1,x_2\}$ 就是 A 的一个有限 ε_0 - 网. 继续这一步骤,便得到点列 $\{x_n\}$ 使得当 $m \neq n$ 时,$\rho(x_m,x_n) \geqslant \varepsilon_0$. $\{x_n\}$ 显然没有收敛的子列,与 A 的准紧性矛盾. 这个矛盾说明 A 全有界.

(2) 设 X 为完备的距离空间,$A \subset X$ 为全有界集. 任取 A 中的点列 $\{x_n\}$. 如果 $\{x_n\}$ 中只有有限个互不相同的元素,则 $\{x_n\}$ 显然含有收敛的子列. 因此可设 $\{x_n\}$ 中有无限多个互不相同的元素,记这些元素构成的集为 B_0. 由这一段定义 4.4 后面的性质(ii),B_0 全有界. 于是 B_0 中存在有限个元素,以它们为球心,$\frac{1}{2}$ 为半径的开球的并包含了 B_0. 因此它们中至少有一个开球包含了 B_0 中无限多个元素,这些元素构成的集记为 B_1. B_1 是 B_0 的子集且 B_1 的直径不大于 1. 因 B_1 也是全有界的,将以上的论证应用于 B_1,则存在 B_1 的子集 B_2,使 B_2 中含有 B_1 中无限多个元素且 B_2 的直径不大于 $\frac{1}{2}$. 以此类推,我们可以找到一系列的集合 $B_1, B_2, \cdots, B_k, \cdots$ 满足如下的条件：

$$B_1 \supset B_2 \supset \cdots \supset B_k \supset \cdots;$$

B_k 的直径不大于 $\frac{1}{2^{k-1}}$, 每个 B_k 均含有无限多个元素,而且每个 B_k 中所有的元素都是 $\{x_n\}$ 中的某些项. 于是可取 $\{x_n\}$ 中的某一项 x_{n_1} 使 $x_{n_1} \in B_1$. 同理,可取 $\{x_n\}$ 中的某一项 x_{n_2} 使 $x_{n_2} \in B_2$ 且可设 $n_1 < n_2$. 依此类推,便得到 $\{x_n\}$ 的一个子列 $\{x_{n_k}\}$,使得 $x_{n_k} \in B_k$. 因 B_k 的直径 $\leqslant \frac{1}{2^{k-1}}$,故 $\{x_{n_k}\}$ 是基本点列. 因为 X 完备,故

$\{x_{n_k}\}$ 在 X 中收敛.这表明 A 准紧. ∎

推论 距离空间 X 中的准紧集是有界、可分的,因此紧集也是有界、可分的.

证 由定理 4.1 及定理 4.2 导出. ∎

定理 4.3 设 X 为完备的距离空间,则 $A \subset X$ 为准紧集的充分必要条件是对任给的 $\varepsilon > 0$,A 有准紧的 ε - 网.

证 必要性显然.因为当 A 准紧时,A 自身便是它的一个准紧 ε - 网. 反之,设对任给的 $\varepsilon > 0$,A 有准紧的 ε - 网 B.因 B 准紧,故有有限的 ε - 网 C.C 显然是 A 的一个有限 2ε - 网,因此 A 准紧. ∎

4.3 紧集的性质

在这一段中,我们讨论准紧集的特殊情形:紧集的性质及其判别准则.

定理 4.4 任一距离空间中的紧集本身是完备的距离空间.特别地,紧空间完备.

证 设 A 是距离空间 X 中的紧集,$\{x_n\}$ 是 A 中的一个基本点列.由紧性可知,$\{x_n\}$ 中有收敛于某一点 x_0 的子列 $\{x_{n_k}\}$ 且 $x_0 \in A$.由这一章 §3.1 定义 3.1 后面的性质(ii) 可知,$\{x_n\}$ 收敛于 x_0.故 A 完备. ∎

定理 4.5 设 $\{K_n\}$ 为距离空间 X 中的一非空紧集序列, 满足

$$K_1 \supset K_2 \supset \cdots \supset K_n \supset \cdots,$$

则它们 的交 $\bigcap\limits_{n=1}^{\infty} K_n$ 非空.

证 在每个 K_n 中任取一点 x_n,于是得到点列 $\{x_n\}$.因 K_1 是紧集,点列 $\{x_n\}$ 中存在子列 $\{x_{n_k}\}$ 在 K_1 中收敛于某一点 x_0.对每个给定的 n,当 $n_k \geqslant n$ 时,$x_{n_k} \in K_n$,由于 K_n 闭,故 $x_0 \in K_n$,因此 $x_0 \in \bigcap\limits_{n=1}^{\infty} K_n$.这说明交 $\bigcap\limits_{n=1}^{\infty} K_n$ 非空. ∎

现在讨论紧集的判别准则.大家知道,实数域完备性的另一个等价条件是博雷尔(E.Borel) 有限覆盖定理.这一定理对一般距离空间中的有界闭集未必成立,但却是刻画紧集的一个重要准则.

定义 4.5 设 X 为距离空间,A 为 X 的子集,$\{G_c\}_{c\in J}$ 是 X 中某些开集组成的族. 如果

$$A \subset \bigcup_{c \in J} G_c,$$

则称 $\{G_c\}_{c\in J}$ 为 A 的**开覆盖**.如果 J 是有限集,则称 $\{G_c\}_{c\in J}$ 为 A 的**有限开覆盖**.

定理 4.6 距离空间 X 的子集 A 为紧集的充分必要条件是从 A 的任一开覆盖 $\{G_c\}_{c\in J}$ 中必可选出一有限子覆盖.

证 必要性 设 A 为紧集,并注意 $\{G_c\}_{c\in J}$ 是 A 的一个开覆盖.我们先证明存在 $\varepsilon_0>0$,使得对一切 $x\in A$,开球 $S(x,\varepsilon_0)$ 必包含在某个 G_c 中.设不然,则对每个自然数 n,存在 $x_n\in A$,使得开球 $S(x_n,1/2^n)$ 不包含在任何 G_c 中.由于 A 紧,故 $\{x_n\}$ 中存在收敛于 A 中某一点 x_0 的子列 $\{x_{n_k}\}$.又由于 $\{G_c\}_{c\in J}$ 覆盖 A,故存在 G_{c_0} 使得 $x_0\in G_{c_0}$. 于是可取充分大的 k 使得 $S(x_{n_k},1/2^{n_k})\subset G_{c_0}$,与假设矛盾.因此确实存在 $\varepsilon_0>0$,使得对一切 $x\in A$,开球 $S(x,\varepsilon_0)$ 必包含在某个 G_c 中.

因 A 为紧集,由定理4.2知,A 全有界.故从诸 $S(x,\varepsilon_0)$ 中可取出有限个球,记为 $S(x_1,\varepsilon_0),S(x_2,\varepsilon_0),\cdots,S(x_l,\varepsilon_0)$,使得 $\{S(x_j,\varepsilon_0)\}_{j=1}^{l}$ 覆盖 A.在 $\{G_c\}_{c\in J}$ 中那些包含 $S(x_j,\varepsilon_0)$ 的开集中随便取出一个并记为 $G_j(j=1,2,\cdots,l)$,于是 $\{G_j\}$ $(j=1,2,\cdots,l)$ 覆盖 A.必要性证毕.

充分性 设定理的条件成立,并设 $\{x_n\}$ 是含于 A 中的一个点列.如果 $\{x_n\}$ 中没有子列在 A 中收敛,则对每个 $y\in A$,存在 $\delta_y>0$ 以及自然数 n_y 使得当 $n\geqslant n_y$ 时,$x_n\notin S(y,\delta_y)$.显然 $\{S(y,\delta_y):y\in A\}$ 覆盖 A.于是存在 A 中的有限个 y,分别记为 $y_1,y_2,\cdots,y_l$,使得 $\{S(y_j,\delta_{y_j})\}_{j=1}^{l}$ 覆盖 A.另一方面,当 $n\geqslant\max\{n_{y_1},n_{y_2},\cdots,n_{y_l}\}$ 时,x_n 不属于任何 $S(y_j,\delta_{y_j})$,因此 x_n 不属于 A,与 $\{x_n\}\subset A$ 矛盾.这个矛盾表明,$\{x_n\}$ 必有子列在 A 中收敛,故 A 为紧集. ∎

定理 4.6 又称为**有限覆盖定理**.

定理4.6是从开覆盖的角度来刻画紧集,下面的定理4.7则从闭集族是否有非空交的角度来刻画紧集.

定义 4.6 设 $\{F_c\}_{c\in J}$ 是距离空间 X 中的一个集族.如果其中任一有限子族具有非空的交,则称集族 $\{F_c\}_{c\in J}$ 具有**有限交性质**.

定理 4.7 距离空间 X 中的闭子集 A 为紧集的充分必要条件是 A 中每个具有有限交性质的闭子集族 $\{F_c\}_{c\in J}$ 有非空的交.

证 必要性 用反证法.设 A 为紧集,$\{F_c\}_{c\in J}$ 为 A 的一闭子集族,具有有限交性质,但这个族的交是空集.令 $G_c=X\backslash F_c$,则 $\{G_c\}_{c\in J}$ 为开集族. 由

$$\bigcup_{c\in J}G_c=\bigcup_{c\in J}(X\backslash F_c)=X\backslash\bigcap_{c\in J}F_c=X$$

可知,$\{G_c\}_{c\in J}$ 覆盖 A.因 A 是紧集,由定理4.6可知,从 $\{G_c\}_{c\in J}$ 中可选出有限子族 $\{G_{c_j}\}_{j=1}^{l}$ 覆盖 A. 于是

$$\bigcap_{j=1}^{l}F_{c_j}=\bigcap_{j=1}^{l}(X\backslash G_{c_j})=X\backslash\bigcup_{j=1}^{l}G_{c_j}\subset X\backslash A.$$

另一方面,每个 F_{c_j} 均为 A 的子集,故 $\bigcap_{j=1}^{l}F_{c_j}\subset A$.于是 $\bigcap_{j=1}^{l}F_{c_j}\subset(X\backslash A)\cap A=\varnothing$.这

与$\{F_c\}_{c\in J}$具有有限交性质矛盾.必要性成立.

充分性　设闭集A的任一具有有限交性质的闭子集族具有非空的交.我们证明从A的任一开覆盖中可取出一个有限子族覆盖A.设$\{G_c\}_{c\in J}$为A的任一开覆盖.令$F_c=A\backslash G_c$,因A是闭集,故F_c也是闭集.由

$$\bigcap_{c\in J}F_c=\bigcap_{c\in J}(A\backslash G_c)=A\backslash\bigcup_{c\in J}G_c=\varnothing$$

可知,A的闭子集族$\{F_c\}_{c\in J}$不具有有限交性质,否则,将与假设矛盾.于是存在有限子族$\{F_{c_j}\}_{j=1}^{l}$使得

$$\bigcap_{j=1}^{l}F_{c_j}=\varnothing.$$

对应的开集族$\{G_{c_j}\}_{j=1}^{l}$则满足

$$\bigcup_{j=1}^{l}G_{c_j}\supset\bigcup_{j=1}^{l}(A\backslash F_{c_j})=A\backslash\bigcap_{j=1}^{l}F_{c_j}=A.$$

这表明从$\{G_c\}_{c\in J}$中确实可取出一个有限子族$\{G_{c_j}\}_{j=1}^{l}$覆盖A.由定理4.6可知,A是紧集. ■

4.4　紧集上的连续映射

由紧集的特性,我们可以将古典分析中有界闭区间上连续函数的几个重要性质推广到一般的紧集上.

定理4.8　设X,Y为距离空间,距离分别为ρ,ρ_1.A为X中的紧集,T是由A到Y中的连续映射,则A的像$T(A)$是Y中的紧集.

证　设$\{y_n\}$为$T(A)$中的一个点列.则有A中的点列$\{x_n\}$使得$y_n=Tx_n(n=1,2,3,\cdots)$.由于A是紧集,故$\{x_n\}$中有收敛于A中某一点x_0的子列$\{x_{n_k}\}$.又因T连续,故

$$\lim_{k\to\infty}y_{n_k}=\lim_{k\to\infty}Tx_{n_k}=Tx_0.$$

显然,$Tx_0\in T(A)$.故$T(A)$是紧集. ■

推论1　设定理4.8中的全部条件满足,则T在A上一致连续,即对任给的$\varepsilon>0$,存在仅与ε有关的$\delta>0$,使得对任意的$x,y\in A$,当$\rho(x,y)<\delta$时,有$\rho_1(Tx,Ty)<\varepsilon$.

证　用反证法.设T不一致连续,则存在$\varepsilon_0>0$以及点列$\{x_n\},\{y_n\}\subset A$使

$$\rho(x_n,y_n)\to 0,\ \rho_1(Tx_n,Ty_n)\geqslant\varepsilon_0.\tag{1}$$

因 A 是紧集，故 $\{x_n\}$ 含有收敛于 A 中某一点 x_0 的子列 $\{x_{n_k}\}$，即 $\rho(x_{n_k},x_0)\to 0$. 再由(1)中的第一个关系式，有

$$\rho(y_{n_k},x_0)\leqslant\rho(x_{n_k},y_{n_k})+\rho(x_{n_k},x_0)\to 0,$$

故

$$\rho_1(Tx_{n_k},Ty_{n_k})\leqslant\rho_1(Tx_{n_k},Tx_0)+\rho_1(Ty_{n_k},Tx_0)\to 0.$$

与(1)中的第二个不等式矛盾，故 T 一致连续. ∎

推论 2 设 X 是距离空间，A 是 X 中的紧集，f 是定义在 A 上的连续泛函，则 f 有界且可达到其上、下确界.

证 由定理 4.8 可知，$f(A)$ 是 $\mathbf{R}$ 中的紧集，即为有界闭集. 于是 f 有界且其上、下确界均属于 $f(A)$，也就是说 f 能达到其上、下确界. ∎

在这一节中，我们引进了准紧集、紧集、全有界集，并研究了它们的性质及它们之间的关系以及紧集的判别准则. 希望读者注意：

(i) 在一般的距离空间中，紧性强于准紧性及全有界性，而准紧性则强于全有界性. 在完备的距离空间中准紧性与全有界性等价. 而紧性则始终是最强的.

(ii) 有限覆盖定理及有限交性质的定理是刻画紧性的重要准则，两者互为对偶定理.

(iii) 由定理 4.8 及其推论可知，定义在紧集上的连续映射及连续泛函均有很重要的性质. 究其原因，则在于它们将紧集映成紧集.

§5 某些具体空间中集合准紧性的判别法

这一节将介绍几个具体距离空间中集合准紧性的判别法. 由于这些空间都具有各自的特点，因此在这些空间中集合的准紧性就会出现带有自身特点的新情况. 我们的目的便是研究这些新情况.

例 1 空间 $\mathbf{R}^n(\mathbf{C}^n)$ 中的任何有界集都是准紧的.

设 A 为 $\mathbf{R}^n$ 中的有界集. 任取 A 中的点列 $\{x^{(m)}\}$，我们证明从 $\{x^{(m)}\}$ 中可取出收敛的子列. 设 $x^{(m)}=(\xi_1^{(m)},\xi_2^{(m)},\cdots,\xi_n^{(m)})$，则 $\{\xi_1^{(m)}\}$ 有界，由古典分析中的波尔查诺－魏尔斯特拉斯(Bolzano-Weierstrass)定理，它存在收敛的子序列，记为 $\{\xi_1^{(m_1)}\}$，这里 $\{m_1\}$ 为一部分自然数组成的序列. 显然 $\{\xi_2^{(m_1)}\}$ 有界，故又存在收敛子序列，记为 $\{\xi_2^{(m_2)}\}$，此处 $\{m_2\}$ 是 $\{m_1\}$ 的子序列. 于是 $\{\xi_1^{(m_2)}\}$，$\{\xi_2^{(m_2)}\}$ 都收敛. 依此类推，我们可以找到由一部分自然数组成的序列 $\{m_n\}$，使得 $\{\xi_1^{(m_n)}\}$，

$\{\xi_2^{(m_n)}\},\cdots,\{\xi_n^{(m_n)}\}$ 都收敛,故$\{x^{(m_n)}\}$ 在 $\mathbf{R}^n$ 中收敛.这说明 A 准紧.

同理,在 $\mathbf{C}^n$ 中任何有界集都是准紧的.

因此,为了判别 $\mathbf{R}^n(\mathbf{C}^n)$ 中的集合是否准紧,只需判别它是否有界.

例 2 空间 $C[a,b]$ 中集合准紧的判别准则.我们将结果叙述为下列定理.

定理 5.1 集合 $A \subset C[a,b]$ 准紧的充分必要条件是 A 具有下列性质:

(i) A 有界,即存在常数 K,使对一切 $x \in A$,有 $|x(t)| \leqslant K(t \in [a,b])$;

(ii) A **等度连续**,即对任给的 $\varepsilon > 0$,存在 $\delta = \delta(\varepsilon) > 0$,使得对任意的 $t',t'' \in [a,b]$,只要 $|t'-t''| < \delta$, 就有

$$|x(t') - x(t'')| < \varepsilon$$

对一切 $x \in A$ 成立.

证 必要性 设 A 是准紧集,由定理 4.2 的推论,A 有界,故(i) 成立.

现在证明 A 等度连续.任给 $\varepsilon > 0$,由于 A 准紧,故存在有限的$\dfrac{\varepsilon}{3}$ - 网$\{x_j\}_{j=1}^{n_0}$.

因 $x_j(t)$ $(j=1,2,\cdots,n_0)$ 在$[a,b]$ 上连续,故必一致连续.又因 $x_j(t)$ $(j=1,2,\cdots,n_0)$ 仅有有限个,因此对于上述 ε,存在 $\delta=\delta(\varepsilon) > 0$,只要 $|t'-t''| < \delta(t',t'' \in [a,b])$, 就有

$$|x_j(t') - x_j(t'')| < \frac{\varepsilon}{3}$$

对于 $j=1,2,\cdots,n_0$ 同时成立.任取 $x \in A$,因 $\{x_j\}_{j=1}^{n_0}$ 是 A 的 $\dfrac{\varepsilon}{3}$ - 网,故存在某个

$x_{j_0}(1 \leqslant j_0 \leqslant n_0)$ 使得$\rho(x,x_{j_0}) < \dfrac{\varepsilon}{3}$, 因此

$$|x(t) - x_{j_0}(t)| < \frac{\varepsilon}{3} \quad (t \in [a,b]).$$

于是当 $|t'-t''| < \delta$ 时,

$$\begin{aligned} &|x(t') - x(t'')| \\ \leqslant &|x(t') - x_{j_0}(t')| + |x_{j_0}(t') - x_{j_0}(t'')| + |x_{j_0}(t'') - x(t'')| \\ < &\frac{\varepsilon}{3} + \frac{\varepsilon}{3} + \frac{\varepsilon}{3} = \varepsilon. \end{aligned}$$

由于 ε 是任给的,而 $\delta=\delta(\varepsilon)$ 又只依赖于 ε,故 A 等度连续.

充分性 设 A 有界且等度连续.根据等度连续的定义,对于任给的 $\varepsilon > 0$,存在 $\delta=\delta(\varepsilon) > 0$, 使得对于$[a,b]$ 中的任意两点 t',t'',只要 $|t'-t''| < \delta$, 就有

$$|x(t')-x(t'')|<\frac{\varepsilon}{3} \tag{1}$$

对一切 $x\in A$ 成立.取定自然数 n 使 $\frac{b-a}{n}<\delta$,再将 $[a,b]$ 分成 n 等份,分点为 $t_0=a<t_1<t_2<\cdots<t_n=b$.这时只要 t',t'' 同时属于某个子区间 $[t_i,t_{i+1}]$,不等式(1)便成立.

作 $n+1$ 维欧几里得空间 $\mathbf{R}^{n+1}$ 中的点集:

$$\hat{A}=\{(x(t_0),x(t_1),\cdots,x(t_n)):x\in A\}.$$

由于 A 有界,故 $\hat{A}$ 在 $\mathbf{R}^{n+1}$ 中也有界.由这一节例1,$\hat{A}$ 在 $\mathbf{R}^{n+1}$ 中准紧.于是存在有限的 $\frac{\varepsilon}{3}$ - 网:

$$\{(x_j(t_0),x_j(t_1),\cdots,x_j(t_n))\}_{j=1}^{k}. \tag{2}$$

由 $\hat{A}$ 的定义可知,对应于(2)中的有限集,有 A 中的有限子集

$$\{x_1(\cdot),x_2(\cdot),\cdots,x_k(\cdot)\}.$$

现在证明这个集合构成 A 的一个 ε - 网.任取 $x\in A$,则点 $(x(t_0),x(t_1),\cdots,x(t_n))\in\hat{A}$,于是存在 j_0: $1\leqslant j_0\leqslant k$,使得

$$\left(\sum_{i=0}^{n}|x(t_i)-x_{j_0}(t_i)|^2\right)^{1/2}<\frac{\varepsilon}{3}.$$

因此对每个 i,有 $|x(t_i)-x_{j_0}(t_i)|<\frac{\varepsilon}{3}$.今任取 $t\in[a,b]$,则存在某个 i 使 $t\in[t_i,t_{i+1}]$,于是

$$\begin{aligned}|x(t)-x_{j_0}(t)|&\leqslant|x(t)-x(t_i)|+|x(t_i)-x_{j_0}(t_i)|+\\&\quad|x_{j_0}(t_i)-x_{j_0}(t)|\\&<\frac{\varepsilon}{3}+\frac{\varepsilon}{3}+\frac{\varepsilon}{3}=\varepsilon.\end{aligned}$$

故 $\rho(x,x_{j_0})<\varepsilon$,这表明 $\{x_1(\cdot),x_2(\cdot),\cdots,x_k(\cdot)\}$ 确为 A 的一个 ε - 网,所以 A 准紧. ■

例 3 空间 $L^p[a,b]$ $(1<p<\infty)$ 中集合准紧的判别准则.

我们先作一些准备.对于任给的 $x\in L^p[a,b]$,作相应的函数 $x_h(t)$:

$$x_h(t)=\frac{1}{2h}\int_{t-h}^{t+h}x(s)\mathrm{d}s\quad(t\in[a,b],h>0).$$

为了使上面的积分有意义,我们将 $x(t)$ 连续延拓到 $\left(a-\frac{b-a}{2},b+\frac{b-a}{2}\right)$ 上而成 x_h,使得当 $t\in\left(a-\frac{b-a}{2},a\right)$ 时,$x_h(t)=x(2a-t)$;当 $t\in\left(b,b+\frac{b-a}{2}\right)$ 时,$x_h(t)=x(2b-t)$.$x_h(t)$ 显然在$[a,b]$ 上连续,故 $x_h\in L^p[a,b]$.现在证明当 $h<\frac{b-a}{2}$ 时,

$$\int_a^b|x_h(t)|^p\mathrm{d}t\leqslant 2\int_a^b|x(t)|^p\mathrm{d}t. \tag{3}$$

设 q 是 p 的相伴数,则

$$\begin{aligned}
\int_a^b|x_h(t)|^p\mathrm{d}t&\leqslant\int_a^b\left(\frac{1}{2h}\int_{t-h}^{t+h}|x(s)|\mathrm{d}s\right)^p\mathrm{d}t\\
&\leqslant\int_a^b\frac{1}{(2h)^p}\left(\int_{t-h}^{t+h}\mathrm{d}s\right)^{\frac{p}{q}}\left(\int_{t-h}^{t+h}|x(s)|^p\mathrm{d}s\right)\mathrm{d}t\\
&=\frac{1}{2h}\int_a^b\left(\int_{t-h}^{t+h}|x(s)|^p\mathrm{d}s\right)\mathrm{d}t\\
&=\frac{1}{2h}\int_a^b\left(\int_{-h}^{h}|x(t+s)|^p\mathrm{d}s\right)\mathrm{d}t\\
&=\frac{1}{2h}\int_{-h}^h\left(\int_a^b|x(t+s)|^p\mathrm{d}t\right)\mathrm{d}s\\
&\leqslant\frac{1}{2h}\int_{-h}^h\left(2\int_a^b|x(t)|^p\mathrm{d}t\right)\mathrm{d}s=2\int_a^b|x(t)|^p\mathrm{d}t,
\end{aligned}$$

故 (3) 成立.在(3) 中,将 $x(t)$ 换成 $x(t)-y(t)$,$x_h(t)$ 换成 $x_h(t)-y_h(t)$,得到

$$\int_a^b|x_h(t)-y_h(t)|^p\mathrm{d}t\leqslant 2\int_a^b|x(t)-y(t)|^p\mathrm{d}t.$$

有了以上准备,我们可以证明下面的定理.

定理 5.2 空间 $L^p[a,b]$ $(1<p<\infty)$ 中集合 A 准紧的充分必要条件是 A 具有下列性质:

(i) A 是有界的,即存在常数 $K>0$,使得对一切 $x\in A$,有

$$\int_a^b|x(t)|^p\mathrm{d}t\leqslant K^p.$$

(ii) 对任给的 $\varepsilon>0$,存在 $\delta=\delta(\varepsilon)>0$,只要 $0<h<\delta$,就有

$$\rho(x_h,x)=\left(\int_a^b |x_h(t)-x(t)|^p \mathrm{d}t\right)^{1/p} < \varepsilon$$

对一切 $x \in A$ 成立.

证 必要性 (i) 的必要性显然.现在证明(ii) 的必要性.根据 A 为准紧的假定,对于任给的 $\varepsilon>0$,A 有有限的$\frac{\varepsilon}{3}$ - 网 B.由于 $C[a,b]$ 按 $L^p[a,b]$ 的距离在 $L^p[a,b]$ 中稠密,故不妨设 B 中的元素都是连续函数,且共有 n_0 个, 记为

$$\varphi_1(\cdot),\varphi_2(\cdot),\cdots,\varphi_{n_0}(\cdot).$$

其实, 还可设每个函数 $\varphi_k(\cdot)$ 连续延拓到 $\left(a-\frac{b-a}{2},b+\frac{b-a}{2}\right)$,可参照(3) 式前面的延拓方式, 于是

$$\begin{aligned}(\varphi_k(t))_h &= \frac{1}{2h}\int_{t-h}^{t+h}\varphi_k(s)\,\mathrm{d}s=\frac{1}{2h}\int_{-h}^{h}\varphi_k(t+s)\,\mathrm{d}s\\ &=\varphi_k(t+\theta h)\to\varphi_k(t)\quad (0<|\theta|<1,\ |h|\text{充分小})\end{aligned}$$

关于 $t\in[a,b]$ 一致地成立.因此当 $h\to 0$ 时,$(\varphi_k)_h$ 按 $L^p[a,b]$ 的距离收敛于 φ_k,即

$$\rho((\varphi_k)_h,\varphi_k)\to 0\quad (h\to 0,k=1,2,\cdots,n_0). \tag{4}$$

由于 $\{\varphi_k\}_{k=1}^{n_0}$ 为有限集,由(4) 可知,对于任给的 $\varepsilon>0$,存在 $\delta=\delta(\varepsilon)>0$, 使得当 $0<h<\delta$ 时,

$$\rho((\varphi_k)_h,\varphi_k) < \frac{\varepsilon}{4} \tag{5}$$

对于 $k=1,2,\cdots,n_0$ 同时成立.

任取 $x\in A$,则存在某个 $\varphi_k\in B$ $(1\leqslant k\leqslant n_0)$ 使 $\rho(x,\varphi_k)<\frac{\varepsilon}{4}$.故当 $0<h<\delta$ 时,由不等式(3) 与(5), 有

$$\begin{aligned}\rho(x_h,x)&\leqslant\rho(x_h,(\varphi_k)_h)+\rho((\varphi_k)_h,\varphi_k)+\rho(\varphi_k,x)\\ &\leqslant 3\rho(x,\varphi_k)+\rho((\varphi_k)_h,\varphi_k)<\frac{3}{4}\varepsilon+\frac{1}{4}\varepsilon=\varepsilon.\end{aligned}$$

条件 (ii) 的必要性成立.

充分性 应用条件(i) 可以证明: 对每个给定的 h,A 中的元素 x 所对应的函数 x_h 组成的集合 A_h 等度连续.这是因为对任意的 $t'<t''$,$t',t''\in[a,b]$, 有

$$
\begin{aligned}
|x_h(t'')-x_h(t')| &= \frac{1}{2h}\left|\int_{t''-h}^{t''+h} x(s)\,\mathrm{d}s-\int_{t'-h}^{t'+h} x(s)\,\mathrm{d}s\right| \\
&= \frac{1}{2h}\left|\int_{t'+h}^{t''+h} x(s)\,\mathrm{d}s-\int_{t'-h}^{t''-h} x(s)\,\mathrm{d}s\right| \\
&\leqslant \frac{1}{2h}\left(\int_{t'+h}^{t''+h} |x(s)|\,\mathrm{d}s+\int_{t'-h}^{t''-h} |x(s)|\,\mathrm{d}s\right) \\
&\leqslant \frac{1}{2h}\cdot 2\,|t''-t'|^{1/q}\left(2\int_a^b |x(s)|^p\mathrm{d}s\right)^{1/p} \\
&\leqslant \frac{2^{1/p}K}{h}|t''-t'|^{1-1/p},
\end{aligned}
$$

其中 K 是(i)中的常数,q 是 p 的相伴数.又由于 $p>1$,故对于每个给定的 h,A_h 确为等度连续.

现在证明:对于每个给定的 h,A_h 在 $C[a,b]$ 中有界.这由以下的关系式可得

$$
\begin{aligned}
|x_h(t)| &\leqslant \frac{1}{2h}\left(\int_{t-h}^{t+h}|x(s)|^p\mathrm{d}s\right)^{1/p}\left(\int_{t-h}^{t+h}\mathrm{d}s\right)^{1/q} \\
&= \left(\frac{1}{2h}\right)^{1/p}\left(\int_{t-h}^{t+h}|x(s)|^p\mathrm{d}s\right)^{1/p} \\
&\leqslant \left(\frac{1}{2h}\right)^{1/p}\left(2\int_a^b|x(s)|^p\mathrm{d}s\right)^{1/p} \leqslant \left(\frac{1}{h}\right)^{1/p}K.
\end{aligned}
$$

因此集合 A_h 满足定理5.1中的条件(i)、(ii),故对于任一给定的 $h>0$,集合 A_h 在 $C[a,b]$ 中准紧.由于 $C[a,b]$ 中的点列按 $C[a,b]$ 的距离收敛必然按 $L^p[a,b]$ 的距离收敛,故 A_h 在 $L^p[a,b]$ 中也是准紧的.由于当 $h>0$ 充分小时,A_h 是 A 的一个 ε-网.由这一章 §4.2 定理4.3可知,A 准紧. ∎

§6 不动点定理

大家知道,在微分方程、积分方程以及其他各类方程的理论中,解的存在性、唯一性以及近似解的收敛性等都是相当重要的课题.为了讨论微分方程、积分方程或其他类型方程解的存在性及唯一性,我们可以将它们转化成求某一映射的不动点问题.为了阐明这一观点,我们以大家熟悉的一阶常微分方程

$$
\frac{\mathrm{d}y}{\mathrm{d}x}=f(x,y) \tag{1}
$$

为例来解释具体作法. 求微分方程(1)满足初值条件$y|_{x_0}=y_0$的解与求解积分方程

$$y(x)=y_0+\int_{x_0}^{x}f(t,y(t))\,\mathrm{d}t \tag{2}$$

等价. 而为了求解积分方程(2),我们可以根据$f(x,y)$所满足的解析条件适当地选取一个距离空间, 并在这个距离空间中作映射

$$(T\varphi)(x)=y_0+\int_{x_0}^{x}f(t,\varphi(t))\,\mathrm{d}t.$$

于是求方程(2)的解就转化为去求φ使得它满足$T\varphi=\varphi$.这种φ称为映射T的**不动点**,因此求解方程(1)就变成求映射T的不动点.

在本节中,我们介绍一个比较简单且比较基本的**不动点定理——压缩映射原理.**

定理 6.1 设X是完备的距离空间,距离为ρ.T是由X到其自身的映射,且对于任意的$x,y\in X$, 不等式

$$\rho(Tx,Ty)\leqslant\theta\rho(x,y) \tag{3}$$

成立, 其中θ是满足不等式$0\leqslant\theta<1$的常数.那么T在X中存在唯一的不动点,即存在唯一的$\bar{x}\in X$,使得$T\bar{x}=\bar{x}$,且$\bar{x}$可以用迭代法求得.

证 在X中任意取定一点x_0, 并令

$$x_1=Tx_0,x_2=Tx_1,\cdots,x_{n+1}=Tx_n,\cdots.$$

我们证明$\{x_n\}$是X中的一个基本点列. 由以下诸关系式

$$\rho(x_1,x_2)=\rho(Tx_0,Tx_1)\leqslant\theta\rho(x_0,x_1)=\theta\rho(x_0,Tx_0);$$

$$\rho(x_2,x_3)=\rho(Tx_1,Tx_2)\leqslant\theta\rho(x_1,x_2)\leqslant\theta^2\rho(x_0,Tx_0);$$

…………

并应用归纳法可以证明

$$\rho(x_n,x_{n+1})\leqslant\theta^n\rho(x_0,Tx_0)\quad(n=1,2,3,\cdots).$$

于是

$$\begin{aligned}\rho(x_n,x_{n+p})&\leqslant\rho(x_n,x_{n+1})+\rho(x_{n+1},x_{n+2})+\cdots+\rho(x_{n+p-1},x_{n+p})\\&\leqslant(\theta^n+\theta^{n+1}+\cdots+\theta^{n+p-1})\rho(x_0,Tx_0)\\&=\frac{\theta^n(1-\theta^p)}{1-\theta}\rho(x_0,Tx_0)\leqslant\frac{\theta^n}{1-\theta}\rho(x_0,Tx_0).\end{aligned} \tag{4}$$

由假设, $0\leqslant\theta<1$,故$\theta^n\to0$,于是$\{x_n\}$是基本点列.由于X完备,故$\{x_n\}$收敛于

X 中某一点 $\bar{x}$. 另一方面,由不等式(3) 可知,T 是连续映射. 在 $x_{n+1}=Tx_n$ 中,令 $n\to\infty$, 得到

$$\bar{x}=T\bar{x},$$

因此 $\bar{x}$ 是 T 的一个不动点.

现在证明不动点的唯一性. 设另有 $\bar{y}$,使 $\bar{y}=T\bar{y}$, 则

$$\rho(\bar{x},\bar{y})=\rho(T\bar{x},T\bar{y})\leqslant\theta\rho(\bar{x},\bar{y}),$$

由于 $0\leqslant\theta<1$,故 $\rho(\bar{x},\bar{y})=0$,即 $\bar{x}=\bar{y}$. 唯一性成立. ∎

满足条件(3) 的映射称为**压缩映射**.

注 关于定理 6.1,有三个值得注意的方面:

(i) 由证明可以看出,为了获得不动点 $\bar{x}$,可以从 X 中的任一点出发建立迭代序列,这无疑很方便.

(ii) 方程 $Tx=x$ 的不动点 $\bar{x}$ 在大多数情况下不易求得,因此往往用 x_n 作为其近似值. 这样就需要估计 x_n 与 $\bar{x}$ 间的误差. 要做到这一点,只需在(4) 中令 $p\to\infty$, 便有

$$\rho(x_n,\bar{x})\leqslant\frac{\theta^n}{1-\theta}\rho(x_0,Tx_0),\tag{5}$$

这就是误差的一个估计式.

(iii) 定理 6.1 的条件可以适当放宽, 即不必要求不等式(3) 在整个空间 X 中满足,而只需要求它在以零次近似 x_0 为中心的某个闭球 $\bar{S}(x_0,r)$ 内满足,但需补充下面的条件:

$$\rho(x_0,x_1)\leqslant(1-\theta)r,\tag{6}$$

其中 $x_1=Tx_0, 0<\theta<1$.

已知 $x_1=Tx_0$,再令 $x_2=Tx_1,\cdots,x_{n+1}=Tx_n,\cdots$,我们用归纳法证明: 所有的 x_n 都位于球 $\bar{S}(x_0,r)$ 内. 显然,$x_1\in\bar{S}(x_0,r)$. 今设 $x_1,x_2,\cdots,x_{n-1}$ 都位于球 $\bar{S}(x_0,r)$ 内, 由于

$$\rho(x_2,x_1)\leqslant\theta\rho(x_1,x_0)\leqslant\theta(1-\theta)r,$$

$$\rho(x_3,x_2)\leqslant\theta\rho(x_2,x_1)\leqslant\theta^2(1-\theta)r,$$

$$\cdots\cdots\cdots\cdots$$

故

$$\begin{aligned}\rho(x_n,x_0)&\leqslant\rho(x_n,x_{n-1})+\rho(x_{n-1},x_{n-2})+\cdots+\rho(x_1,x_0)\\&\leqslant(\theta^{n-1}+\theta^{n-2}+\cdots+1)(1-\theta)r=(1-\theta^n)r<r.\end{aligned}$$

因此所有的 x_n 都位于球 $\bar{S}(x_0,r)$ 内，于是定理 6.1 的证明步骤对这里的点列 $\{x_n\}$ 完全适用，因而 $\{x_n\}$ 收敛于某一点 $\bar{x}$，且 $\bar{x}\in\bar{S}(x_0,r)$. 在等式 $x_{n+1}=Tx_n$ 中，令 $n\to\infty$，得到

$$\bar{x}=T\bar{x}.$$

因此 $\bar{x}$ 是 T 的不动点. $\bar{x}$ 的唯一性与定理 6.1 中的证法完全相同. 这表明定理 6.1 的结论在不等式(6) 成立的假定下全部成立.

例 1　微分方程解的存在性和唯一性.

考察微分方程

$$\frac{\mathrm{d}y}{\mathrm{d}x}=f(x,y),\qquad y\big|_{x_0}=y_0,\tag{7}$$

其中 $f(x,y)$ 在整个平面上连续(这个条件较强，但我们的目的是介绍方法，而不是追求条件的完美)，此外还设 $f(x,y)$ 关于 y 满足利普希茨(R. Lipschitz) 条件：

$$|f(x,y)-f(x,y')|\leqslant K|y-y'|,\quad x,y,y'\in\mathbf{R},$$

其中 $K>0$ 为常数. 那么通过任一给定的点 (x_0,y_0)，微分方程(7) 有一条且只有一条积分曲线.

微分方程(7) 带有初值条件 $y\big|_{x_0}=y_0$ 等价于下面的积分方程

$$y(x)=y_0+\int_{x_0}^{x}f(t,y(t))\,\mathrm{d}t.$$

我们取 $\delta>0$，使 $K\delta<1$. 在连续函数空间 $C[x_0-\delta,x_0+\delta]$ 内定义映射 T：

$$(Ty)(x)=y_0+\int_{x_0}^{x}f(t,y(t))\,\mathrm{d}t\quad(x\in[x_0-\delta,x_0+\delta]),$$

则有

$$\begin{aligned}\rho(Ty_1,Ty_2)&=\max_{|x-x_0|\leqslant\delta}\left|\int_{x_0}^{x}[f(t,y_1(t))-f(t,y_2(t))]\,\mathrm{d}t\right|\\&\leqslant\max_{|x-x_0|\leqslant\delta}\int_{x_0}^{x}K|y_1(t)-y_2(t)|\,\mathrm{d}t\\&\leqslant K\delta\max_{|t-x_0|\leqslant\delta}|y_1(t)-y_2(t)|=K\delta\rho(y_1,y_2).\end{aligned}$$

因 $K\delta<1$，由定理 6.1，存在唯一的连续函数 $y_0(x)$ $(x\in[x_0-\delta,x_0+\delta])$ 使

$$y_0(x)=y_0+\int_{x_0}^{x}f(t,y_0(t))\,\mathrm{d}t.$$

由这个等式可以看出，$y_0(x)$ 连续可微，且 $y=y_0(x)$ 就是微分方程(7) 通过点

(x_0,y_0) 的积分曲线(定义在$[x_0-\delta,x_0+\delta]$上).考虑初值条件$y|_{x_0\pm\delta}=y_0(x_0\pm\delta)$,并再次应用定理6.1,便可将解延拓到$[x_0-2\delta,x_0+2\delta]$上.依此类推,于是可将解延拓到整个实轴上.

例2 积分方程解的存在性和唯一性.

设有线性积分方程

$$x(t)=f(t)+\lambda\int_a^b K(t,s)x(s)\mathrm{d}s, \tag{8}$$

其中$f\in L^2[a,b]$为给定的函数,λ为参数,核$K(t,s)$是定义在矩形区域$a\leqslant t\leqslant b,a\leqslant s\leqslant b$上的可测函数,满足

$$\int_a^b\int_a^b|K(t,s)|^2\mathrm{d}t\mathrm{d}s<\infty.$$

那么当参数λ的模充分小时,方程(8)存在唯一的解$x\in L^2[a,b]$.

令

$$(Tx)(t)=f(t)+\lambda\int_a^b K(t,s)x(s)\mathrm{d}s.$$

由

$$\begin{aligned}\int_a^b\left|\int_a^b K(t,s)x(s)\mathrm{d}s\right|^2\mathrm{d}t&\leqslant\int_a^b\left[\int_a^b|K(t,s)|^2\mathrm{d}s\int_a^b|x(s)|^2\mathrm{d}s\right]\mathrm{d}t\\&=\int_a^b\int_a^b|K(t,s)|^2\mathrm{d}s\mathrm{d}t\int_a^b|x(s)|^2\mathrm{d}s\end{aligned}$$

及T的定义可知,T是由$L^2[a,b]$到其自身的映射.取$|\lambda|$充分小,使

$$\theta=|\lambda|\left[\int_a^b\int_a^b|K(t,s)|^2\mathrm{d}s\mathrm{d}t\right]^{1/2}<1,$$

于是

$$\begin{aligned}\rho(Tx,Ty)&=|\lambda|\left(\int_a^b\left|\int_a^b K(t,s)(x(s)-y(s))\mathrm{d}s\right|^2\mathrm{d}t\right)^{1/2}\\&\leqslant|\lambda|\left(\int_a^b\int_a^b|K(t,s)|^2\mathrm{d}t\mathrm{d}s\right)^{1/2}\left(\int_a^b|x(s)-y(s)|^2\mathrm{d}s\right)^{1/2}\\&=|\lambda|\left(\int_a^b\int_a^b|K(t,s)|^2\mathrm{d}t\mathrm{d}s\right)^{1/2}\rho(x,y)\\&=\theta\rho(x,y).\end{aligned}$$

故T为压缩映射.由定理6.1可知,方程(8)在$L^2[a,b]$内存在唯一的解.

有时映射T不满足定理6.1的条件,故不能应用它.如下面将要介绍的**沃尔泰拉**(V.Volterra)**积分方程**就是这样.因此有必要将定理6.1加以拓广,以便可

以讨论更多方程解的存在性、唯一性问题.下面介绍定理 6.1 的一种拓广.

对 $x \in X$,记 $T^2x = T(Tx)$.依此类推,设已定义了 T^{n-1},令 $T^n x = T(T^{n-1}x)$. 于是对任何自然数 n,T^n 都有定义.

定理 6.2 设 T 是由完备距离空间 X 到其自身的映射,如果存在常数 θ: $0 \leqslant \theta < 1$ 以及自然数 n_0 使得

$$\rho(T^{n_0}x, T^{n_0}y) \leqslant \theta\rho(x,y) \quad (x,y \in X), \tag{9}$$

那么 T 在 X 中存在唯一的不动点.

证 由不等式(9),T^{n_0} 满足定理 6.1 的条件,故 T^{n_0} 存在唯一的不动点 x_0. 我们证明 x_0 也是映射 T 唯一的不动点. 由

$$T^{n_0}(Tx_0) = T^{n_0+1}(x_0) = T(T^{n_0}x_0) = Tx_0$$

可知, Tx_0 是映射 T^{n_0} 的不动点.由 T^{n_0} 不动点的唯一性,可得 $Tx_0 = x_0$,故 x_0 是映射 T 的不动点.若 T 另有不动点 x_1, 则由

$$T^{n_0}x_1 = T^{n_0-1}Tx_1 = T^{n_0-1}x_1 = \cdots = Tx_1 = x_1$$

可知, x_1 也是 T^{n_0} 的不动点.仍由唯一性,可得 $x_1 = x_0$. ∎

作为定理 6.2 的一个应用,我们考察沃尔泰拉积分方程解的存在性与唯一性.

例 3 设 $K(t,s)$ 是定义在三角形区域 $a \leqslant t \leqslant b$, $a \leqslant s \leqslant t$ 上的连续函数,则沃尔泰拉积分方程

$$x(t) = \lambda \int_a^t K(t,s)x(s)\,\mathrm{d}s + f(t) \tag{10}$$

对任何 $f \in C[a,b]$ 以及任何常数 $\lambda \neq 0$ 存在唯一的解 $x_0 \in C[a,b]$.

证 作 $C[a,b]$ 到其自身的映射 T:

$$(Tx)(t) = \lambda \int_a^t K(t,s)x(s)\,\mathrm{d}s + f(t),$$

则对任意的 $x_1, x_2 \in C[a,b]$, 有

$$\begin{aligned} |(Tx_1)(t) - (Tx_2)(t)| &= |\lambda| \left| \int_a^t K(t,s)[x_1(s) - x_2(s)]\,\mathrm{d}s \right| \\ &\leqslant |\lambda| M(t-a) \max_{a \leqslant t \leqslant b} |x_1(t) - x_2(t)| \\ &= |\lambda| M(t-a)\rho(x_1,x_2), \end{aligned}$$

其中 $M = \max\limits_{\substack{a \leqslant t \leqslant b \\ a \leqslant s \leqslant t}} |K(t,s)|$, $\rho(x,y)$ 为 $C[a,b]$ 的距离, 今用归纳法证明

$$|T^n x_1(t) - T^n x_2(t)| \leqslant (|\lambda|^n M^n (t-a)^n / n!)\rho(x_1,x_2). \tag{11}$$

当 $n=1$ 时，不等式（11）已经证明.现设当 $n=k$ 时，不等式（11）成立，则当 $n=k+1$ 时，有

$$|T^{k+1}x_1(t)-T^{k+1}x_2(t)|=|\lambda|\left|\int_a^t K(t,s)[T^k x_1(s)-T^k x_2(s)]\mathrm{d}s\right|$$

$$\leqslant(|\lambda|^{k+1}M^{k+1}/k!)\left|\int_a^t (s-a)^k\mathrm{d}s\right|\rho(x_1,x_2)$$

$$=[|\lambda|^{k+1}M^{k+1}(t-a)^{k+1}/(k+1)!]\rho(x_1,x_2),$$

故不等式（11）对 $n=k+1$ 也成立，从而对一切自然数 n 成立. 由此可知

$$\rho(T^n x_1,T^n x_2)=\max_{a\leqslant t\leqslant b}|T^n x_1(t)-T^n x_2(t)|$$

$$\leqslant(|\lambda|^n M^n(b-a)^n/n!)\rho(x_1,x_2).$$

对任何给定的参数 λ，总可以选取足够大的 n，使得

$$|\lambda|^n M^n(b-a)^n/n! < 1.$$

因此 T^n 满足定理 6.2 的条件，故方程（10）在 $C[a,b]$ 中存在唯一的解. ■

*§7 拓扑空间大意

7.1 拓扑空间的基本概念与性质

在 §1 中我们引进了距离空间，其中的收敛可以概括古典分析中的许多收敛（如一致收敛、p 幂平均收敛、依测度收敛等），但是还不能概括全部，例如函数列的处处收敛就是其中之一.这说明距离空间仍有一定的局限性，因此需要将距离空间加以拓广，使之能概括更多的客观事物.本节的目的就是对距离空间的拓广 —— 拓扑空间作一简单介绍.

大家知道，距离空间 X 中的开集具有下列性质：

（i）空间 X 及空集都是开集；

（ii）任意多个开集的并是开集；

（iii）有限多个开集的交是开集.

我们将距离空间中开集的这些性质抽象出来，便可以在任一非空集合上引进拓扑.

定义 7.1 设 X 是一个非空集合，τ 是 X 中某些子集组成的集族，如果满足以下三个条件：

（i）X 及空集都属于 τ；

（ii）τ 中任意多个集的并属于 τ；

（iii）τ 中有限多个集的交属于 τ，

则称 τ 为 X 上的一个**拓扑**,且称 X 是**以 τ 为拓扑的拓扑空间**,简称为**拓扑空间**.τ 中的集称为 **X 中的开集**.集合 X 赋以拓扑 τ 而成为拓扑空间后,往往记为(X,τ).在不会引起混淆的情况下,仍简记为 X.一个空间上的拓扑除记号 τ 外,还可以记为 σ 等.

例 1 设 X 是一个以 ρ 为距离的距离空间.令 τ 为 X 中全部开集构成的集族,则 τ 满足定义 7.1 中的全部条件,故 τ 是 X 上的一个拓扑,称它是由距离 ρ 诱导出来的拓扑,而且 X 按照这个拓扑是一个拓扑空间.由此可见,拓扑空间确实是距离空间的发展.

例 2 设 X 是一个非空集合,取 τ 为 X 的一切子集构成的集族,则 τ 显然满足定义 7.1 的全部条件,因此 τ 为 X 上的一个拓扑,称它为 X 上的**离散拓扑**,而称 X 为**离散的拓扑空间**.不难看出,由离散的距离空间(见 §1) 上的距离诱导出来的拓扑就是离散拓扑,这是因为离散的距离空间中的任一子集都是开集.

例 3 设 X 是一非空集合,而 τ 仅由 X 及空集构成,则 τ 也满足定义 7.1 中的全部条件,故 τ 为 X 上的一个拓扑,称 τ 为**平凡拓扑**,而称 X 为**平凡的拓扑空间**.

例 2、例 3 说明,在任何一个非空集合上都可以定义拓扑,而且定义拓扑的方式多种多样,这些均与距离空间的情形类似,且有更大的任意性.

例 4 设 X 只含 0 与 1 两个点,τ 是由下面的集合

$$\varnothing,\{0\},\{0,1\}$$

构成的集族, 则 τ 满足定义 7.1 的全部条件,故 τ 为 X 上的一个拓扑,X 按照 τ 成为一个拓扑空间.

仿照距离空间,在拓扑空间中可以定义邻域、内点、聚点以及闭集、闭包等.譬如内点、邻域、聚点、闭包、闭集等可定义如下:

内点、邻域: 设 X 为一拓扑空间,$x \in X,A \subset X$.如果存在包含在 A 中的开子集 U 使 $x \in U$,则称 x 是 A 的**内点**,而称 A 是 x 的一个**邻域**.

聚点: 设 $x \in X,A \subset X$.如果对 x 的任一邻域 U,交集 $A \cap U$ 中含有异于 x 的点,则称 x 是 A 的**聚点**.

闭包: A 及其全部聚点组成的集合叫做 A 的**闭包**,记为 $\overline{A}$.

闭集: 如果 $A=\overline{A}$,则称 A 为**闭集**.

关于闭包,下列定理成立:

定理 7.1 设 X 为一拓扑空间,A,B 为 X 的子集,则

(i) $A \subset \overline{A}$; (ii) $\overline{A}=\overline{\overline{A}}$; (iii) $\overline{A \cup B}=\overline{A} \cup \overline{B}$; (iv) $\overline{\varnothing}=\varnothing$.

证法与这一章 §2.1 定理 2.2 完全类似,故从略.

容易证明 A 为闭集的充分必要条件是 $X\backslash A$ 为开集,故由开集的性质(见前面的定义 7.1)立即可知下面的定理成立:

定理 7.2 设 X 为一拓扑空间,则

(i) X 及空集都是闭集;

(ii) 任意多个闭集的交仍为闭集;

(iii) 有限多个闭集的并仍为闭集.

在拓扑空间中,一般应当考虑半序点列,而不能只考虑通常的点列.

定义 7.2 设 $\mathscr{A}$ 是一非空集合,$<$ 是 $\mathscr{A}$ 中的一个关系,如果关系 $<$ 满足下列条件,则称 $\mathscr{A}$ 是一个**半序集**(参看第一章 §5).

(i) 对任何 $\alpha \in \mathscr{A}$,有 $\alpha < \alpha$;

(ii) 对任何 $\alpha, \beta \in \mathscr{A}$ 如果

$$\alpha < \beta \quad 与 \quad \beta < \alpha$$

同时成立,则 $\alpha = \beta$;

(iii) 对任何 $\alpha, \beta, \gamma \in \mathscr{A}$,如果有

$$\alpha < \beta, \qquad \beta < \gamma,$$

那么 $\alpha < \gamma$.

称 $\mathscr{A}$ 是**定向的**,如果对任意的 $\alpha, \alpha' \in \mathscr{A}$,存在 $\alpha'' \in \mathscr{A}$ 使 $\alpha < \alpha''$,$\alpha' < \alpha''$.

称 $\mathscr{A}$ 为**全序集**,如果除条件(i),(ii),(iii)外,$\mathscr{A}$ 还满足下述条件:

(iv) 对任何 $\alpha, \beta \in \mathscr{A}$,关系

$$\alpha < \beta \quad 与 \quad \beta < \alpha$$

中至少有一个成立.

显然,全序集是半序集的特殊情形.

定义 7.3 设 X 为一拓扑空间,$\mathscr{A}$ 是定向半序集.若对每个 $\alpha \in \mathscr{A}$,有 X 中的点 x_α 与之对应,则称 $\{x_\alpha : \alpha \in \mathscr{A}\}$ 是 X 中的一个**半序点列**.

当 $\mathscr{A}$ 是由全部自然数按照由小到大的顺序构成的全序集时,那么得到 $\{x_n : n \in \mathscr{A}\} \subset X$,它就是通常的点列.

设 X 是拓扑空间,$\{x_\alpha : \alpha \in \mathscr{A}\}$ 是 X 中的半序点列,$x_0 \in X$.如果对于 x_0 的任一邻域 U,存在 $\mathscr{A}$ 中的元素 α_0,使得当 $\alpha_0 < \alpha$ 时,有 $x_\alpha \in U$,则称半序点列 $\{x_\alpha : \alpha \in \mathscr{A}\}$ **收敛**于 x_0,且称 x_0 为 $\{x_\alpha : \alpha \in \mathscr{A}\}$ 的**极限**,记为

$$\lim_{\alpha \in \mathscr{A}} x_\alpha = x_0 \text{ 或} \{x_\alpha\} \to x_0,\text{有时也简记为 } x_\alpha \to x_0.$$

定理 7.3 设 A 是拓扑空间 X 的子集,则 $x \in \overline{A}$ 的充分必要条件是存在 A 中的半序点列 $\{x_\alpha : \alpha \in \mathscr{A}\}$ 使得 $\{x_\alpha : \alpha \in \mathscr{A}\}$ 收敛于 x.

证 必要性 设 $x \in \overline{A}$,x 的一切邻域构成的集族用 σ 表示.在 σ 中定义

如下的半序：对 $U,V \in \sigma$，当 $V \subset U$ 时，规定 $U < V$. 容易证明 σ 按照"<"是一个定向半序集. 对于每个 $U \in \sigma$，由于 $U \cap A \neq \varnothing$，故可取 $x_U \in U \cap A$，于是 $\{x_U: U \in \sigma\}$ 是 A 中的半序点列. 对任一 $U \in \sigma$，当 $U < V$ 时，即当 $V \subset U$ 时，显然有 $x_V \in U$，故 $x_U \to x$.

充分性　设 A 中有半序点列 $\{x_\alpha: \alpha \in \mathscr{A}\}$ 收敛于 x，则对 x 的任一邻域 U，存在 $\alpha_0 \in \mathscr{A}$，使得当 $\alpha_0 < \alpha$ 时，$x_\alpha \in U$，故 $U \cap A$ 非空，因此 $x \in \bar{A}$. ▌

7.2　分离公理

距离空间的一个重要性质是收敛点列极限的唯一性. 这一性质对一般的拓扑空间未必成立. 例如，设 X 是 0 与 1 构成的集. 对 X 赋予平凡的拓扑，则 X 中的半序点列 $\{x_\alpha: \alpha \in \mathscr{A}\}$（所有 $x_\alpha = 1$）既收敛于 1 也收敛于 0，极限不唯一. 因此为了保证拓扑空间中收敛的半序点列极限的唯一性，对拓扑空间应当补充一些条件.

定义 7.4　设 X 为一拓扑空间.

T_0 - **公理**：如果对 X 中的任意两点 x,y，其中至少有一点（可能是 x 也可能是 y），存在它的一个邻域不含另一点，则称 X 满足 T_0 - **公理**，并称 X 为 T_0 - **型空间**.

T_1 - **公理**：如果对 X 中的任意两点 x,y，必有 x 的某个邻域 U_x 不含 y，也必有 y 的某个邻域 U_y 不含 x，则称 X 满足 T_1 - **公理**，并称 X 为 T_1 - **型空间**.

T_2 - **公理**：如果对 X 中的任意两点 x,y，必有 x 的某个邻域 U_x 及 y 的某个邻域 U_y，使 $U_x \cap U_y = \varnothing$，则称 X 满足 T_2 - **公理**，并称 X 为 T_2 - **型空间**，或称 X 为**豪斯多夫（F.Hausdorff）空间**.

例 5　设 X 是 0 与 1 构成的集，τ 是由

$$\varnothing, \{0\}, \{0,1\}$$

构成的族. 则以 τ 为拓扑的拓扑空间 X 满足 T_0 - 公理，但不满足 T_1 - 公理.

例 6　设 $X = \left\{1, \frac{1}{2}, \frac{1}{3}, \cdots, \frac{1}{n}, \cdots\right\}$. 规定 τ 由空集以及 X 中最多除去有限个元素后所构成的集组成，则 τ 是 X 上的一个拓扑，X 以 τ 为拓扑而成的拓扑空间满足 T_1 - 公理，但不满足 T_2 - 公理.

定理 7.4　设 X 为一拓扑空间，则 X 为 T_1 - 型空间的充分必要条件是 X 中的每个单元素集都是闭集.

证　必要性　设 X 为 T_1 - 型空间. 任取 $x_0 \in X$，对 X 中的任一 $x \neq x_0$，必有 x 的邻域 U_x 使 $x_0 \in U_x$，于是

$$\{x_0\} = X \setminus \bigcup_{\substack{x \neq x_0 \\ x \in X}} U_x,$$

右端为 X 中的闭集,故单元素集$\{x_0\}$为闭集.

充分性　设 X 中的每个点构成的单元素集都是闭集.任取 $x,y \in X$,则开集 $X\setminus\{x\}$ 为 y 的一个邻域,它不含 x.开集 $X\setminus\{y\}$ 为 x 的一个邻域,它不含 y,故 X 满足 T_1 - 公理. ∎

定理 7.5　设 X 为一拓扑空间,则 X 为豪斯多夫空间的充分必要条件是 X 中的每个收敛半序点列有唯一的极限.

证　必要性　设拓扑空间 X 为豪斯多夫空间,且设 X 中有一半序点列 $\{x_\alpha : \alpha \in \mathscr{A}\}$ 既收敛于 x 又收敛于 y.如果 $x \neq y$,则有 x,y 的邻域 U_x, U_y 使 $U_x \cap U_y = \varnothing$.但这时存在 α_1,使得当 $\alpha_1 < \alpha$ 时,$x_\alpha \in U_x$,同时又存在 α_2,使得当 $\alpha_2 < \alpha$ 时,$x_\alpha \in U_y$.因为 $\mathscr{A}$ 是定向半序集,所以存在 α_0 使 $\alpha_1 < \alpha_0, \alpha_2 < \alpha_0$.于是当 $\alpha_0 < \alpha$ 时,$x_\alpha \in U_x \cap U_y$.这显然不可能,故 $x = y$.

充分性　设拓扑空间 X 中的每个收敛半序点列的极限是唯一的,但 X 不是豪斯多夫空间.则存在 $x,y \in X$,使得 x 的任一邻域 U 与 y 的任一邻域 V 的交非空.我们令 $\mathscr{A}$ 为所有集偶 $\alpha = \{U,V\}$ 组成的集族,这里 U 是 x 的任一邻域,V 是 y 的任一邻域.在 $\mathscr{A}$ 中定义半序如下:当 $U \subset U_1, V \subset V_1$ 时,$\{U_1,V_1\} < \{U,V\}$.那么 $\mathscr{A}$ 为一定向半序集.对每个 $\alpha = \{U,V\}$,任取一点 $x_\alpha \in U \cap V$,则$\{x_\alpha : \alpha \in \mathscr{A}\}$为一半序点列.现在证明$\{x_\alpha : \alpha \in \mathscr{A}\}$既收敛于 x 又收敛于 y.任取 x 的邻域 U,再任取 y 的邻域 V,那么当$\{U,V\} < \alpha$ 时,$x_\alpha \in U$,故$\{x_\alpha : \alpha \in \mathscr{A}\}$收敛于 x.类似地,$\{x_\alpha : \alpha \in \mathscr{A}\}$也收敛于 y.与原设矛盾,故 X 为豪斯多夫空间. ∎

拓扑空间有着丰富的内容,例如拓扑空间中集合的紧性,拓扑空间的距离化、紧化,拓扑空间上的连续映射及其性质,等等,都是很重要的内容.由于我们的目的只是介绍拓扑空间最基本的内容,故都从略了.

小结与延伸

本章内容的小结与启示见于 §1—§4 末. 至于本书的参考资料,基本内容可参看[1,4,6—8,10—13,17,21,24],较深入内容可参看[3,5,22,25]. 关于习题训练可参看[9,16,18—20]. 关于不动点定理,参看[8,12,23,24],非线性泛函,参看[7,22].

第六章习题

§1, §2

1. 证明:

(1) 距离空间中的闭集为可列个开集的交;

(2) 距离空间中的开集为可列个闭集的并.

2. 设 X 为距离空间, $A\subset X$. 证明 A 的一切内点构成的集为开集.

3. 设 X 为可分的距离空间, 集 $\{G_c\}$ $(c\in J)$ 为 X 的一个开覆盖. 证明从 $\{G_c\}$ $(c\in J)$ 中可取出可列个开集组成 X 的一个开覆盖.

4. 设 X 按照距离 ρ 为距离空间, $F\subset X$ 非空. 令

$$f(x)=\inf_{y\in F}\rho(x,y)\quad(x\in X).$$

证明 $f(x)$ 是 X 上的连续泛函.

5. 设 X 为距离空间, F_1,F_2 为 X 中不相交的闭集. 证明存在 X 上的连续泛函 $f(x)$, 使得当 $x\in F_1$ 时, $f(x)=0$; 当 $x\in F_2$ 时, $f(x)=1$(应用题 4).

6. 设 X 为距离空间, F_1,F_2 为 X 中不相交的闭集. 证明存在开集 G_1,G_2, 使得 $G_1\cap G_2=\varnothing, G_1\supset F_1, G_2\supset F_2$(应用题 5).

7. 设 T 是由距离空间 X 到距离空间 X_1 中的连续映射, 且 A 在 X 中稠密, 证明 $T(A)$ 在 $T(X)$ 中稠密.

8. 设 $k\in\mathbf{N}$, $C^k[a,b]$ 表示 $[a,b]$ 上具有直到 k 阶连续导数的全部函数构成的集. 对于 $x,y\in C^k[a,b]$, 令

$$\rho(x,y)=\sum_{j=0}^{k}\max_{a\leqslant t\leqslant b}|x^{(j)}(t)-y^{(j)}(t)|,$$

这里规定 $x^{(0)}=x, y^{(0)}=y$. 证明:

(1) $C^k[a,b]$ 按照 ρ 是距离空间;

(2) 多项式的全体按照 ρ 在 $C^k[a,b]$ 中稠密.

9. 设 $C^\infty[a,b]$ 表示在 $[a,b]$ 上全部无穷次可微函数构成的集. 对 x, $y\in C^\infty[a,b]$, 令

$$\rho(x,y)=\sum_{n=0}^{\infty}\frac{1}{2^n}\frac{\max\limits_{a\leqslant t\leqslant b}|x^{(n)}(t)-y^{(n)}(t)|}{1+\max\limits_{a\leqslant t\leqslant b}|x^{(n)}(t)-y^{(n)}(t)|}.$$

证明:

(1) $C^\infty[a,b]$ 按照 ρ 是距离空间;

(2) 多项式的全体按照 ρ 在 $C^{\infty}[a,b]$ 中稠密.

10. 设 X 是距离空间, ρ 是其上的距离, 令

$$\tilde{\rho}(x,y)=\frac{\rho(x,y)}{1+\rho(x,y)}.$$

证明:

(1) $\tilde{\rho}$ 也是 X 上的一个距离;

(2) (X,ρ) 与 $(X,\tilde{\rho})$ 同胚.

11. 设 f 是定义在距离空间 X 上的实泛函,证明 f 连续的充分必要条件是下列条件之一成立:

(1) 对任给的实数 α, $\{x: f(x)>\alpha\}$ 及 $\{x: f(x)<\alpha\}$ 均为开集;

(2) 对任给的实数 α, $\{x: f(x)\geqslant\alpha\}$ 及 $\{x: f(x)\leqslant\alpha\}$ 均为闭集.

12. 证明区间 (a,b) 与 $(-\infty,\infty)$ 同胚.这里 (a,b), $(-\infty,\infty)$ 上的距离均由下式定义

$$\rho(x,y)=|x-y| \quad (x,y\in(a,b) \text{ 或 } (-\infty,\infty)).$$

13. 设 X,Y,Z 均为距离空间, S 是 X 到 Y 中的映射, T 是 Y 到 Z 中的映射,证明:

(1) 若 S,T 连续,则乘积映射 TS 也连续,这里 T 与 S 的乘积定义为:对任意的 $x\in X$, $TSx=T(Sx)$;

(2) 若 S,T 是一对一的,则 TS 也是一对一的;反之,若 TS 是一对一的,则 S 是一对一的;举例说明,此时 T 未必是一对一的;试找出 TS 是一对一的一个充分必要条件;

(3) 若 S,T 是同胚映射,则 TS 也是同胚映射.

§3

14. 证明 §3 例 3 中的空间 l^p 是完备、可分的距离空间; 证明 §3 例 5 的空间 s 是完备但不可分的距离空间.

15. 证明习题 8 和习题 9 中的 $C^k[a,b]$, $C^{\infty}[a,b]$ 按照各自的距离是完备的距离空间.

16. 设 X 为距离空间, $A\subset X$.如果 A 按照 X 的距离是完备的距离空间,证明 A 是 X 中的闭集.若 X 是完备的距离空间, $A\subset X$ 是闭的,则 A 按照 X 的距离是完备的距离空间.

17. 设 $\mathbf{R}$ 是实数域,在 $\mathbf{R}$ 上定义距离

$$\rho_2(x,y)=|\mathrm{e}^x-\mathrm{e}^y|, \quad x,y\in\mathbf{R}$$

证明 **R** 按照 ρ_2 是一个距离空间但不完备.

18. 设 X 是距离空间, $A \subset B \subset X$. 证明:若 B 是第一类型的集,则 A 也是第一类型的集. 若 A 是第二类型的集,则 B 也是第二类型的集.

19. 设 X 是距离空间, $A \subset X$ 是闭子集,且为第二类型的集,证明 A 包含 X 中的某个闭球.

20. 设 X 是完备的距离空间, $G \subset X$ 是非空开集,证明 G 是第二类型的集.

21. 设 X 是完备的距离空间, $A \subset X$ 是可列子集. 问 A 是否必为第一类型的集? 如果是,试给予证明,如果不是,试举出例子.

§4, §5

22. 设 X 是完备的距离空间, $\{F_n\}$ $(n=1,2,3,\cdots)$ 为 X 中的一列闭集,满足

$$F_1 \supset F_2 \supset \cdots \supset F_n \supset \cdots,$$

并且每一个 $F_n \neq \varnothing$ 且 $\lim\limits_{n\to\infty} d(F_n)=0$, 这里 $d(F_n)$ 表示 F_n 的直径(定义见 §4.2 定理 4.1 之后), 证明 $\bigcap\limits_{n=1}^{\infty} F_n \neq \varnothing$. 举例说明条件 $\lim\limits_{n\to\infty} d(F_n)=0$ 不能去掉.

23. 证明准紧集的闭包是紧集.

24. 举例说明全有界集不一定是准紧的.

25. 设 $\{F_n\}$ $(n=1,2,3,\cdots)$ 是紧空间 X 中的一列闭集:

$$F_1 \supset F_2 \supset \cdots \supset F_n \supset \cdots,$$

且每一 $F_n \neq \varnothing$, 证明 $\bigcap\limits_{n=1}^{\infty} F_n \neq \varnothing$.

26. 证明: 如果 F_1, F_2 是距离空间 X 中的紧集,则存在 $x_0 \in F_1, y_0 \in F_2$ 使

$$\rho(F_1,F_2)=\rho(x_0,y_0),$$

其中 $\rho(F_1,F_2)=\inf\limits_{\substack{x\in F_1\\ y\in F_2}} \rho(x,y)$.

27. 设 F_1, F_2 是距离空间 X 的子集,其中一个是闭集另一个是紧集. 证明: 如果 $\rho(F_1,F_2)=0$, 则 $F_1 \cap F_2 \neq \varnothing$.

28. 证明 l^p 中的子集 A 为准紧的充分必要条件是:

(1) 存在 $K>0$, 使得对一切 $x=\{\xi_1,\xi_2,\cdots,\xi_n,\cdots\} \in A$, 有

$$\sum_{n=1}^{\infty} |\xi_n|^p < K;$$

(2) 对任给的 $\varepsilon>0$, 存在 $N>0$, 使得当 $m>N$ 时, 对一切 $x \in A$ 有

$$\sum_{n=m}^{\infty} |\xi_n|^p < \varepsilon \qquad (x = \{\xi_1, \xi_2, \cdots, \xi_n, \cdots\}).$$

29. 证明空间 s 中的子集 A 为准紧的充分必要条件是对每个 n $(n = 1,2,3,\cdots)$, 存在 $C_n > 0$,使得对一切 $x = \{\xi_1,\xi_2,\cdots,\xi_n,\cdots\} \in A$, 有

$$|\xi_n| \leqslant C_n \quad (n = 1,2,3,\cdots).$$

30. 在数轴上添加正、负无穷远点 $+\infty$, $-\infty$,得到的集记为 $\mathbf{R}'$.试在 $\mathbf{R}'$ 中适当地定义距离 ρ,使 $\mathbf{R}'$ 按照 ρ 是紧空间.

31. 在数轴上添加一个无穷远点 ∞,得到的集记为 $\mathbf{R}''$.试在 $\mathbf{R}''$ 上定义适当的距离 ρ_1,使 $\mathbf{R}''$ 按照 ρ_1 是紧空间.

32. 设实泛函 $f(\cdot)$, $f_n(\cdot)$ $(n=1,2,3,\cdots)$ 在紧空间 X 上连续.如果 $\{f_n(\cdot)\}$ 是单调泛函序列,且对每个 $x \in X$,有 $\{f_n(x)\} \to f(x)$,证明 $\{f_n(x)\}$ 于 X 上一致收敛于 $f(x)$.

§6

33. 设 $f \in C[0,1]$,求积分方程

$$x(t) = f(t) + \lambda \int_0^t x(s)\,\mathrm{d}s \quad (t \in [0,1])$$

的连续解.

34. 设 T 为完备距离空间 X 到它自身的映射, 如果

$$\alpha_0 = \inf_n \sup_{x \neq y} \frac{\rho(T^n x, T^n y)}{\rho(x,y)} < 1,$$

证明 T 存在唯一的不动点.

35. 设 X 是以 ρ 为距离的紧空间, T 是 X 到它自身的映射.若对任何 $x, y \in X$, 当 $x \neq y$ 时, 有

$$\rho(Tx, Ty) < \rho(x,y),$$

证明 T 有唯一的不动点.

36. 设 α_{ij} $(i,j = 1,2,\cdots,n)$ 为一组数, 满足

$$\sum_{i,j=1}^{n} |\alpha_{ij} - \delta_{ij}|^2 < 1,$$

其中

$$\delta_{ij} = \begin{cases} 1, & \text{若 } i = j, \\ 0, & \text{若 } i \neq j, \end{cases}$$

证明线性方程组

$$\boldsymbol{A}\boldsymbol{x} = \boldsymbol{b}$$

有唯一的解，其中矩阵 $\boldsymbol{A} = (\alpha_{ij})$，$\boldsymbol{x} = \begin{pmatrix} x_1 \\ x_2 \\ \vdots \\ x_n \end{pmatrix}$ 为待定的，$\boldsymbol{b} = \begin{pmatrix} b_1 \\ b_2 \\ \vdots \\ b_n \end{pmatrix}$ 为给定的.

§1 巴拿赫空间

泛函分析研究的对象之一是数学物理中提炼出来的大量线性或非线性问题.为了有效且深入地研究这些问题,仅有距离空间与拓扑空间远远不够.例如我们经常使用的 $C[a,b]$,它不仅是距离空间,而且它关于连续函数的线性运算是封闭的.又如 $\mathbf{R}^n$,它关于 n 维向量的线性运算也是封闭的.空间 $L^p(F)$ 也有类似的性质.正是由于 $C[a,b]$, $\mathbf{R}^n$, $L^p(F)$ 以及许多其他将要学习的空间具有这类特性,当我们为了研究某些线性或非线性问题而除了需要应用收敛及其性质外还需要应用这些空间的线性运算时,它们就比一般的距离空间显示出更大的优越性.因此,引入线性空间并在线性空间中引进适当的收敛就很必要了.

这一节的目的是先介绍线性空间以及有关的性质,然后介绍赋范线性空间以及有关的性质,最后再介绍有限维赋范线性空间的性质.

1.1 线性空间

线性空间在第五章 §1 中已扼要地介绍过,现在给出确切的定义.

定义 1.1 设 E 是一个非空集合,K 是实(或复)数域,如果 E 具有下列性质,则称 E 是一个**实(或复)的线性空间**:

(i) E 是一个**加法群**.即 E 中任意两个元素 x,y 对应于 E 中唯一的一个称为 x 与 y 的**和**的元素,记为 $x+y$,满足

(a) 交换律: $x+y=y+x$;

(b) 结合律: $(x+y)+z=x+(y+z)$;

(c) E 中存在元素 θ 使得对任一 $x\in E$, $\theta+x=x$,称 θ 为 E 的**零元素**;

(d) 任何 $x\in E$,存在加法**逆元素** $-x$ 使得 $x+(-x)=\theta$.

(ii) 任何 $x\in E$ 以及任何数 $\alpha\in K$ 对应于 E 中唯一的一个称为 α 与 x 的**乘积**的元素,记为 $\alpha\cdot x$,简记为 αx,满足

(a) $\alpha(\beta x)=(\alpha\beta)x$;

(b) $1 \cdot x = x$;

(c) $(\alpha + \beta)x = \alpha x + \beta x$;

(d) $\alpha(x + y) = \alpha x + \alpha y$.

今后,在不会引起混淆的情况下,实(或复)线性空间简称为**线性空间**,实(或复)数域 K 简称为**数域**,而实(或复)数简称为**数**.

线性空间中的元素又称为**向量**,元素的相加以及数与元素的相乘统称为**线性运算**.

例如 $\mathbf{R}^n$,$C[a,b]$,$L^p(F)$ 都是线性空间.

为了避免重复,我们先对一般的线性空间作较详细的讨论,然后在 §1.2 中介绍赋范线性空间.

由线性空间的定义可导出下列性质:

(i) $0 \cdot x = \theta$.

因为

$$2(0 \cdot x) = (2 \cdot 0)x = 0 \cdot x,$$

故 $0 \cdot x = 2(0 \cdot x) - 0 \cdot x = \theta$.(i) 成立.

(ii) $(-1)x = -x$.

因为

$$(-1)x + x = (-1 + 1)x = 0 \cdot x = \theta,$$

故 $(-1)x = -x$.(ii) 成立.

(iii) $\alpha \cdot \theta = \theta$.

因为

$$\begin{aligned}\alpha \cdot \theta &= \alpha(\theta + (-\theta)) = \alpha \cdot \theta + (-\alpha)\theta \\ &= (\alpha + (-\alpha))\theta = \theta.\end{aligned}$$

(iii)成立.

比(i),(iii) 更强的结果是

(iv) $\alpha x = \theta$ 的充分必要条件是 α 与 x 中至少有一个为零.

充分性就是(i) 或(iii).现在证明必要性.不妨设 $\alpha \neq 0$,但 $\alpha x = \theta$,则

$$x = 1 \cdot x = \left(\frac{1}{\alpha}\alpha\right)x = \frac{1}{\alpha}(\alpha x) = \frac{1}{\alpha}\theta = \theta,$$

故 α 与 x 中至少有一个是零.(iv) 成立.

对于线性空间 E,以下内容是常用的.

(i) 集合的**线性无关**　设 A 是 E 的任意一个子集,如果 A 中任意有限个元素

均线性无关,则称 A **线性无关**(线性无关的含义与线性代数中完全相同).

(ii) **子空间** 设 E_0 是线性空间 E 的一个子集.若 E_0 中任何两个元素 x,y 的和 $x+y$ 属于 E_0,任何一个数 α 与任何一个元素 $x \in E_0$ 的乘积也属于 E_0,则不难证明 E_0 按照 E 中的线性运算也是一个线性空间,我们称 E_0 是 E 的**线性子空间**或简称为**子空间**.

E 与 $\{\theta\}$ 都是 E 的子空间.E 中不同于 E 的子空间称为 E 的**真子空间**.既不同于 E 也不同于 $\{\theta\}$ 的子空间则称为 E 的**非平凡子空间**.

(iii) 子集**张成的子空间** 设 L 是线性空间 E 的一个非空子集.作所有可能的线性组合 $\sum\limits_{k=1}^{n} c_k x_k$,其中数 c_k,元素 $x_k \in L\ (k=1,2,\cdots,n)$ 以及自然数 n 都是任意的.容易验证,所有这些线性组合构成的集是 E 的一个子空间,称它为**由 L 张成的子空间**,记为 $\operatorname{span} L$.

容易证明:$\operatorname{span} L$ 是包含 L 的最小子空间,或等价地,$\operatorname{span} L$ 是包含 L 的一切子空间的交.

(iv) 线性空间的**同构** 设 E,E_1 都是线性空间.若存在一个从 E 到 E_1 的双映射,使

$$T(x+y)=Tx+Ty;$$

$$T(\alpha x)=\alpha Tx,$$

(这里 $x,y \in E,\alpha$ 为数),则称 E 与 E_1 **同构**.

(v) **直接和** 我们将从两个不同的角度出发来引进直接和.首先,设 E 是线性空间,$L_1,L_2,\cdots,L_n$ 是 E 的子空间.如果任一元素 $x \in E$ 可以唯一地表示成:

$$x=x_1+x_2+\cdots+x_n,$$

其中 $x_k \in L_k(k=1,2,\cdots,n)$,则称 E 是 $L_1,L_2,\cdots,L_n$ 的**直接和**, 记为

$$E=L_1 \oplus L_2 \oplus \cdots \oplus L_n \quad 或 \quad E=\sum_{k=1}^{n} \oplus L_k. \tag{1}$$

容易证明, 如果 E 是 $L_1,L_2,\cdots,L_n$ 的直接和,在 $L_k(k=1,2,\cdots,n)$ 中任意取出非零元素 x_k,则 $x_1,x_2,\cdots,x_n$ 线性无关.

今设存在数 $c_1,c_2,\cdots,c_n$, 使得

$$c_1x_1+c_2x_2+\cdots+c_nx_n=\theta.$$

由零元素 θ 表示式的唯一性可知,$c_1=c_2=\cdots=c_n=0$,故 $x_1,x_2,\cdots,x_n$ 线性无关.

其次,在某些情况下,我们需要从已知的线性空间 $L_1,L_2,\cdots,L_n$ 出发构造直接和.考虑所有的有序组 $x=(x_1,x_2,\cdots,x_n)$ 构成的集合 E,这里 $x_k \in L_k(k=1,2,\cdots,n)$. 在 E 中定义线性运算如下:

设 $x=(x_1,x_2,\cdots,x_n)$ 与 $y=(y_1,y_2,\cdots,y_n)$ 均属于 E,α 为数，令

$$x+y=(x_1+y_1,x_2+y_2,\cdots,x_n+y_n);$$

$$\alpha x=(\alpha x_1,\alpha x_2,\cdots,\alpha x_n).$$

不难证明 E 关于这样定义的线性运算是一个线性空间.令 $E_k(k=1,2,\cdots,n)$ 是 E 中形如 $(0,\cdots,0,x_k,0,\cdots,0)$ 的元素构成的集,则 E_k 是 E 的子空间且与 L_k 同构，故可将它们视为同一.因 E 按照(1) 式的意义显然是 $E_k(k=1,2,\cdots,n)$ 的直接和,于是也是 $L_k\ (k=1,2,\cdots,n)$ 的 直接和，故仍有

$$E=L_1\oplus L_2\oplus\cdots\oplus L_n \quad \text{或} \quad E=\sum_{k=1}^{n}\oplus L_k.$$

容易看出，从两个不同的角度引进的直接和并无本质的不同,故今后对它们不加区别.

1.2　赋范线性空间

在 §1.1 中我们引入了线性空间以及有关的基本内容,但是为了研究从数学或物理中提炼出来的线性或非线性问题,在线性空间中还需适当地引入拓扑,而且在引入拓扑时应当与线性运算结合在一起考虑.将拓扑与线性运算结合在一起考虑可以有多种途径.本节先介绍其中一种,即在线性空间中引入范数.然后在 §5 中简单地介绍另一种.

定义 1.2　设 E 是实(或复) 线性空间,如果对于 E 中每个元素 x,都有一个实数,记为 $\|x\|$,与之对应,且满足

(i) $\|x\|\geqslant 0$, $\|x\|=0$ 的充分必要条件是 $x=\theta$;

(ii) $\|\alpha x\|=|\alpha|\|x\|$,这里 α 是实(或复) 数;

(iii) $\|x+y\|\leqslant\|x\|+\|y\|$ (设 $y\in E$),

则称 E 为**实(或复) 赋范线性空间**, $\|x\|$ 称为元素 x 的**范数**.

与线性空间的情形类似,这里的“实(或复)” 等词也常略去.

对于赋范线性空间 E, 我们用下面的等式

$$\rho(x,y)=\|x-y\| \quad (x,y\in E) \tag{2}$$

定义元素 x 与 y 之间的距离.容易证明,这样定义的距离满足第六章 §1 定义 1.1 中距离的全部条件,因此 E 按照距离(2) 是一个距离空间.

E 既是距离空间,自然就有点列的收敛.按照距离空间中收敛的定义,E 中点列 $\{x_n\}$ 收敛于点 $x\in E$ 是指

$$\rho(x_n,x)=\|x_n-x\|\to 0 \quad (n\to\infty). \tag{3}$$

由 (3),我们自然而然地称 $\{x_n\}$ **依范数收敛**于 x,有时也称 $\{x_n\}$ **强收敛**于 x, 记

为

$$\lim_{n\to\infty} x_n = x\ (\text{强})\ 或\ \{x_n\} \xrightarrow{\text{强}} x(n\to\infty).$$

在不会引起混淆的情况下,简记为

$$\lim_{n\to\infty} x_n = x,\quad \{x_n\}\to x \quad 或 \quad x_n \to x.$$

应用范数的第一、第三两个条件可以证明以下几个性质:

(i) 范数 $\|x\|$ 是 $x\in E$ 的连续泛函.其次,若 $\{x_n\}\subset E$ 依范数收敛于 $x\in E$,则 $\{\|x_n\|\}$ 有界.

因为由范数的第三个条件可以证明

$$|\,\|x\| - \|y\|\,| \leqslant \|x-y\| \quad (x,y\in E),$$

因此对 E 中的元素 $x_n(n=1,2,3,\cdots)$ 及 x, 有

$$|\,\|x_n\| - \|x\|\,| \leqslant \|x_n - x\|,$$

故当 $\lim\limits_{n\to\infty}\|x_n - x\| = 0$ 时, $\|x_n\|\to\|x\|$.因此范数 $\|x\|$ 是 x 的连续泛函.第一个结论成立.由此可知,第二个结论也成立.

(ii) 设 $x_n, y_n(n=1,2,3,\cdots)$ 与 x, y 都是 E 中的元素, 且

$$x_n\to x,\quad y_n\to y,$$

则

$$x_n + y_n \to x + y.$$

这由不等式

$$\|x_n + y_n - (x+y)\| \leqslant \|x_n - x\| + \|y_n - y\|$$

立即可得.

(iii) 设数列 $\{\alpha_n\}\to\alpha$, $x_n(n=1,2,3,\cdots)$ 及 x 都是 E 中的元素,且 $\{x_n\}\to x$, 则

$$\{\alpha_n x_n\}\to \alpha x.$$

这由不等式

$$\begin{aligned}\|\alpha_n x_n - \alpha x\| &\leqslant \|\alpha_n x_n - \alpha_n x\| + \|\alpha_n x - \alpha x\| \\ &= |\alpha_n|\,\|x_n - x\| + |\alpha_n - \alpha|\,\|x\|\end{aligned}$$

以及 $\{|\alpha_n|\}$ 的有界性, $\|x_n - x\|\to 0$ 以及 $|\alpha_n - \alpha|\to 0$ 立即可得.

性质(ii)、(iii) 表明,线性运算关于 E 中的收敛是连续的.前面所说的应将拓扑与线性运算结合在一起考虑,指的就是这一连续性.

现在介绍几个实例.从例 2 开始,均假定所讨论的空间可以是实的也可以是

复的.以后也作如是假定.

例 1　n 维欧几里得空间 $\mathbf{R}^n$

在 $\mathbf{R}^n$ 中定义线性运算如下：设 $x=(\xi_1,\xi_2,\cdots,\xi_n)$ 与 $y=(\eta_1,\eta_2,\cdots,\eta_n)$ 均为 $\mathbf{R}^n$ 中的元素,α 为实数, 令

$$x+y=(\xi_1+\eta_1,\xi_2+\eta_2,\cdots,\xi_n+\eta_n);$$

$$\alpha x=(\alpha\xi_1,\alpha\xi_2,\cdots,\alpha\xi_n),$$

则 $\mathbf{R}^n$ 按照上述线性运算是一个线性空间.再在 $\mathbf{R}^n$ 中引入如下的范数

$$\|x\|=\left(\sum_{k=1}^{n}|\xi_k|^2\right)^{\frac{1}{2}},\tag{4}$$

则 $\|\cdot\|$ 满足范数的全部条件,因此 $\mathbf{R}^n$ 按照范数(4) 是一个赋范线性空间.由范数(4) 导出的距离就是第六章 §1.1 例 1 中的距离,因此 $\mathbf{R}^n$ 中依范数收敛等价于按坐标收敛.

在 $\mathbf{C}^n$ 中可以像 $\mathbf{R}^n$ 那样定义线性运算以及范数,这样 $\mathbf{C}^n$ 也是一个赋范线性空间.在 $\mathbf{C}^n$ 中依范数收敛也等价于按坐标收敛.

例 2　连续函数空间 $C[a,b]$

在 $C[a,b]$ 中定义线性运算如下：

设 x 与 y 均为 $C[a,b]$ 中的元素,α 为数, 令

$$(x+y)(t)=x(t)+y(t);$$

$$(\alpha x)(t)=\alpha x(t),$$

则 $C[a,b]$ 按照上述线性运算是一个线性空间.再在 $C[a,b]$ 中令

$$\|x\|=\max_{a\leqslant t\leqslant b}|x(t)|\quad(x\in C[a,b]),\tag{5}$$

则 $\|\cdot\|$ 满足范数的全部条件,因此 $C[a,b]$ 按照范数(5) 是一个赋范线性空间.由范数(5) 导出的距离就是第六章 §1.1 例 2 中的距离,因此 $C[a,b]$ 中依范数收敛等价于一致收敛.

例 3　空间 $L^p(F)$ ($1\leqslant p<\infty$,F 为可测集)

在 $L^p(F)$ 中,凡几乎处处相等的函数视为同一元素.线性运算的定义与例 2 相同,于是 $L^p(F)$ 按照这个线性运算也是一个线性空间.再在 $L^p(F)$ 中 定义范数如下：

$$\|x\|=\left(\int_F|x(t)|^p\mathrm{d}t\right)^{1/p}\quad(x\in L^p(F)).\tag{6}$$

在第五章中已经指出, $\|\cdot\|$ 满足范数的全部条件,因此 $L^p(F)$ 是一个赋范线性空间.由范数(6) 导出的距离就是第六章 §1.1 例 3 中的距离,因此 $L^p(F)$ 中依范

数收敛就是 p 幂平均收敛.

例 4　空间 $l^p(1 \leqslant p < \infty)$

在第六章 §1.1 例5 中已经证明,若 $x=\{\xi_1,\xi_2,\cdots,\xi_n,\cdots\}$ 及 $y=\{\eta_1,\eta_2,\cdots,\eta_n,\cdots\}$ 均属于 l^p,则序列 $\{\xi_1+\eta_1,\xi_2+\eta_2,\cdots,\xi_n+\eta_n,\cdots\}$ 也属于 l^p.令定义 l^p 中的线性运算.令 α 为数,

$$x+y=\{\xi_1+\eta_1,\xi_2+\eta_2,\cdots,\xi_n+\eta_n,\cdots\}, \tag{7}$$

$$\alpha x=\{\alpha\xi_1,\alpha\xi_2,\cdots,\alpha\xi_n,\cdots\}, \tag{8}$$

l^p 按照上述线性运算是一个线性空间.再令

$$\|x\| = \left(\sum_{n=1}^{\infty} |\xi_n|^p\right)^{1/p}, \tag{9}$$

则 $\|\cdot\|$ 满足范数的全部条件.因此 l^p 按照范数(9) 是一个赋范线性空间.

同理,对空间 l^∞,如果用(7) 及(8) 两式定义它的线性运算,则 l^∞ 按照这个线性运算是一个线性空间.再令

$$\|x\| = \sup_{1\leqslant n<\infty} |\xi_n|, \tag{10}$$

则 $\|\cdot\|$ 满足范数的全部条件,因此 l^∞ 按照范数(10) 是一个赋范线性空间.

例 5　空间 $L^\infty(F)$

在 $L^\infty(F)$ 中,凡几乎处处相等的函数视为同一个元素.线性运算的定义与例 2 相同,于是 $L^\infty(F)$ 按照这个线性运算也是一个线性空间. 再令

$$\begin{aligned}\|x\| &= \inf_{\substack{mF_0=0\\ F_0\subset F}}\left[\sup_{F\setminus F_0}|x(t)|\right]\\ &= \operatorname*{ess\,sup}_{t\in F}|x(t)| \quad (x\in L^\infty(F)),\end{aligned} \tag{11}$$

则 $\|\cdot\|$ 满足范数的全部条件,因此 $L^\infty(F)$ 按照范数(11) 是一个赋范线性空间.由范数(11) 导出的距离就是第六章 §1.1 例4 中的距离,因此 $L^\infty(F)$ 中依范数收敛等价于几乎一致收敛.

例 6　空间 $C^k[a,b]$(k 为自然数)

在第六章习题 8 中已经定义了 $C^k[a,b]$.它是由在区间 $[a,b]$ 上具有直到 k 阶连续导数的一切函数构成的集.$C^k[a,b]$ 中线性运算的定义与例 2 相同,于是 $C^k[a,b]$ 按照这个线性运算是一个线性空间. 再令

$$\|x\| = \sum_{j=0}^{k} \max_{a\leqslant t\leqslant b}|x^{(j)}(t)| \quad (x\in C^k[a,b]), \tag{12}$$

则 $\|\cdot\|$ 满足范数的全部条件,于是 $C^k[a,b]$ 按照范数(12) 是一个赋范线性空间.而且 $C^k[a,b]$ 中点列 $\{x_n\}$ 依范数收敛于 $x\in C^k[a,b]$ 等价于 $x_n(t)$ 的直到 k

阶导数分别一致收敛于 $x(t)$ 的相应阶导数.

赋范线性空间按照范数(2) 定义的距离成为距离空间后,将出现两种情形:一种情形是完备;另一种情形是不完备.我们将完备的赋范线性空间称为**巴拿赫(S. Banach) 空间**.

上面介绍的空间 $\mathbf{R}^n,\mathbf{C}^n,C[a,b],L^p(F)(1\leqslant p\leqslant\infty),l^p(1\leqslant p<\infty)$ 都是完备的,这在第六章中已经证明或已经说明,因此都是巴拿赫空间.

不完备的赋范线性空间均可以通过完备化使之成为巴拿赫空间.

现在证明 $C^k[a,b]$ 也是巴拿赫空间.

设 $\{x_n\}$ 是 $C^k[a,b]$ 中的一个基本点列,于是对于任给的 $\varepsilon>0$,存在 $N>0$,使得当 $m,n>N$ 时, $\|x_m-x_n\|<\varepsilon$, 即

$$\sum_{j=0}^{k}\max_{a\leqslant t\leqslant b}|x_m^{(j)}(t)-x_n^{(j)}(t)|<\varepsilon.$$

因此 对于每个 $j\ (0\leqslant j\leqslant k)$, 不等式

$$|x_m^{(j)}(t)-x_n^{(j)}(t)|<\varepsilon\quad(m,n>N)$$

关于 $t\in[a,b]$ 一致地成立.由古典分析可知,$\{x_n^{(j)}(t)\}$ 一致收敛于某个连续函数 $y_j(t)(0\leqslant j\leqslant k)$,而且 $y_{j+1}(t)$ 也是 $y_j(t)$ 的导数$(0\leqslant j\leqslant k-1)$.由此可知,$y_0(t)$ 有直到 k 阶的连续导数且 $y_0^{(j)}(t)=y_j(t)$.于是$\{x_n\}$ 依 $C^k[a,b]$ 中的范数收敛于 y_0,故 $C^k[a,b]$ 完备,因而是巴拿赫空间.

应当注意,存在着不完备的赋范线性空间.

例 7 在 $C[a,b]$ 中定义如下的范数:

$$\|x\|_2=\left(\int_a^b|x(t)|^2\mathrm{d}t\right)^{\frac{1}{2}}.$$

相应的距离为 $\rho_2(x,y)=\|x-y\|_2$.取 $c=\dfrac{a+b}{2}$.

易见下面的函数属于 $L^2[a,b]$:

$$x_0(t)=\begin{cases}-1, & a\leqslant t<c;\\ 0, & t=c;\\ 1, & c<t\leqslant b.\end{cases}$$

在第三章 §2 中已经指出 $C[a,b]$ 在 $L^2[a,b]$ 中稠密,故存在 $\{x_n\}\subset C[a,b]$.使得 $\rho(x_n,x_0)\to 0(n\to\infty)$.因 $x_0(\cdot)$ 不可能对等于一个连续函数,故 $C[a,b]$ 按照 ρ_2 不完备.

1.3 商空间

设 E 是一给定的线性空间,L 是 E 的子空间.应用子空间 L,我们可以在 E 上定义等价关系.称 $x,y\in E$ 是**等价**的,若 $x-y\in L$,记为 $x\sim y$.由于 L 是线性空间,这样定义的等价关系具有以下三个性质:

(i) **自反性** $x\sim x$.

(ii) **对称性** 若 $x\sim y$,则 $y\sim x$.

(iii) **传递性** 若 $x\sim y,y\sim z$,则 $x\sim z$.

由性质(i)—(iii) 可以在 E 中定义等价类.对于 E 中的任意两个元素 x,y,若 $x\sim y$,则将 x,y 归于同一类.等价类常用记号 ξ,η,ζ 等表示.容易证明,E 中任意一个元素必属于且只属于某一个等价类,任何两个不同的等价类没有公共元素.于是空间 E 被划分成若干个等价类.对于给定的等价类 ξ,任取 $x\in\xi$,则集合 $x+L$ 就是 ξ,这里 $x+L$ 表示集合 $\{x+y: y\in L\}$.因此等价类又可用 $x+L,y+L,z+L$ 等表示.

用 $\hat{E}$ 表示 E 中所有等价类构成的集.现在在 $\hat{E}$ 中定义线性运算.设 $\xi,\eta\in\hat{E}$,任取 $x\in\xi,y\in\eta$,我们规定 ξ 与 η 的和 $\xi+\eta$ 是下面的等价类:

$$x+y+L,$$

即 $\xi+\eta=x+y+L$.再规定数 α 与等价类 ξ 的乘积 $\alpha\xi$ 是下面的等价类:

$$\alpha x+L,$$

即 $\alpha\xi=\alpha x+L$.

需要证明的是:和 $\xi+\eta$ 与 $x\in\xi,y\in\eta$ 的选择无关,数乘 $\alpha\xi$ 与 $x\in\xi$ 的选择无关.我们仅以和 $\xi+\eta$ 为例证明这种无关性.

除了 $x\in\xi,y\in\eta$ 外,再任取 $x'\in\xi,y'\in\eta$.需要证明的是 $x'+y'+L$ 与 $x+y+L$ 是同一等价类.由于

$$\begin{aligned}x'+y'+L&=x+(x'-x)+y+(y'-y)+L\\&=x+y+(x'-x)+(y'-y)+L\\&=x+y+L,\end{aligned}$$

故 $x'+y'+L$ 与 $x+y+L$ 是同一个等价类,即 $\xi+\eta$ 是一意确定的,与 $x\in\xi$ 及 $y\in\eta$ 的选择无关.同理 $\alpha\xi$ 也是一意确定的,而与 $x\in\xi$ 的选择无关.

在 $\hat{E}$ 中定义了线性运算后,可以证明 $\hat{E}$ 按照这样的线性运算是一个线性空间,称它为 E 关于 L 的**商空间**,且易知它的零元素就是 L.除了记号 $\hat{E}$ 外,E 关于 L 的商空间有时也记为 E/L.

例 8 对于大家已经很熟悉的空间 $L^p(F)$ $(1 \leqslant p < \infty)$，我们常常规定其中任意两个对等的函数为同一元素. 严格说，$L^p(F)$ 是一个商空间. 事实上，令

$$\widetilde{L} = \{g : g = 0 \text{ 在 } F \text{ 上几乎处处成立}\}.$$

则 $L^p(F)$ 中的元素实际上是形如 $f + \widetilde{L}$ 的等价类，其中 f 满足

$$\int_F |f|^p \mathrm{d}t < \infty.$$

也就是说，$L^p(F)$ 实际上是由 F 上全部 p 幂可积函数构成的线性空间关于 $\widetilde{L}$ 的商空间.

现设 E 是赋范线性空间，L 是 E 的子空间. L 按照 E 的范数显然是一个赋范线性空间. 如果 L 是闭的，则称 L 是 E 的**闭子空间**.

当 L 是 E 的闭子空间时，在商空间 E/L 中可以引进范数. 对任一 $\xi \in E/L$，令

$$|||\xi||| = \inf_{x \in \xi} \|x\|. \tag{13}$$

可以证明，由(13) 定义的 $|||\cdot|||$ 满足范数的全部条件. 因此 E/L 按照范数(13) 是一个赋范线性空间. 还可以证明当 E 是巴拿赫空间，且 L 是 E 的闭子空间时，E/L 也是巴拿赫空间(第七章习题).

1.4 赋范线性空间的直接和

设 $L_1, L_2, \cdots, L_n$ 都是赋范线性空间，E 是 $L_1, L_2, \cdots, L_n$ 的直接和，即

$$E = L_1 \oplus L_2 \oplus \cdots \oplus L_n.$$

在 E 中定义范数如下：

$$\|x\| = \|x_1\| + \|x_2\| + \cdots + \|x_n\|, \tag{14}$$

这里 $x = (x_1, x_2, \cdots, x_n) \in E$，$x_k \in L_k (k = 1, 2, \cdots, n)$. 不难证明，由(14) 所定义的 $\|\cdot\|$ 满足范数的全部条件. 因此 E 按照范数(14) 是一个赋范线性空间.

在 E 中还可以定义其他的范数. 例如，可以令

$$\|x\|_1 = \max\{\|x_1\|, \|x_2\|, \cdots, \|x_n\|\}; \tag{15}$$

$$\|x\|_2 = \left(\sum_{k=1}^{n} \|x_k\|^2\right)^{1/2}, \tag{16}$$

等等. 不难证明 $\|\cdot\|_1$，$\|\cdot\|_2$ 均为 E 上的范数，因此 E 按照这些范数也是赋范线性空间. 如果 $L_1, L_2, \cdots, L_n$ 都是巴拿赫空间，则 E 按照范数(14)、(15) 或(16) 也都是巴拿赫空间.

在这一节中，我们引进了线性空间、赋范线性空间、巴拿赫空间、商空间以及线性空间的直接和，等等.希望读者注意：

(i) 线性空间中的线性运算属于代数领域.在线性空间中既无距离可言也无范数可言，因而没有收敛，也无开集、闭集、稠密性、可分性，等等.

(ii) 在某些线性空间中可以引进范数使之成为赋范线性空间，这在本节中已经讨论过.此外，我们还可以引进距离，于是得到**距离线性空间**.关于距离线性空间的性质，本书不准备涉及.但是希望读者特别注意，当我们在线性空间中引进距离时，应当要求线性运算关于所引进的距离是连续的.更一般地，在某些线性空间中还可以引进拓扑，从而得到**拓扑线性空间**.同样地，在引进拓扑时，必须保证线性运算关于所引进拓扑的连续性.在本章 §5 中将对拓扑线性空间作一简单介绍.

(iii) 商空间与直接和也都属于代数领域.但是当我们考虑赋范线性空间或巴拿赫空间的商空间与直接和时，可以对商空间（这时子空间 L 需假定为闭的）与直接和赋予范数使它们成为赋范线性空间或巴拿赫空间.

*§2 具有基的巴拿赫空间

2.1 具有基的巴拿赫空间

这一节讨论一类特殊的巴拿赫空间，即具有基的巴拿赫空间及其特例：有限维赋范线性空间.我们先定义赋范线性空间的维数.

定义 2.1 若在赋范线性空间 E 中存在 n $(n\geqslant 1)$ 个元素 $e_1,e_2,\cdots,e_n$，使得任意的 $x\in E$ 可以唯一地表示成

$$x=\sum_{k=1}^{n} c_k e_k,$$

则称 $\{e_1,e_2,\cdots,e_n\}$ 是 E 的**基**，称 $c_1,c_2,\cdots,c_n$ 是 x 关于基 $\{e_1,e_2,\cdots,e_n\}$ 的**坐标**.称 n 为 E 的**维数**，而称 E 为 n **维赋范线性空间**.如果 E 中仅含零元素，则称 E 为**零维赋范线性空间**.所有的 n 维赋范线性空间 $(n=0,1,2,\cdots)$ 统称为**有限维赋范线性空间**.

值得注意，任意一组基必线性独立.

欧几里得空间 $\mathbf{R}^n$ 是一个 n 维线性空间，记 $e_1=(1,0,\cdots,0)$，$e_2=(0,1,0,\cdots,0)$，$\cdots$，$e_n=(0,\cdots,0,1)$，则 $\{e_1,e_2,\cdots,e_n\}$ 是 $\mathbf{R}^n$ 的一组基.

所有非有限维的赋范线性空间统称为**无限维赋范线性空间**.

值得注意，任一有限维赋范线性空间中的任意一组基必线性独立.其次，在线性代数中已经证明，一个给定的有限维赋范线性空间的维数不随基的不同选

择而改变.

例如欧几里得空间 $\mathbf{R}^n$ 是一个 n 维赋范线性空间,而 $\{e_k\}_{k=1}^n$ 是 $\mathbf{R}^n$ 的一组基,其中

$$e_k = (\underbrace{0,\cdots,0,1}_{k个},0,\cdots,0) \quad (k = 1,\cdots,n).$$

另一方面,不论怎样选择 $\mathbf{R}^n$ 的基,其维数始终为 n.

定义 2.2 设 E 是一个无限维的巴拿赫空间,E 中的点列 $\{e_n\}_{n=1}^\infty$ 称为 E 的**绍德尔(J. P. Schauder) 基或简称为基**,如果 E 中的任一元素 x 可唯一地表示成

$$x = \sum_{n=1}^{\infty} \xi_n e_n,$$

其中 ξ_n 为实或复数,仅与 x 有关,且右端的级数依 E 中的范数收敛. 基 $\{e_n\}_{n=1}^\infty$ 有时简记为 $\{e_n\}$.

由定义也容易证明绍德尔基是线性独立系. 其次还容易证明具有绍德尔基的巴拿赫空间可分. 这是因为所有形如 $\sum_{k=1}^n r_k e_k$ 的元素构成的集在 E 中稠密,这里 n 是任意的自然数,$r_k(k = 1,2,\cdots,n)$ 为任意的有理数.

例 1 设 $E = l^p(1 \leqslant p < \infty)$. 令

$$e_1 = (1,0,0,0,\cdots),$$

$$e_2 = (0,1,0,0,\cdots),$$

$$\cdots\cdots\cdots\cdots$$

$$e_n = (\underbrace{0,\ \cdots,\ 0,\ 1}_{n项},0,\cdots),$$

$$\cdots\cdots\cdots\cdots$$

则 $\{e_n\}$ 是 l^p 的基.

2.2 有限维赋范线性空间

这段的目的是讨论有限维赋范线性空间的一个重要特性,为此先介绍等距同构与拓扑同构的含义.

定义 2.3 设 E,E_1 都是赋范线性空间. 如果下面的条件满足,就称 E,E_1 **等距同构**:

(i) E,E_1 作为线性空间是同构的,从 E 到 E_1 的同构映射用 T 表示;

(ii) 同构映射 T 是等距的,即对任何 $x,y \in E$, 有

$$\| Tx - Ty \|_1 = \| x - y \|,$$

这里 $\|\cdot\|, \|\cdot\|_1$ 分别表示 E, E_1 中的范数.

如果(i) 不变,(ii) 改成如下的(iii),则称 E, E_1 **拓扑同构**:

(iii) T 是同胚映射,即 T 及 T^{-1} 均为连续映射.

定理 2.1 任意两个同为实(或复)n 维赋范线性空间必拓扑同构($n \geq 1$).

证 不妨设 E 是实的 n 维赋范线性空间,且设$\{e_1, e_2, \cdots, e_n\}$ 为 E 的一个基. 为了证明定理,只需证明 E 与 $\mathbf{R}^n$ 拓扑同构.任取 $\xi = (\xi_1, \xi_2, \cdots, \xi_n) \in \mathbf{R}^n$,定义映射 T: $\mathbf{R}^n \mapsto E$ 如下

$$T\xi = \xi_1 e_1 + \xi_2 e_2 + \cdots + \xi_n e_n.$$

由于 $\{e_1, e_2, \cdots, e_n\}$ 是 E 的一个基,故线性无关,于是 T 是单映射.其次,对任何 $y = \eta_1 e_1 + \eta_2 e_2 + \cdots + \eta_n e_n \in E$,显然有 $\eta = (\eta_1, \eta_2, \cdots, \eta_n) \in \mathbf{R}^n$,且 $T\eta = \eta_1 e_1 + \eta_2 e_2 + \cdots + \eta_n e_n$,故 T 是满映射.此外,还容易证明 T 是同构映射. 由

$$\begin{aligned}\|T\xi\| &= \|\xi_1 e_1 + \xi_2 e_2 + \cdots + \xi_n e_n\| \\ &\leq \sum_{k=1}^{n} \|e_k\| \, |\xi_k| \leq \left(\sum_{k=1}^{n} \|e_k\|^2\right)^{\frac{1}{2}} \left(\sum_{k=1}^{n} |\xi_k|^2\right)^{\frac{1}{2}} \\ &= M\left(\sum_{k=1}^{n} |\xi_k|^2\right)^{\frac{1}{2}} \quad \left(M = \left(\sum_{k=1}^{n} \|e_k\|^2\right)^{\frac{1}{2}}\right)\end{aligned}$$

可知,

$$\|T\xi - T\eta\| \leq M\left(\sum_{k=1}^{n} |\xi_k - \eta_k|^2\right)^{\frac{1}{2}}, \tag{1}$$

故 T 连续.至此我们证明了 T 是连续的双映射.

下面证明 T^{-1} 连续.对 $x = \xi_1 e_1 + \xi_2 e_2 + \cdots + \xi_n e_n \in E$, 令

$$f(\xi_1, \xi_2, \cdots, \xi_n) = \|x\|.$$

则 f 连续. 在 $\mathbf{R}^n$ 的单位球面 S: $\left(\sum_{k=1}^{n} |\xi_k|^2\right)^{\frac{1}{2}} = 1$ 上考察这个函数.由于$\{e_1, e_2, \cdots, e_n\}$ 线性独立,且 S 在 $\mathbf{R}^n$ 中是紧集,而函数 $f(\xi_1, \xi_2, \cdots, \xi_n)$ 在 S 中每一点处的值均为正的,故在 S 上有正的下确界 m, 于是

$$f(\xi_1, \xi_2, \cdots, \xi_n) \geq m, \quad \text{即} \ \|x\| \geq m.$$

今任取 $x \in E$,并设 $x \neq \theta$, 令

$$x' = \frac{x}{\left(\sum_{k=1}^{n} |\xi_k|^2\right)^{\frac{1}{2}}},$$

那么 $\|x'\| \geq m$, 故

$$\| x \| = \left(\sum_{k=1}^{n} | \xi_k |^2 \right)^{\frac{1}{2}} \| x' \| \geqslant m \left(\sum_{k=1}^{n} | \xi_k |^2 \right)^{\frac{1}{2}},$$

即

$$\| T^{-1} x \| \leqslant \frac{1}{m} \| x \|. \tag{2}$$

由此可知，对任何 $x, y \in E$，有

$$\| T^{-1} x - T^{-1} y \| \leqslant \frac{1}{m} \| x - y \|.$$

故 T^{-1} 连续.因此 E 与 $\mathbf{R}^n$ 拓扑同构.于是任意两个实 n 维赋范线性空间必拓扑同构.复空间的情形与此完全类似,故从略. ■

推论 任一 n 维($n \in \mathbf{N}$) 赋范线性空间必为巴拿赫空间.任一赋范线性空间 E 的有限维子空间也必为巴拿赫空间,因而是 E 的闭子空间.

证 第一个结论由定理 2.1 导出,第二个结论由第一个结论导出. ■

下面继续讨论有限维赋范线性空间的性质,先介绍在赋范线性空间理论中很有用的一条引理,通常称为**里斯(F.Riesz) 引理**.

引理 设 E_0 是赋范线性空间 E 的真闭子空间,那么对于任给的 $\varepsilon_0 : 0 < \varepsilon_0 < 1$,存在 $x_0 \in E$,满足 $\| x_0 \| = 1$,且对一切 $x \in E_0$，有

$$\| x_0 - x \| \geqslant 1 - \varepsilon_0.$$

证 因 E_0 是 E 的真子空间,故存在 $x_1 \in E \backslash E_0$. 令

$$d = \inf_{x \in E_0} \| x_1 - x \|.$$

因 E_0 闭,故 $d > 0$.任取 ε_0 满足:$0 < \varepsilon_0 < 1$,于是 $\dfrac{d}{1 - \varepsilon_0} > d$,故存在 $x'_1 \in E_0$ 使

$$\| x_1 - x'_1 \| < \frac{d}{1 - \varepsilon_0}.$$

再令 $x_0 = \dfrac{x_1 - x'_1}{\| x_1 - x'_1 \|}$,则 $\| x_0 \| = 1$,且对任一 $x \in E_0$，有

$$\| x - x_0 \| = \left\| x - \frac{x_1 - x'_1}{\| x_1 - x'_1 \|} \right\|$$

$$= \frac{1}{\| x_1 - x'_1 \|} \| (\| x_1 - x'_1 \| x + x'_1) - x_1 \|,$$

由于 $\| x_1 - x'_1 \| x + x'_1 \in E_0$,而 $x_1 \bar{\in} E_0$，故

$$\|(\|x_1 - x'_1\|x + x'_1) - x_1\| \geqslant d,$$

于是

$$\|x - x_0\| \geqslant \frac{d}{\|x_1 - x'_1\|} > 1 - \varepsilon_0. \quad ▮$$

如果赋范线性空间 E 中的任一有界闭集是紧的,则称 E 是**局部紧的**.

定理 2.2 赋范线性空间 E 是有限维的充分必要条件是 E 为局部紧的.

证 必要性 不妨设 E 是实的 n 维赋范线性空间,那么由定理2.1 可知,E 与 $\mathbf{R}^n$ 拓扑同构,于是 E 中的有界闭集映成 $\mathbf{R}^n$ 中的有界闭集,反之亦然.而 $\mathbf{R}^n$ 中的任一有界闭集是紧的,由第六章 §4.4 定理 4.8 可知,E 中的任一有界闭集是紧的,即 E 是局部紧的.

充分性 用反证法.设 E 为无限维.令 $S = \{x: \|x\| = 1\}$ 是 E 的单位球面,则 S 是 E 中的紧集.任取 $x_1 \in S$,由里斯引理,存在 $x_2 \in S$,使得 $\|x_2 - x_1\| \geqslant 1/2$.仍由里斯引理,存在 $x_3 \in S$,使得 $\|x_3 - x_i\| \geqslant 1/2(i = 1,2)$.依此类推,由于 E 是无限维的,故可以取出 S 中的一系列元素 $x_1, x_2, \cdots, x_k, \cdots$,使得对任何 $k \geqslant 1, l \geqslant 1$,当 $k \neq l$ 时,$\|x_k - x_l\| \geqslant 1/2$.显然 $\{x_k\}$ 不存在收敛的子列,与 S 的紧性矛盾.故 E 是有限维的. ▮

在这一节中,我们对具有基的巴拿赫空间作了简单介绍,然后对有限维的赋范线性空间作了较详细的讨论,希望读者注意:

(i) 本节只对一类很特殊的赋范线性空间——有限维的赋范线性空间定义了维数.它属于代数领域.实际上,在线性代数中,已对线性空间定义了维数,且均为有限维的.至于非有限维的赋范线性空间,我们仅对具有绍德尔基的巴拿赫空间作了简单介绍,未深入探讨.为了方便,在定义 2.1 中将所有非有限维的赋范线性空间统称为无限维的赋范线性空间.

(ii) 里斯引理是赋范线性空间(包括巴拿赫空间)中一条很重要的引理,不少地方都需应用它,希望读者充分予以注意.

(iii) 局部紧性是有限维赋范线性空间的特征性质,为判别给定的赋范线性空间是否有限维提供了一个重要准则.

§3 希尔伯特空间

众所周知,内积是解析几何理论中的重要内容,由它可以确定两个向量是否正交,可以求出一个向量在另一个向量上的投影,等等.因此为了将正交、正交投影等拓广到更一般的情形,一个比较合适的办法是先将内积拓广到更一般的情形中去,然后应用内积反过来定义正交等概念.在泛函分析中,人们正是循着这样的思想逐步深入的.

3.1 内积空间的定义及例

定义3.1 设$\mathscr{U}$为实(或复)数域K上的线性空间.若$\mathscr{U}$中任意一对元素x, y恒对应于K中一个数,记为(x,y),满足:

(i) $(\alpha x,y)=\alpha(x,y)$;

(ii) $(x+y,z)=(x,z)+(y,z)$,这里$z\in\mathscr{U}$;

(iii) 当K为实数域时,$(x,y)=(y,x)$;当K为复数域时,$(x,y)=\overline{(y,x)}$;

(iv) $(x,x)\geqslant 0$,且$(x,x)=0$的充分必要条件是$x=\theta$,

那么称$\mathscr{U}$为**实(或复)内积空间**,简称为**内积空间**,(x,y)称为元素x与y的**内积**.

由内积的定义不难证明下列事实:

(i) 当K为实数域时,

$$(\alpha_1x_1+\alpha_2x_2,y)=\alpha_1(x_1,y)+\alpha_2(x_2,y),$$

$$(x,\alpha_1y_1+\alpha_2y_2)=\alpha_1(x,y_1)+\alpha_2(x,y_2),$$

故(x,y)关于x,y都是线性的.

当K为复数域时,(x,y)关于x是线性的,关于第二个变元y,则有

$$(x,\alpha_1y_1+\alpha_2y_2)=\overline{\alpha}_1(x,y_1)+\overline{\alpha}_2(x,y_2).$$

我们称(x,y)关于y是**反线性**的或**共轭线性**的.

(ii) 当x,y中有一个等于零时,$(x,y)=0$.

例如,设$y=\theta$,则$(x,y)=(x,0y)=0(x,y)=0$.

(iii) 对任何$x\in\mathscr{U}$,定义范数$\|x\|=\sqrt{(x,x)}$,则$\mathscr{U}$按范数$\|\cdot\|$是一个实(或复)的赋范线性空间.

作为例子,我们证明三角不等式

$$\|x+y\|\leqslant\|x\|+\|y\|\quad(x,y\in\mathscr{U}).$$

先证明下面的**施瓦茨**(H. A. Schwarz)**不等式**:

$$|(x,y)|\leqslant\|x\|\|y\|\quad(x,y\in\mathscr{U}).\tag{1}$$

为明确起见,设$\mathscr{U}$是复内积空间.当$y=\theta$时,$(x,y)=0$,(1)成立.现设$y\neq\theta$,对任一复数λ,有

$$(x+\lambda y,x+\lambda y)\geqslant 0,$$

即

$$(x,x)+\overline{\lambda}(x,y)+\lambda(y,x)+|\lambda|^2(y,y)\geqslant 0.$$

现在令 $\lambda = -\dfrac{(x,y)}{(y,y)}$, 得到

$$(x,x) - 2\frac{|(x,y)|^2}{(y,y)} + \frac{|(x,y)|^2}{(y,y)^2}(y,y) \geqslant 0.$$

化简,得到

$$|(x,y)|^2 \leqslant (x,x)(y,y).$$

不等式(1)成立.

由(1), 对 $x,y \in \mathscr{U}$, 有

$$\begin{aligned}\|x+y\|^2 &= |(x+y,x+y)| \\ &= |(x+y,x)+(x+y,y)| \\ &\leqslant |(x+y,x)| + |(x+y,y)| \\ &\leqslant \|x+y\|\|x\| + \|x+y\|\|y\|,\end{aligned}$$

故

$$\|x+y\| \leqslant \|x\| + \|y\|.$$

三角不等式成立.因此 $\mathscr{U}$ 按照范数 $\|\cdot\|$ 是一个赋范线性空间.我们称 $\|\cdot\|$ 是由 $\mathscr{U}$ 的**内积导出的范数**.今后我们说内积空间 $\mathscr{U}$ 是赋范线性空间时,均指由 $\mathscr{U}$ 的内积导出的范数 $\|\cdot\|$ 而言.

(iv) 内积 (x,y) 是 x,y 的连续函数.

设 $\{x_n\}$, $\{y_n\}$ 是 $\mathscr{U}$ 中的点列,且分别依范数收敛于 $x,y \in \mathscr{U}$, 由

$$\begin{aligned}&|(x_n,y_n)-(x,y)| \\ \leqslant\ &|(x_n,y_n)-(x,y_n)| + |(x,y_n)-(x,y)| \\ \leqslant\ &\|x_n - x\|\|y_n\| + \|x\|\|y_n - y\| \to 0 \quad (n\to\infty)\end{aligned}$$

可知, (x,y) 是关于 x,y 的连续函数.注意,证明中用了 $\{\|y_n\|\}$ 有界这一显然的事实.

(v) 内积与范数有下列基本关系:

当 K 为实数域时,

$$(x,y) = \frac{1}{4}(\|x+y\|^2 - \|x-y\|^2), \tag{2}$$

当 K 为复数域时,

$$(x,y)=\frac{1}{4}(\|x+y\|^2-\|x-y\|^2+$$

$$i\|x+iy\|^2-i\|x-iy\|^2). \tag{2'}$$

通过直接计算可以证明这两个关系.有了这两个关系,当我们获得了关于范数的某些结论时,往往可以容易地将它们转化为有关内积的某些结论.反之,当我们获得了关于内积的某些结论时,往往也可以容易地将它们转化为有关范数的某些结论.(2)及(2′)均称为**极化恒等式**.

定义 3.2 如果内积空间 $\mathscr{U}$ 作为赋范线性空间是完备的,则称 $\mathscr{U}$ 为**希尔伯特(D. Hilbert)空间**.若 $\mathscr{U}$ 不完备,则称 $\mathscr{U}$ 为**准希尔伯特空间**.

下面介绍几个常见的希尔伯特空间.

例 1 酉空间 $\mathbf{C}^n$

关于 $\mathbf{C}^n$ 我们已多次讨论过.在 $\mathbf{C}^n$ 中定义内积:

$$(x,y)=\sum_{k=1}^{n}\xi_k\overline{\eta}_k, \tag{3}$$

其中 $x=(\xi_1,\xi_2,\cdots,\xi_n)$,$y=(\eta_1,\eta_2,\cdots,\eta_n)\in\mathbf{C}^n$.容易证明,由(3)定义的$(\cdot,\cdot)$满足内积的全部条件.故 $\mathbf{C}^n$ 按照(3)定义的内积$(\cdot,\cdot)$是一个内积空间.按照线性代数常用的术语,称 $\mathbf{C}^n$ 为**酉空间**.由(3)导出的范数是

$$\|x\|=\left(\sum_{k=1}^{n}|\xi_k|^2\right)^{1/2}.$$

今后经常遇到的是无穷维的希尔伯特空间或准希尔伯特空间.

例 2 空间 l^2

在第六章中,作为例子,我们曾经研究了空间 $l^p(1\leqslant p<\infty)$.现在设 $p=2$,于是得到空间 l^2,它是由满足

$$\|x\|^2=\sum_{n=1}^{\infty}|\xi_n|^2<\infty \tag{4}$$

的一切序列 $x=\{\xi_1,\xi_2,\cdots,\xi_n,\cdots\}$ 构成的集合.l^2 按照由(4)定义的范数 $\|\cdot\|$ 是一个可分的巴拿赫空间.现在在 l^2 中引入内积.任取 l^2 中的两个元素 $x=\{\xi_1,\xi_2,\cdots,\xi_n,\cdots\}$,$y=\{\eta_1,\eta_2,\cdots,\eta_n,\cdots\}$.由施瓦茨不等式

$$\sum_{n=1}^{\infty}|\xi_n\overline{\eta}_n|\leqslant\left(\sum_{n=1}^{\infty}|\xi_n|^2\right)^{1/2}\left(\sum_{n=1}^{\infty}|\eta_n|^2\right)^{1/2}$$

可知,级数 $\sum\limits_{n=1}^{\infty}\xi_n\overline{\eta}_n$ 绝对收敛.我们定义 x 与 y 的内积为

$$(x,y)=\sum_{n=1}^{\infty}\xi_n\overline{\eta}_n. \tag{5}$$

因右端的级数绝对收敛,故 (x,y) 有限.其次不难验证$(\cdot,\cdot)$ 满足内积的全部条件,因此 l^2 按照$(\cdot,\cdot)$ 是一个内积空间.又因它是完备、可分的,故它是一个可分的希尔伯特空间.

例 3　空间 $L^2(F)$(F 可测,$mF>0$)

在第五章中,我们已对空间 $L^p(F)$($1\leqslant p<\infty$)进行了详细讨论,后来在第六章中作为例子又多次引用.今设 $p=2$,于是得到空间 $L^2(F)$. 它是由满足

$$\|x\|^2=\int_F|x(t)|^2\mathrm{d}t<\infty \tag{6}$$

的一切可测函数 $x(\cdot)$ 构成的集合,而且 $L^2(F)$ 按照(6) 定义的范数 $\|\cdot\|$ 是可分的巴拿赫空间.现在在 $L^2(F)$ 中引入内积.任取 $L^2(F)$ 中的函数 $x(\cdot)$,$y(\cdot)$. 由施瓦茨不等式

$$\int_F|x(t)\overline{y(t)}|\mathrm{d}t\leqslant\left(\int_F|x(t)|^2\mathrm{d}t\right)^{1/2}\left(\int_F|y(t)|^2\mathrm{d}t\right)^{1/2}$$

可知,$x(t)\overline{y(t)}$ 于 F 上是可积的.我们定义 x 与 y 的内积为

$$(x,y)=\int_F x(t)\overline{y(t)}\mathrm{d}t. \tag{7}$$

于是 (x,y) 是有限数且$(\cdot,\cdot)$ 满足内积的全部条件,因此 $L^2(F)$ 按照$(\cdot,\cdot)$ 是一个内积空间.又因它是完备、可分的,故它是一个可分的希尔伯特空间.

例 4　空间 $L^2([a,b];\omega(\cdot))$

设$\omega(\cdot)$ 是定义在$[a,b]$上的正值可测函数,$x(\cdot)$ 是定义在$[a,b]$上且满足下列条 件的复值可测函数:

$$\|x\|^2=\int_a^b\omega(t)|x(t)|^2\mathrm{d}t<\infty. \tag{8}$$

我们称 $x(\cdot)$ 是以 $\omega(\cdot)$ **为权的平方可积函数**.将$[a,b]$上以 $\omega(\cdot)$ 为权的一切平方可积函数构成的集合记为$L^2([a,b];\omega(\cdot))$.任取$L^2([a,b];\omega(\cdot))$中的函数 $x(\cdot)$,$y(\cdot)$,则下面的**广义施瓦茨不等式**成立:

$$\int_a^b\omega(t)|x(t)\overline{y(t)}|\mathrm{d}t$$
$$\leqslant\left(\int_a^b\omega(t)|x(t)|^2\mathrm{d}t\right)^{1/2}\left(\int_a^b\omega(t)|y(t)|^2\mathrm{d}t\right)^{1/2}.$$

这只需对函数 $x_0(t)=[\omega(t)]^{1/2}x(t)$ 及 $y_0(t)=[\omega(t)]^{1/2}y(t)$ 应用施瓦茨不等式即可得证.由此可知,$\omega(t)x(t)\overline{y(t)}$ 可积.定义 x 与 y 的内积为

$$(x,y)_\omega=\int_a^b\omega(t)x(t)\overline{y(t)}\mathrm{d}t. \tag{9}$$

于是 $(x,y)_\omega$ 是有限数,且$(\cdot,\cdot)_\omega$ 满足内积的全部条件.因此$L^2([a,b];\omega(\cdot))$ 按照(9) 定义的内积$(\cdot,\cdot)_\omega$ 是一个内积空间.可以证明 $L^2([a,b];\omega(\cdot))$ 是完备、可分的,因此是可分的希尔伯特空间.

3.2 内积空间的特征

设$\mathscr{U}$为内积空间.我们已经指出,$\mathscr{U}$按照由它的内积导出的范数是一个赋范线性空间.自然要问:任给一赋范线性空间,它的范数 $\|\cdot\|$ 应具有什么特征,才能成为内积空间,而且范数 $\|\cdot\|$ 就是由它的内积导出.为了研究这一问题,先证明下面的引理.

引理 设$f(\cdot)$ 是定义在 $\mathbf{R}$ 上的连续实值函数,且对任意的 $\alpha_1,\alpha_2\in\mathbf{R}$,有 $f(\alpha_1+\alpha_2)=f(\alpha_1)+f(\alpha_2)$,则对任何 $\alpha\in\mathbf{R}$,

$$f(\alpha)=\alpha f(1). \tag{10}$$

证 由假设,对任何自然数 n 及任何实数 α,有

$$f(n\alpha)=nf(\alpha).$$

取 $\alpha=\dfrac{1}{n}$,得到

$$f(1)=nf\left(\frac{1}{n}\right) \quad 或 \quad f\left(\frac{1}{n}\right)=\frac{1}{n}f(1).$$

于是对任何正有理数 $\dfrac{n}{m}$,有

$$f\left(\frac{n}{m}\right)=\frac{n}{m}f(1).$$

又因$f(0)=f(2\cdot 0)=2f(0)$,故$f(0)=0$.由$f(\alpha)+f(-\alpha)=f(0)=0$ 可知

$$f(-\alpha)=-f(\alpha).$$

于是对任何有理数$\dfrac{n}{m}$,有

$$f\left(\frac{n}{m}\right)=\frac{n}{m}f(1).$$

由于f连续,故(10) 成立. ∎

定理 3.1 设 $\mathscr{U}$ 是内积空间,则由 $\mathscr{U}$ 的内积导出的范数 $\|\cdot\|$ 满足

$$\|x+y\|^2+\|x-y\|^2=2\|x\|^2+2\|y\|^2, \tag{11}$$

其中 x,y 是 $\mathscr{U}$ 中任意两个元素.反之,设 $\mathscr{U}$ 是赋范线性空间,如果 $\mathscr{U}$ 的范数满足

等式(11),则在 $\mathscr{U}$ 中可以定义内积$(\cdot,\cdot)$使 $\mathscr{U}$ 成为内积空间,且 $\mathscr{U}$ 的范数就是由内积$(\cdot,\cdot)$导出.

注 (11)式称为**中线公式**或**平行四边形公式**.

证 设 $\mathscr{U}$ 是内积空间,由内积的条件及性质可知,

$$\begin{aligned}
&\|x+y\|^2+\|x-y\|^2\\
&=(x+y,x+y)+(x-y,x-y)\\
&=(x,x+y)+(y,x+y)+(x,x-y)+(-y,x-y)\\
&=[(x,x+y)+(x,x-y)]+[(y,x+y)-(y,x-y)]\\
&=2\|x\|^2+2\|y\|^2,
\end{aligned}$$

必要性成立.

今证逆命题.我们只讨论 $\mathscr{U}$ 是复赋范线性空间的情形.由内积与范数的关系(2′),要在 $\mathscr{U}$ 中定义内积,自然应该令

$$\begin{aligned}
(x,y)=\frac{1}{4}(&\|x+y\|^2-\|x-y\|^2+\\
&i\|x+iy\|^2-i\|x-iy\|^2),
\end{aligned}\tag{12}$$

其中 $x,y\in\mathscr{U}$.关键在于验证$(\cdot,\cdot)$满足内积的全部条件.由(11),对 $x,y,z\in\mathscr{U}$,有

$$\begin{aligned}
&(x,z)+(y,z)\\
&=\frac{1}{4}(\|x+z\|^2-\|x-z\|^2+i\|x+iz\|^2-i\|x-iz\|^2)+\\
&\quad\frac{1}{4}(\|y+z\|^2-\|y-z\|^2+i\|y+iz\|^2-i\|y-iz\|^2)\\
&=\frac{1}{2}\left(\left\|\frac{x+y}{2}+z\right\|^2-\left\|\frac{x+y}{2}-z\right\|^2\right)+\\
&\quad\frac{i}{2}\left(\left\|\frac{x+y}{2}+iz\right\|^2-\left\|\frac{x+y}{2}-iz\right\|^2\right)\\
&=2\left(\frac{x+y}{2},z\right).
\end{aligned}\tag{13}$$

由(12),$(\theta,z)=0$,再在(13)中令 $y=\theta$,得到

$$(x,z)=2\left(\frac{x}{2},z\right).$$

然后将其中的 x 换成 $x+y$, 有

$$(x+y,z)=2\left(\frac{x+y}{2},z\right).$$

与(13)比较,可得

$$(x,z)+(y,z)=(x+y,z), \tag{14}$$

故内积的条件(ii)满足.

现在 令 $f(\alpha)=(\alpha x,y)$(α 为实数).由等式(14) 可知,对任意两个实数 α_1, α_2, $f(\alpha_1+\alpha_2)=f(\alpha_1)+f(\alpha_2)$.再由等式(12) 可知, (x,y) 关于 x 连续,故 f 连续.由引理,对任何实数 α, $f(\alpha)=\alpha f(1)$, 因此

$$(\alpha x,y)=\alpha(x,y). \tag{15}$$

再由性质 $\|\mathrm{i}x\|=\|x\|$, 可得

$$\begin{aligned}
&(\mathrm{i}x,y)\\
&=\frac{1}{4}(\|\mathrm{i}x+y\|^2-\|\mathrm{i}x-y\|^2+\mathrm{i}\|\mathrm{i}x+\mathrm{i}y\|^2-\mathrm{i}\|\mathrm{i}x-\mathrm{i}y\|^2)\\
&=\frac{1}{4}(\|x-\mathrm{i}y\|^2-\|x+\mathrm{i}y\|^2+\mathrm{i}\|x+y\|^2-\mathrm{i}\|x-y\|^2)\\
&=\frac{\mathrm{i}}{4}(\|x+y\|^2-\|x-y\|^2+\mathrm{i}\|x+\mathrm{i}y\|^2-\mathrm{i}\|x-\mathrm{i}y\|^2)\\
&=\mathrm{i}(x,y).
\end{aligned} \tag{16}$$

于是当 α 是复数时,(15) 仍成立.故内积的条件(i) 满足.类似地, 还可以证明

$$(x,y)=\overline{(y,x)};\quad (x,x)=\|x\|^2.$$

故内积的条件(iii)与(iv)均成立.因此 $\mathscr{U}$ 按照(12)定义的内积是一个内积空间.不难验证,由内积(12)导出的范数就是 $\mathscr{U}$ 原来的范数. ∎

注 如果 $\mathscr{U}$ 是实赋范线性空间且范数满足(11),只要令

$$(x,y)=\frac{1}{4}(\|x+y\|^2-\|x-y\|^2), \tag{17}$$

便可以证明 $\mathscr{U}$ 按照(17)定义的内积是一个实内积空间,而且由内积(17)导出的范数就是 $\mathscr{U}$ 原来的范数.

并非任一赋范线性空间的范数都能由内积导出.

例 5 空间 $C[a,b]$ 中的范数由等式 $\|x\|=\max\limits_{t\in[a,b]}|x(t)|$ 给出($x\in C[a,b]$).由于 $\|\cdot\|$ 不满足(11),故它不能由内积导出.

本节引进并讨论了内积空间及其基本性质,希望读者注意:

(i) 内积空间是空间 $\mathbf{R}^n$,$\mathbf{C}^n$ 的实质且有重要意义的发展.由于内积的引进,一方面可以由它导出满足等式(11) 的范数,使得内积空间成为一类特殊的赋范线性空间,另一方面可以利用它定义正交.这就使得内积空间及希尔伯特空间不但保留并继承了空间 $\mathbf{R}^n$,$\mathbf{C}^n$ 以及一般赋范线性空间很多有用的性质,而且与赋范线性空间相比具有更多、更好、更丰富的内容.

(ii) 非完备的内积空间都可以完备化而成为希尔伯特空间.与距离空间及赋范线性空间的情形类似,详细过程就从略了.

(iii) 并非任一赋范线性空间的范数都能由内积导出,故研究范数可以由内积导出的条件是有意义的.作为例子,本节提出了一个充分必要条件.

§4 希尔伯特空间中的正交系

4.1 正交与正交分解

前面已经指出应用内积可以引进正交.这一段的目的便在于此,并在此基础上讨论希尔伯特空间的一个重要特性 —— 正交分解.

定义 4.1 设 $\mathscr{U}$ 为内积空间,$x,y\in\mathscr{U}$.若$(x,y)=0$,则称 x 与 y **正交**,记为 $x\perp y$.设M是 $\mathscr{U}$ 的一个子集,$x\in\mathscr{U}$.若x与M内的任一元素正交,则称x与M**正交**,记为 $x\perp M$.设 N 也是 $\mathscr{U}$ 的一个子集,如果对任意的 $x\in M$ 以及任意的 $y\in N$,有 $x\perp y$,则称 M 与 N **正交**,记为 $M\perp N$.$\mathscr{U}$ 中所有与 M 正交的元素构成的集称为 M 的**正交余**,记为 $M^{\perp}$.

由定义 4.1 容易证明:

(i) 设 $\mathscr{U}$ 中的元素 $x_1,x_2,\cdots,x_n$ 相互正交.记 $x=x_1+x_2+\cdots+x_n$, 则

$$\|x\|^2=\|x_1\|^2+\|x_2\|^2+\cdots+\|x_n\|^2,$$

这是勾股定理在内积空间中的推广.

(ii) 若 $\mathscr{U}$ 中的元素 x 与 $\mathscr{U}$ 中一个稠密子集 L 正交,则 $x=\theta$.

(iii) 对任何子集 $M\subset\mathscr{U}$,其正交余 $M^{\perp}$ 是 $\mathscr{U}$ 的闭子空间.

我们只证明(ii)、(iii),而将(i) 留给读者作为练习.

证 性质(ii) 的证明.因L在 $\mathscr{U}$ 中稠密,故存在点列$\{x_n\}_{n\in\mathrm{N}}\subset L$收敛于$x$.由内积的连续性,有

$$(x,x)=\lim_{n\to\infty}(x,x_n)=0,$$

故 $x=\theta$.

性质 (iii) 的证明.设$x,y\in M^{\perp}$,则对任给的$z\in M$,

$$(\alpha x+\beta y,z)=\alpha(x,z)+\beta(y,z)=0,$$

故 $\alpha x+\beta y\in M^{\perp}$.现在设 x 属于 $M^{\perp}$ 的闭包,则存在 $M^{\perp}$ 中的点列 $\{x_n\}$ 收敛于 x. 由内积的连续性,有

$$(x,z)=\lim_{n\to\infty}(x_n,z)=0.$$

故 $x\in M^{\perp}$,$M^{\perp}$ 是 $\mathscr{U}$ 的闭子空间. ■

为了深入地理解正交分解的含义,我们将以最佳逼近元的存在性与唯一性为切入点来研究正交分解.为此先引进最佳逼近元以及与之有密切关系的凸集及凸闭集.

设 M 是内积空间 $\mathscr{U}$ 的一个子集,$x\in\mathscr{U}$ 为给定的元素.如果 M 中存在元素 y 使得

$$\|x-y\|=\inf_{z\in M}\|x-z\|,$$

则称 y 是 x 在 M 中的一个**最佳逼近元**.

仍设 M 是 $\mathscr{U}$ 的一个子集,如果对任意的 $y_1,y_2\in M$ 以及满足 $0\leqslant\alpha\leqslant1$ 的任一实数 α,元素 $\alpha y_1+(1-\alpha)y_2$ 仍属于 M,则称 M 是 $\mathscr{U}$ 中的**凸集**.如果 M 是既凸且闭的集,则称 M 是 $\mathscr{U}$ 中的**凸闭集**.

希尔伯特空间中的凸闭集有下列重要特性.

定理 4.1 设 M 是希尔伯特空间 $\mathscr{U}$ 中的凸闭集,则 $\mathscr{U}$ 中的任一元素 x 在 M 中存在唯一的最佳逼近元.

证 先证存在性. 令

$$\alpha=\inf_{z\in M}\|x-z\|.$$

那么存在点列 $\{y_n\}\subset M$ 使 $\|x-y_n\|\to\alpha(n\to\infty)$.由于 M 是凸集,故 $\dfrac{y_n+y_m}{2}\in M$,$n,m\in\mathbf{N}$ 因此

$$\left\|x-\frac{y_n+y_m}{2}\right\|\geqslant\alpha.$$

在中线公式(这一章 §3 等式(11))中将 x 换成 y_m-x,将 y 换成 $x-y_n$,得到

$$\begin{aligned}\|y_m-y_n\|^2&=\|y_m-x+x-y_n\|^2\\&=2\|y_m-x\|^2+2\|x-y_n\|^2-4\left\|x-\frac{y_n+y_m}{2}\right\|^2\\&\leqslant2\|y_m-x\|^2+2\|x-y_n\|^2-4\alpha^2.\end{aligned}$$

因为当 $m,n\to\infty$ 时,$\|y_m-x\|\to\alpha$,$\|x-y_n\|\to\alpha$,故

$$\|y_m - y_n\| \to 0 \quad (m,n \to \infty).$$

因此 $\{y_n\}$ 是 $\mathscr{U}$ 中基本点列,它在 $\mathscr{U}$ 中的极限记为 y.因 M 是闭集,故 $y \in M$. 再由等式

$$\|x - y\| = \lim_{n\to\infty} \|x - y_n\| = \alpha$$

可知,y 是 x 在 M 中的最佳逼近元.至此我们证明了最佳逼近元的存在性.

再证唯一性.设 y'也是 x 在 M 中的最佳逼近元.仍由中线公式,有

$$\begin{aligned} 0 \leqslant \|y - y'\|^2 &= \|y - x + x - y'\|^2 \\ &= 2\|y - x\|^2 + 2\|x - y'\|^2 - 4\left\|x - \frac{y + y'}{2}\right\|^2 \\ &\leqslant 2\alpha^2 + 2\alpha^2 - 4\alpha^2 = 0. \end{aligned}$$

故 $y - y' = \theta$,即 $y = y'$.最佳逼近元唯一. ■

由定理 4.1 可以得到下面重要的正交分解定理.

定理 4.2 设 M 是希尔伯特空间 $\mathscr{U}$ 的闭子空间,则对 $\mathscr{U}$ 中任一元素 x,有下列唯一的**正交分解**:

$$x = y + z, \quad 其中\ y \in M,\ z \in M^{\perp}. \tag{1}$$

y 称为 x 在 M 中的**正交投影**.

证 先证正交分解的存在性.由假设,M 是 $\mathscr{U}$ 的闭子空间,故为凸闭集.由定理 4.1, x 在 M 中存在唯一的最佳逼近元 y.记 $\alpha = \|x - y\|$.由于 $y \in M$,于是对任一实(或复) 数 λ 以及任一元素 $u \in M$, 有 $y + \lambda u \in M$, 故

$$\begin{aligned} \alpha^2 &\leqslant \|x - (y + \lambda u)\|^2 \\ &= \|x - y\|^2 - \overline{\lambda}(x - y,u) - \lambda(u,x - y) + |\lambda|^2\|u\|^2. \end{aligned}$$

取 $\lambda = \dfrac{(x - y,u)}{\|u\|^2}$,并注意到 $\|x - y\| = \alpha$, 得到

$$\alpha^2 \leqslant \alpha^2 - \frac{|(x - y,u)|^2}{\|u\|^2}.$$

于是

$$|(x - y,u)|^2 \leqslant 0.$$

显然只有当$(x - y,u) = 0$时,上式才能成立.由于 u 是 M 中任一元素,故$(x - y) \perp M$.令 $z = x - y$, 便有

$$x = y + z, \quad 其中\ y \in M, z \in M^{\perp}.$$

正交分解的存在性得到证明.

再证唯一性.设另有分解 $x = y' + z'$,其中 $y' \in M, z' \in M^{\perp}$,由

$$y + z = y' + z'$$

可得 $y - y' = z' - z$.由于 $y - y' \in M, z' - z \in M^{\perp}$,故 $y - y' = z' - z \in M \cap M^{\perp} = \{\theta\}$,因此 $y = y', z = z'$.正交分解唯一. ∎

推论 设 n 是给定的自然数,$\{e_1, e_2, \cdots, e_n\}$ 是内积空间 $\mathscr{U}$ 中的一个规范正交系(见后面 §4.2 中的定义 4.2),M 是$\{e_1, e_2, \cdots, e_n\}$ 张成的子空间,则对任给的 $x \in \mathscr{U}$,x 在 M 上的正交投影为

$$y = \sum_{k=1}^{n} (x, e_k) e_k.$$

证 对任给的 $x \in \mathscr{U}$,由定理 4.2 可知,存在唯一的正交分解

$$x = y + z, \quad \text{其中 } y \in M, z \in M^{\perp}.$$

于是

$$y = \sum_{k=1}^{n} (y, e_k) e_k = \sum_{k=1}^{n} (x, e_k) e_k - \sum_{k=1}^{n} (z, e_k) e_k$$
$$= \sum_{k=1}^{n} (x, e_k) e_k.$$

推论成立. ∎

4.2 内积空间中的规范正交系

在 §4.1 中,我们应用内积引进了正交,并研究了正交分解.有了正交,便可以进而引入正交系.在这一段中,我们先讨论内积空间中规范正交系的一些基本性质,然后在下一段中讨论希尔伯特空间中规范正交系的存在性.为简单起见,我们限于讨论最多只含可列个元素的正交系,至于一般情形读者可以参考其他著作,但从方法上说两者并无本质差别.

定义 4.2 设$\{e_n\}$ $(n = 1, 2, 3, \cdots)$ 为内积空间 $\mathscr{U}$ 中的元素系,满足

$$(e_m, e_n) = \begin{cases} 0, & m \neq n, \\ 1, & m = n, \end{cases} \tag{2}$$

则称$\{e_n\}$ 是 $\mathscr{U}$ 中的一个**规范正交系**.对任一元素 $x \in \mathscr{U}$,称 $c_n = (x, e_n)$ 为 x 关于$\{e_n\}$ 的**第 n 个傅里叶(J. B.Fourier) 系数**,简称为**傅里叶系数**.而称$\{(x, e_n)\}$ 为 x 关于$\{e_n\}$ 的**傅里叶系数集**.

例 1 $L^2[0, 2\pi]$ 内的函数系$\left\{\dfrac{1}{\sqrt{2\pi}} e^{int}\right\}$ $(n = 0, \pm 1, \pm 2, \cdots)$ 是 $L^2[0, 2\pi]$ 中的一个规范正交系.

例 2 l^2 中的元素系 $\{e_n\}$:

$$e_n = \{\underbrace{0, \cdots, 0, 1}_{n\text{个}}, 0, \cdots\} \quad (n = 0,1,2,\cdots)$$

是 l^2 中的一个规范正交系.

例 3 $L^2\left([-1,1];\dfrac{1}{\sqrt{1-t^2}}\right)$ 中的规范正交系.考察函数系

$$T_n(t) = \cos(n\arccos t) \quad (t \in [-1,1], n = 0,1,2,\cdots).$$

下面证明 $T_n(t)$ 是 n 次多项式.在等式

$$\cos n\theta + \cos (n-2)\theta = 2\cos\theta\cos(n-1)\theta$$

中令 $\theta = \arccos t\ (t \in [-1,1])$,则不难看出 $T_n(t)$ 满足下述递推公式:

$$T_n(t) = 2tT_{n-1}(t) - T_{n-2}(t) \quad (n = 2,3,\cdots). \tag{3}$$

由 $T_0(t) = 1, T_1(t) = t$ 以及递推公式(3),我们有

$$T_2(t) = 2t^2 - 1, \quad T_3(t) = 4t^3 - 3t, \quad \cdots,$$

故应用数学归纳法可证,$T_n(t)$ 确为 n 次多项式.我们称这类多项式为**第一类切比雪夫(P. Chebyshev) 多项式**.注意到 $t = \cos\theta$,我们有

$$\int_{-1}^{1}\frac{T_n(t)T_m(t)}{\sqrt{1-t^2}}\mathrm{d}t = \int_0^{\pi}\cos n\theta\cos m\theta\,\mathrm{d}\theta = 0 \quad (n \neq m),$$

$$\int_{-1}^{1}\frac{T_n^2(t)}{\sqrt{1-t^2}}\mathrm{d}t = \int_0^{\pi}\cos^2 n\theta\,\mathrm{d}\theta = \frac{\pi}{2} \quad (n \neq 0),$$

$$\int_{-1}^{1}\frac{T_0^2(t)}{\sqrt{1-t^2}}\mathrm{d}t = \int_{-1}^{1}\frac{\mathrm{d}t}{\sqrt{1-t^2}} = \pi.$$

记

$$\check{T}_n(t) = \begin{cases}\sqrt{\dfrac{1}{\pi}}T_n(t), & n = 0,\\[2ex] \sqrt{\dfrac{2}{\pi}}T_n(t), & n \neq 0.\end{cases}$$

那么 $\{\check{T}_n\}\ (n = 0,1,2,\cdots)$ 便是 $L^2\left([-1,1];\dfrac{1}{\sqrt{1-t^2}}\right)$ 中的一个规范正交系.

定理 4.3(贝塞尔(E.Bessel) 不等式) 设 $\{e_n\}$ 是希尔伯特空间 $\mathscr{U}$ 中的一

个规范正交系,则对任意的 $x \in \mathscr{U}$,不等式

$$\sum_{n=1}^{\infty} |(x,e_n)|^2 \leq \|x\|^2 \tag{4}$$

成立,此不等式称为**贝塞尔不等式.**

证 任取 $x \in \mathscr{U}$.由定理 4.2 的推论,对任给的 n,$y = \sum_{k=1}^{n}(x,e_k)e_k$ 是 x 在 $\{e_1,e_2,\cdots,e_n\}$ 所张成的子空间上的正交投影.于是 $x = y + z$, 其中 $y \perp z$.由此立即可知,$\|y\| \leq \|x\|$,即

$$\sum_{k=1}^{n} |(x,e_k)|^2 \leq \|x\|^2.$$

令 $n \to \infty$,得到不等式(4). ∎

注意,对一般的内积空间,贝塞尔不等式仍然成立.若不用定理 4.2,可直接考虑 x 在 $\{e_1,e_2,\cdots,e_n\}$ 张成的子空间中依 $\|\cdot\|$ 的最佳逼近元,可证得上一不等式,然后再令 $n \to \infty$.

由贝塞尔不等式可知,$\mathscr{U}$ 中的任一元素 x 关于规范正交系 $\{e_n\}$ 的傅里叶系数组成的序列 $\{c_n\}$ 必属于 l^2.反之,对 l^2 中的任一序列 $\{c_n\}$,是否存在 $\mathscr{U}$ 中的元素使得 $\{c_n\}$ 恰好是这个元素关于 $\{e_n\}$ 的傅里叶系数集? 下面将给这一问题以肯定的回答,但需假定 $\mathscr{U}$ 是希尔伯特空间.

定理 4.4 (里斯 - 菲歇尔(E. S. Fischer)) 设 $\{e_n\}$ 是希尔伯特空间 $\mathscr{U}$ 中的一个规范正交系,数列 $\{c_n\} \in l^2$.那么存在 $\mathscr{U}$ 中的元素 x,使得 $\{c_n\}$ 是 x 关于 $\{e_n\}$ 的傅里叶系数集,且等式

$$\|x\|^2 = \sum_{n=1}^{\infty} |c_n|^2 \tag{5}$$

成立,此等式称为**帕塞瓦尔(M. Parseval) 公式或封闭公式.**

证 令 $x_n = \sum_{k=1}^{n} c_k e_k$.设自然数 m,n 满足 $m > n$.应用这一段中的关系式(2) 及这一节定义 4.1 后面的性质(i),有

$$\|x_m - x_n\|^2 = \left\| \sum_{k=n+1}^{m} c_k e_k \right\|^2 = \sum_{k=n+1}^{m} |c_k|^2. \tag{6}$$

由于当 $m,n \to \infty$ 时, $\sum_{k=n+1}^{m} |c_k|^2 \to 0$,故 $\|x_m - x_n\| \to 0$,因此 $\{x_n\}$ 是 $\mathscr{U}$ 中的基本点列.由于 $\mathscr{U}$ 完备,故存在元素 $x \in \mathscr{U}$ 使 $\{x_n\} \to x$.

由内积的连续性,对任给的自然数 k_0,有

$$(x_n,e_{k_0}) \to (x,e_{k_0}) \quad (n \to \infty).$$

另一方面,由 x_n 的定义可知,当 $n \geqslant k_0$ 时,$(x_n, e_{k_0}) = c_{k_0}$,于是

$$(x, e_{k_0}) = c_{k_0}.$$

为清楚计,将上述等式中的 k_0 换成 n,可得 $(x, e_n) = c_n$.因此 $\{c_n\}$ 是 x 关于 $\{e_n\}$ 的傅里叶系数集.再由 $\|x_n\|^2 = \sum_{k=1}^{n} |c_k|^2$ 及 $\|x_n\| \to \|x\|$ 可知,

$$\|x\|^2 = \sum_{k=1}^{\infty} |c_k|^2.$$

等式(5) 成立. ∎

在即将讨论的定理 4.5 的推论 3 中将证明定理 4.4 中使帕塞瓦尔公式成立的元素 x 唯一.

其次,由定理4.3可知,不论内积空间 $\mathscr{U}$ 是否完备也不论规范正交系 $\{e_n\}$ 是怎样给出的,贝塞尔不等式始终成立.但帕塞瓦尔公式则未必总是成立.这是因为 $\{e_n\}$ 中的元素可能"不足够多"的缘故.如果 $\{e_n\}$ 中的元素"足够多",那么帕塞瓦尔公式就有可能对一切元素 $x \in \mathscr{U}$ 都成立.今后将着重讨论这种情形.现在先引进下面的定义.

定义 4.3 设 $\{e_n\}$ 是内积空间 $\mathscr{U}$ 中的一个规范正交系,如果对每个 $x \in \mathscr{U}$,帕塞瓦尔公式

$$\|x\|^2 = \sum_{n=1}^{\infty} |(x, e_n)|^2$$

恒成立,则称 $\{e_n\}$ 是**完备的**.

与完备性密切相关的是完全性.

定义 4.4 设 $\{e_n\}$ 是内积空间 $\mathscr{U}$ 中的一个规范正交系,如果对任一 $x \in \mathscr{U}$,由 $(x, e_n) = 0$ $(n = 1, 2, 3, \cdots)$ 可以导出 $x = \theta$,则称 $\{e_n\}$ 是**完全的**.

定理 4.5 设 $\{e_n\}$ 是希尔伯特空间 $\mathscr{U}$ 中的一个规范正交系,则下列性质等价:

(i) $\{e_n\}$ 是完备的;

(ii) 对 $\mathscr{U}$ 中任一元素 x,级数 $\sum_{n=1}^{\infty} (x, e_n) e_n$ 在 $\mathscr{U}$ 中收敛于 x,于是有

$$x = \sum_{n=1}^{\infty} (x, e_n) e_n;$$

(iii) 对 $\mathscr{U}$ 中任意两个元素 x, y,有

$$(x, y) = \sum_{n=1}^{\infty} (x, e_n) \overline{(y, e_n)}, \tag{7}$$

(7) 中右端的级数绝对收敛;

(iv) $\{e_n\}$ 是完全的.

证 我们采用路线(i)⇒(ii)⇒(iii)⇒(iv)⇒(i) 来证明定理.

(i)⇒(ii).设 $x \in \mathscr{U}$,则对任给的自然数 n,经过简单计算,有

$$\begin{aligned}&\left\| x - \sum_{k=1}^{n} (x,e_k)e_k \right\|^2 \\ =& \|x\|^2 - \sum_{k=1}^{n} (x,e_k)(e_k,x) - \sum_{k=1}^{n} \overline{(x,e_k)}(x,e_k) + \sum_{k=1}^{n} |(x,e_k)|^2 \\ =& \|x\|^2 - \sum_{k=1}^{n} |(x,e_k)|^2.\end{aligned}$$

因帕塞瓦尔公式成立,取极限,可得

$$\lim_{n\to\infty}\left\| x - \sum_{k=1}^{n} (x,e_k)e_k \right\|^2 = \lim_{n\to\infty}\left(\|x\|^2 - \sum_{k=1}^{n} |(x,e_k)|^2 \right) = 0.$$

所以级数 $\sum\limits_{n=1}^{\infty}(x,e_n)e_n$ 在 $\mathscr{U}$ 中收敛于 x.(ii) 成立.

(ii)⇒(iii). 设 x,y 为 $\mathscr{U}$ 中的任意两个元素.令

$$x_n = \sum_{k=1}^{n} (x,e_k)e_k, \quad y_n = \sum_{k=1}^{n} (y,e_k)e_k,$$

并注意到$\{e_n\}$ 的正交性,我们有

$$\begin{aligned}(x_n,y_n) &= \left(\sum_{k=1}^{n} (x,e_k)e_k, \sum_{k=1}^{n} (y,e_k)e_k \right) \\ &= \sum_{k=1}^{n} (x,e_k)\overline{(y,e_k)}.\end{aligned}$$

由(ii)

$$\{x_n\} \to x, \quad \{y_n\} \to y.$$

再由内积的连续性,

$$\begin{aligned}(x,y) &= \lim_{n\to\infty}(x_n,y_n) = \lim_{n\to\infty}\sum_{k=1}^{n} (x,e_k)\overline{(y,e_k)} \\ &= \sum_{k=1}^{\infty} (x,e_k)\overline{(y,e_k)}.\end{aligned}$$

由贝塞尔不等式可知,傅里叶系数构成的序列属于 l^2,故(7) 中右端的级数绝对收敛.(iii) 成立.

(iii)⇒(iv). 设 $x \in \mathscr{U}$,且$(x,e_n)=0$ 对一切 n 成立.由等式(7),对任何 $y \in \mathscr{U}$,有

$$(x,y) = 0.$$

取 $y=x$,得到$(x,x)=0$,即 $x=\theta$.(iv) 成立.

(iv)$\Rightarrow$(i).任给 $x \in \mathscr{U}$,由贝塞尔不等式,$\{(x,e_n)\} \in l^2$.再由定理4.4知,存在 $y \in \mathscr{U}$ 使$\{(x,e_n)\}$ 为 y 关于$\{e_n\}$ 的傅里叶系数集,且

$$\|y\|^2 = \sum_{n=1}^{\infty} |(x,e_n)|^2.$$

注意到(x,e_n) 也是 x 关于$\{e_n\}$ 的傅里叶系数,故 $x-y$ 关于$\{e_n\}$ 的傅里叶系数满足 $(x,e_n)-(x,e_n)=0$,由(iv) 中的假设可知,$x-y=\theta$.因此

$$\|x\|^2 = \sum_{n=1}^{\infty} |(x,e_n)|^2,$$

(i) 成立. ∎

推论 1 设 $\mathscr{U}$ 仅为内积空间,则定理4.5中的性质(i)、(ii)、(iii) 仍然等价.

证 (i)$\Rightarrow$(ii)$\Rightarrow$(iii) 的证明与 $\mathscr{U}$ 为希尔伯特空间时的情形完全相同.

现设(iii) 成立.只需令 $x=y$ 便可知(i) 成立.故推论成立. ∎

推论 2 设内积空间 $\mathscr{U}$ 中存在完备的规范正交系,则 $\mathscr{U}$ 可分.

证 设$\{e_n\}$ 是 $\mathscr{U}$ 中的完备规范正交系.由定理 4.5 推论 1 可知,该定理的(ii) 成立,故$\{e_n\}$ 张成的子空间在 $\mathscr{U}$ 中稠密,因此$\{e_n\}$ 中元素以有理数为系数的所有可能的线性组合构成的集 L 在 $\mathscr{U}$ 中也稠密.但 L 可列,故 $\mathscr{U}$ 可分. ∎

推论 3 定理 4.4 中使帕塞瓦尔公式成立的元素唯一.

证 设$\{c_n\} \in l^2$,并设 $x,x' \in \mathscr{U}$ 使得

$$\|x\|^2 = \sum_{n=1}^{\infty} |c_n|^2 = \|x'\|^2.$$

由推论 1(ii) 可知,$x=x'$.唯一性成立. ∎

例 4 (i) 函数系$\left\{\dfrac{1}{\sqrt{2\pi}}\mathrm{e}^{int}\right\}$(见例1) 是$L^2[-\pi,\pi]$ 中的一个完备规范正交系,这是因为由三角多项式族张成的子空间在$L^2[-\pi,\pi]$ 中稠密, 由此容易证明$\left\{\dfrac{1}{\sqrt{2\pi}}\mathrm{e}^{int}\right\}$完全,故完备.

(ii) l^2 中的元素系$\{e_n\}$(见例2) 是l^2 中的一个完备规范正交系.这是因为对每个 $x=\{c_n\} \in l^2$,有 $\|x\|^2 = \sum\limits_{n=1}^{\infty} |c_n|^2$.

(iii) 多项式族$\{\check{T}_n(\cdot)\}$(见例 3) 是 $L^2\left([-1,1];\dfrac{1}{\sqrt{1-t^2}}\right)$ 中的一个完备规范正交系.

我们将(iii) 的证明扼要叙述于下: 用 M 表示 $L^2[-\pi,\pi]$ 中一切偶函数构成的子空间.显然 M 是闭的且函数族$\{\cos n\theta\}$ $(n=0,1,2,\cdots,\theta \in [-\pi,\pi])$ 张

成的子空间在 M 中稠密.因此当 $\theta \in [0,\pi]$ 时,函数族$\{\cos n\theta\}$ $(n=0,1,2,\cdots)$ 张成的子空间在 $L^2[0,\pi]$ 中稠密,这是因为 $L^2[0,\pi]$ 中的每一个函数可以延拓成$[-\pi,\pi]$ 上的偶函数,因而延拓后这些函数均属于 M.

现在再考察 $L^2[0,\pi]$ 与 $L^2\left([-1,1];\dfrac{1}{\sqrt{1-t^2}}\right)$ 之间的关系.令

$$t=\cos\theta \quad (\text{即 } \theta=\arccos t),$$

这里 $\theta \in [0,\pi]$, $t \in [-1,1]$.由此可以证明空间 $L^2[0,\pi]$(其中的函数以 θ 为自变量)与空间 $L^2\left([-1,1];\dfrac{1}{\sqrt{1-t^2}}\right)$(其中的函数以 t 为自变量)为等距同构.由函数 $T_n(t)$, $\check{T}_n(t)$ 与 $\cos n\theta$ 之间的关系(见例 3)可知,由$\{T_n(t)\}$,因而由函数族$\{\check{T}_n(t)\}$张成的子空间在$L^2\left([-1,1];\dfrac{1}{\sqrt{1-t^2}}\right)$中稠密.例 3 中已经证明函数族$\{\check{T}_n(t)\}$是$L^2\left([-1,1];\dfrac{1}{\sqrt{1-t^2}}\right)$中的规范正交系.由稠密性可知函数族$\{\check{T}_n(t)\}$在$L^2\left([-1,1];\dfrac{1}{\sqrt{1-t^2}}\right)$中是完全的,因此完备.

4.3 施密特正交化定理

内积空间 $\mathscr{U}$ 中的任一可列子集均可用施密特(E.Schmidt)正交化方法将它转化成一个规范正交系.

定理 4.6 设 $\mathscr{X}=\{x_n\}$ 是内积空间 $\mathscr{U}$ 中的一个可列子集,则由 $\mathscr{X}$ 必可作出一个规范正交系$\{e_n\}$,使得 $\mathscr{X}$ 张成的子空间与$\{e_n\}$张成的子空间相同.

证 不妨设 x_1 是 $\mathscr{X}$ 中第一个不等于零的元素,令

$$e_1=\frac{x_1}{\|x_1\|},$$

则 e_1 的范数 $\|e_1\|=1$.设 x_2 是 $\mathscr{X}$ 中第一个与 e_1 线性无关的元素,令

$$h_2=x_2-(x_2,e_1)e_1,$$

则 $h_2\neq\theta$ 否则将有 $x_2=(x_2,e_1)e_1$,矛盾.由定理 4.2 的推论可知,$h_2\perp e_1$.令

$$e_2=\frac{h_2}{\|h_2\|},$$

则 $\|e_2\|=1$.设 x_3 是 $\mathscr{X}$ 中第一个与 e_1,e_2 线性无关的元素,令

$$h_3 = x_3 - (x_3, e_1)e_1 - (x_3, e_2)e_2,$$

那么可以证明 $h_3 \neq \theta$,仍由定理 4.2 的推论,$h_3 \perp e_j (j=1,2)$.令

$$e_3 = \frac{h_3}{\| h_3 \|},$$

则 $\| e_3 \| = 1$.继续上述步骤,并假设已作好了相互正交且范数均为 1 的元素 e_1, $e_2, e_3, \cdots, e_{k-1}$.设 x_k 是 $\mathscr{X}$ 中第一个与 $e_1, e_2, \cdots, e_{k-1}$ 线性无关的元素,令

$$h_k = x_k - \sum_{j=1}^{k-1} (x_k, e_j) e_j, \tag{8}$$

则 $h_k \neq \theta$,且 $h_k \perp e_j (j = 1, 2, \cdots, k-1)$.再令

$$e_k = \frac{h_k}{\| h_k \|}, \tag{9}$$

于是得到有限个相互正交且范数均为 1 的元素 $e_1, \cdots, e_k$.由归纳法,可以得到最多可列个相互正交且范数均为 1 的元素 $e_1, e_2, \cdots$.也就是说,$\{e_k\}$ 是含有有限个或可列个元素的规范正交系.

现证明 $\{e_k\}$ 张成的子空间 L 与 $\mathscr{X}$ 张成的子空间 L' 相同.由建立规范正交系的过程容易看出,e_1 可用 x_1 线性表示,e_2 可用 x_1, x_2 线性表示.由(8),(9) 用归纳法不难证明 e_k 可用 $x_1, x_2, \cdots, x_k (k = 1, 2, 3, \cdots)$ 线性表示,因此 $L \subset L'$.

反之,x_1 也可以用 e_1 线性表示,x_2 可用 e_1, e_2 线性表示,仍由(8),(9) 并用归纳法可以证明,x_k 可用 $e_1, \cdots, e_k (k = 1, 2, \cdots)$ 线性表示,因此 $L' \subset L$,故 $L = L'$.∎

推论 任何可分内积空间 $\mathscr{U}$ 必存在完备的规范正交系.

证 因 $\mathscr{U}$ 可分,故 $\mathscr{U}$ 中有可列的稠密子集 $\{x_n\}$.由定理 4.6,应用 $\{x_n\}$ 可建立规范正交系 $\{e_n\}$,且 $\{x_n\}$ 与 $\{e_n\}$ 张成的子空间相同.而 $\{x_n\}$ 在 $\mathscr{U}$ 中稠密,故 $\{e_n\}$ 张成的子空间在 $\mathscr{U}$ 中也稠密.用 M 表示这个子空间.任取 $x \in \mathscr{U}$,存在 $\{x_k\} \subset M$,使得 $x_k \to x (k \to \infty)$.对每个 k,有 $x_k = \sum_{n=1}^{\infty} (x_k, e_n) e_n$(展开式中仅有有限项不等于零).因此

$$\begin{aligned} \left\| x - \sum_{n=1}^{\infty} (x, e_n) e_n \right\| &\leqslant \| x - x_k \| + \left\| x_k - \sum_{n=1}^{\infty} (x, e_n) e_n \right\| \\ &= \| x - x_k \| + \left\| \sum_{n=1}^{\infty} ((x_k - x), e_n) e_n \right\|. \end{aligned}$$

由贝塞尔不等式,有 $\left\| \sum_{n=1}^{\infty} ((x_k - x), e_n) e_n \right\| \leqslant \| x_k - x \|$,故

$$\left\| x - \sum_{n=1}^{\infty} (x, e_n) e_n \right\| \leqslant 2 \| x - x_k \|.$$

令 $k \to \infty$，得到

$$x = \sum_{n=1}^{\infty} (x, e_n) e_n.$$

由定理 4.5 推论 1 可知，$\{e_n\}$ 完备. ∎

若 $\mathscr{U}$ 完备，则定理 4.6 的证明简单得多. 因为已知 $\{e_n\}$ 张成的子空间在 $\mathscr{U}$ 中稠密，容易证明 $\{e_n\}$ 完全，由定理 4.5，$\{e_n\}$ 完备.

例 5 $L^2((-\infty, \infty); e^{-t^2})$ 中的完备规范正交系.

显然 $1, t, t^2, \cdots, t^n, \cdots$ 都属于 $L^2((-\infty, \infty); e^{-t^2})$. 现在将函数族 $\{1, t, t^2, \cdots\}$ 正交化. 记

$$\omega(t) = e^{-t^2},$$

则

$$\omega'(t) = -2te^{-t^2}, \quad \omega''(t) = (4t^2 - 2)e^{-t^2}, \cdots.$$

由数学归纳法可以证明

$$\omega^{(n)}(t) = y_n(t) e^{-t^2}, \tag{10}$$

其中 $y_n(t)$ 是 t 的 n 次多项式，其最高次项的系数是 $(-2)^n$.

任给多项式 $u(\cdot)$，对以下的积分多次实施分部积分：

$$\begin{aligned} \int_{-\infty}^{\infty} e^{-t^2} y_n(t) u(t) \mathrm{d}t &= \int_{-\infty}^{\infty} \omega^{(n)}(t) u(t) \mathrm{d}t \\ &= \cdots = (-1)^n \int_{-\infty}^{\infty} \omega(t) u^{(n)}(t) \mathrm{d}t. \end{aligned} \tag{11}$$

当 $u(\cdot)$ 的次数小于 n 时，由于 $u^{(n)}(t) = 0$，故

$$\int_{-\infty}^{\infty} e^{-t^2} y_n(t) u(t) \mathrm{d}t = 0.$$

这表明 y_n 在 $L^2((-\infty, \infty); e^{-t^2})$ 中与所有次数低于 n 的多项式正交. 特别地，y_n 与 $y_0, y_1, \cdots, y_{n-1}$ 正交，因此 $\{y_n\}$ $(n = 0, 1, 2, \cdots)$ 实际上是函数族 $\{1, t, t^2, \cdots\}$ 经过正交化后得到的多项式族. 注意到 $y_n(\cdot)$ 不恒为零，令

$$H_n(t) = \frac{y_n(t)}{\| y_n \|},$$

则 $\{H_n\}$ 是 $L^2((-\infty, \infty); e^{-t^2})$ 中的一个规范正交系. 我们称 $H_n(\cdot)$ 为 **埃尔米特 (C. Hermite) 多项式**. 现在求 $\| y_n \|$ 的值. 因为 $y_n(\cdot)$ 的次数是 n，而其最高次项的系数是 $(-2)^n$，故

$$y_n^{(n)}(t)=(-2)^n n!.$$

在(11)中令 $u(t)=y_n(t)$ 并应用等式(10),可得

$$\begin{aligned}\|y_n\|^2&=\int_{-\infty}^{\infty}e^{-t^2}[y_n(t)]^2dt\\&=\int_{-\infty}^{\infty}\omega^{(n)}(t)y_n(t)dt=(-1)^n\int_{-\infty}^{\infty}\omega(t)y_n^{(n)}(t)dt\\&=2^n n!\int_{-\infty}^{\infty}e^{-t^2}dt=2^n n!\sqrt{\pi}.\end{aligned}$$

故 $\|y_n\|=(2^n n!\sqrt{\pi})^{1/2}$.再由等式(10)可知,埃尔米特多项式具有如下的形式:

$$H_n(t)=\frac{1}{(2^n n!\sqrt{\pi})^{1/2}}e^{t^2}\frac{d^n}{dt^n}(e^{-t^2})\quad(n=0,1,2,\cdots).$$

最后证明$\{H_n\}$的完备性.由第1册第五章定理2.2的推论2可知,所有多项式构成的集 P 在 $L^2[-N,N]$ 中稠密,这里 N 是任一给定的自然数.由此可证明 P 在空间 $L^2([-N,N];e^{-t^2})$ 中也稠密.将 $L^2([-N,N];e^{-t^2})$ 中的函数延拓到 $[-N,N]$ 之外,使之在 $[-N,N]$ 之外处处为零,而且容易证明 $L=\bigcup\limits_{N=1}^{\infty}L^2([-N,N];e^{-t^2})$ 在 $L^2((-\infty,\infty);e^{-t^2})$ 中稠密.由于对每个 N,P 在 $L^2([-N,N];e^{-t^2})$ 中稠密,因而在 L 中稠密进而在 $L^2((-\infty,\infty);e^{-t^2})$ 中稠密.另一方面,每个多项式均可表为$\{H_n\}$中有限个元素的线性组合,因此$\{H_n\}$张成的子空间在 $L^2((-\infty,\infty);e^{-t^2})$ 中稠密.由这一节定义4.1后面的性质(ii),$\{H_n\}$完全.再由定理4.5可知,$\{H_n\}$完备. ∎

4.4 可分希尔伯特空间的同构性

证明了任一可分内积空间中存在完备的规范正交系后,便知道任一可分希尔伯特空间也存在完备的规范正交系,由此可进一步证明可分希尔伯特空间(而非一般的可分内积空间)的一个重要特性——所有可分希尔伯特空间彼此等距同构.

定理4.7 每一个实(或复)可分希尔伯特空间必与实(或复)空间 l^2 等距同构,因此所有实(或复)可分希尔伯特空间彼此等距同构.

证 设 $\mathscr{U}$ 为实(或复)可分希尔伯特空间,$\{e_n\}$ 是 $\mathscr{U}$ 中的一个完备规范正交系,x 是 $\mathscr{U}$ 中任一元素,$\{c_n\}$ 是 x 关于$\{e_n\}$的傅里叶系数集.作 $\mathscr{U}$ 到 l^2 中的映射 $T:Tx=\{c_n\}$.T 显然具有下列性质:

(i) 设 α,β 为实(或复) 数,$x,y \in \mathscr{U}$ 且 $Tx = \{c_n\}$,$Ty = \{c'_n\}$.由于 $\alpha x + \beta y$ 关于$\{e_n\}$ 的傅里叶系数集是$\{\alpha c_n + \beta c'_n\}$,故

$$T(\alpha x + \beta y) = \{\alpha c_n + \beta c'_n\} = \alpha\{c_n\} + \beta\{c'_n\} = \alpha Tx + \beta Ty.$$

(ii) 由帕塞瓦尔公式可知:

$$\| x - y \|^2 = \sum_{n=1}^{\infty} | c_n - c'_n |^2,$$

即 $\| T(x - y) \| = \| x - y \|$.再与(i) 结合可知,$T$ 是由 $\mathscr{U}$ 到$T(\mathscr{U}) \subset l^2$ 的等距同构映射.

现任取$\{c_n\} \in l^2$.由里斯 - 菲歇尔定理及定理4.5推论3,$\mathscr{U}$ 中存在唯一的元素 x 以$\{c_n\}$ 为其傅里叶系数集.因此在映射 T 的作用下,x 在 l^2 中的对应元就是$\{c_n\}$,故 T 是满映射.因此 $\mathscr{U}$ 通过 T 与 l^2 等距同构,且视 $\mathscr{U}$ 为实(或复) 空间,相应地 l^2 也为实(或复) 空间.

既然实(或复) 可分希尔伯特空间均与实(或复)l^2 空间等距同构,于是实(或复) 可分希尔伯特空间彼此必等距同构. ■

这一节系统地研究了内积空间,特别是研究了希尔伯特空间及其特例 —— 可分希尔伯特空间,希望读者注意:

(i) 为了研究内积可能导出的新内容,我们以最佳逼近元的存在及唯一性为切入点来研究正交分解定理.由后者可知希尔伯特空间中的任何一个元素均可在任一闭子空间中找到它的“影子”,这个看来似乎很直观的结论却是希尔伯特空间中的一个基本事实,由它可以获得规范正交系的存在性以及与规范正交系有关的一系列重要结论.

(ii) 与规范正交系有关联的重要概念有两个 —— 规范正交系的完备性与完全性.它们既有区别又有联系,在可分希尔伯特空间中,它们是等价的;而在准希尔伯特空间中由完备性可以导出完全性.反之,则不然.

(iii) 与规范正交系有关联的重要结论也有两个 —— 贝塞尔不等式与帕塞瓦尔公式.前者对内积空间中的一切元素成立,后者则视情况而定.当规范正交系的元素“足够多” 而成为完备规范正交系时,帕塞瓦尔公式便对内积空间中的一切元素成立.

(iv) 由于可分内积空间中存在着完备的规范正交系,因而所有可分的希尔伯特空间中也存在着完备的规范正交系,于是所有可分希尔伯特空间彼此等距同构.这一结论与完备规范正交系的存在性一道是希尔伯特空间理论中的另一个基本事实.

*§5　拓扑线性空间大意

在 §1 中我们已经指出,为了研究数学与物理中提炼出来的大量线性或非线性问题,仅有距离空间是不够的,还需要线性运算.由此产生了线性空间.进而还需在线性空间中引进适当的收敛.而在线性空间中引进适当的收敛可以有多种途径.引进范数只是途径之一.我们在 §1、§2 中对引进范数后得到的赋范线性空间作了较详细的研究.在这一节中,我们将介绍另一种更广泛的方法,即在线性空间中引进适当的拓扑,从而得到拓扑线性空间.拓扑线性空间的内容非常丰富,我们只作很简单的介绍.

5.1　拓扑线性空间的基本含义

设 X 是实(或复)线性空间.A,B 均为 X 的子集,α 为实(或复)数.$A+B$ 表示形如 $x+y$ 的元素构成的集,αA 表示形如 αx 的元素构成的集,这里 $x\in A,y\in B$.

定义 5.1　设 X 是实(或复)的线性空间,又设 τ 是 X 上的一个拓扑.如果拓扑空间 (X,τ) 满足下列条件,则称 (X,τ) 为**拓扑线性空间**:

(i) (X,τ) 满足 T_2 - 型公理;

(ii) X 中的线性运算关于拓扑 τ 是连续的,即下列事实成立:

(a) 任给两个元素 $x,y\in X$,则对 $x+y$ 的任一邻域 U_{x+y},存在 x 和 y 的邻域 U_x 和 U_y 使得

$$U_x+U_y\subset U_{x+y};$$

(b) 任给实(或复)数 α 和元素 $x\in X$,则对 αx 的任一邻域 $U_{\alpha x}$,存在 $\delta>0$ 以及 x 的邻域 V_x,使得当 $|\beta-\alpha|<\delta$ 时,有

$$\beta V_x\subset U_{\alpha x}.$$

在不会引起混淆的情况下,拓扑线性空间 (X,τ) 简记为 X.

由拓扑线性空间的定义容易导出下列性质:

(i) 设 $x_0\in X,G\subset X$ 为开集,则 x_0+G 也是开集.

任取 $y\in x_0+G$,则有 $x\in G$ 使 $y=x_0+x$,故 $y-x_0=x\in G$.由于 G 是开集,故它是 $y-x_0$ 的一个邻域,由加法的连续性,存在 y 的邻域 U_y 以及 $-x_0$ 的邻域 U_{-x_0} 使 $U_y+U_{-x_0}\subset G$.特别地,$U_y-x_0\subset G$,因此 $U_y\subset x_0+G$.由于 $y\in x_0+G$ 任意,故 x_0+G 是开集.

(ii) 设 $\alpha\neq 0$ 为数,$G\subset X$ 为开集,则 αG 也是开集.

证明与(i) 类似,故从略.

由性质(i) 可知,为了决定拓扑线性空间内每个点的所有邻域,只需决定原点的所有邻域;为了决定原点的所有邻域,则只需给出原点的所谓**邻域基**.下面便是原点邻域基的含义.

定义 5.2 设 X 为一拓扑线性空间,τ_0 为原点的一些邻域构成的集.称 τ_0 为原点的一个**邻域基**,若对于原点的任一邻域 U,必有 τ_0 中的一个元素 V 使 $V \subset U$.

当原点的邻域基决定后,拓扑线性空间的拓扑也就决定了.下一段中将用实例来阐明这一事实.

5.2 拓扑线性空间的例

例 1 任何赋范线性空间都是拓扑线性空间.

例 2 令 C^∞ 表示定义在 $\mathbf{R}$ 上的无穷次可微函数之全体.C^∞ 中的线性运算与这一章 §1 例 2 相同.我们取如下的集合作为原点的邻域:对任给的 $\varepsilon > 0$,任给的非负整数 n 以及任给的紧集 $K \subset \mathbf{R}$, 原点的邻域 $U(n,\varepsilon,K)$ 定义为所有满足

$$|x^{(k)}(t)| < \varepsilon \quad (t \in K, k = 0,1,\cdots,n)$$

的元素 $x \in C^\infty$ 构成的集.然后再取所有 $U(n,\varepsilon,K)\,(n = 0,1,2,\cdots)$ 构成的集作为原点的一个邻域基,不难验证,C^∞ 是拓扑线性空间.

例 3 令 $\mathscr{D}$ 表示定义在 $\mathbf{R}$ 上无穷次可微,且在某一有界闭区间(随函数而异)之外为零的函数的全体.$\mathscr{D}$ 中的线性运算与这一章 §1 例 2 相同.我们取如下的集合作为原点的邻域:对任给的 $\varepsilon > 0$,任给的非负整数 n 以及任给的紧集 $K \subset \mathbf{R}$, 原点的邻域 $V(n,\varepsilon,K)$ 是所有满足

$$\begin{cases} |x^{(k)}(t)| < \varepsilon, & k = 0,1,\cdots,n; \\ x(t) = 0, & \text{当 } t \in K \end{cases} \tag{1}$$

的元素 $x \in \mathscr{D}$ 构成的集.我们再取 $V(n,\varepsilon,K)\,(n = 0,1,2,\cdots)$ 构成的集作为原点的一个邻域基,不难验证 $\mathscr{D}$ 是一个拓扑线性空间.

5.3 拓扑线性空间可赋范的条件

拓扑线性空间是比赋范线性空间更广泛的一类空间.现在要问:对于一个给定的拓扑线性空间,在什么条件下可以赋予范数,使得由这个范数定义的拓扑就是该拓扑线性空间原来的拓扑(这时我们称这个拓扑线性空间**可赋范**).为了回答这个问题,我们先作一些准备,且仅仅讨论实空间的情形.

当研究希尔伯特空间理论时,我们引进了凸集.由于凸集仅与线性运算有关,故在线性空间中特别是在拓扑线性空间中更可以定义凸集,而且与这一章

§4 定理 4.1 前面凸集的定义完全相同,故从略.

现在在拓扑线性空间中定义有界集.设 A 为拓扑线性空间 X 的子集,如果对原点 θ 的任一邻域 U_θ,存在 $\alpha > 0$,使得 $\alpha A \subset U_\theta$,则称 A **有界**.

拓扑线性空间 X 的子集 A 称为**对称的**,如果 $A = -A$,这里 $-A$ 表示集合 $\{x: -x \in A\}$.容易看出,在一般线性空间中也可以定义对称集.

定理 5.1 拓扑线性空间 X 可赋范的充分必要条件是 X 的原点有一个有界凸邻域.

证 必要性是显然的.因为当 X 是赋范线性空间时,它的开单位球 $S(\theta,1)$ 就是原点的一个有界凸邻域.

充分性.设 U 为 X 的原点的一个有界凸邻域.

令 $V = -U \cap U$,则 V 也是原点的有界凸邻域而且是对称的.对任一 $x \in X$,令

$$\| x \| = \inf_{\lambda > 0, x \in \lambda V} \lambda. \tag{2}$$

现在证明,由(2) 定义的 $\|\cdot\|$ 满足范数的所有条件.

(i) 证明 $\| x \| = 0$ 的充分必要条件是 $x = \theta$.先证明 $\| \theta \| = 0$.其实,对任意的 $\lambda > 0$,有 $\theta \in \lambda V$,由(2) 可知,$\| \theta \| = 0$.

反之,设 $\| x \| = 0$.由(2),对任一自然数 n,$x \in \dfrac{1}{n}V$.今设 W 是原点的任一邻域.由 V 的有界性,存在自然数 N,使得当 $n > N$ 时,$\dfrac{1}{n}V \subset W$.故 $x \in W$.由 W 的任意性及定义 5.1(i) 可知,$x = \theta$.范数的第一个条件满足.

(ii) 证明 $\| \alpha x \| = |\alpha| \| x \|$.

由 V 的对称性可知,$x \in \lambda V$ 的充分必要条件是 $-x \in \lambda V$,因此

$$\| -x \| = \| x \|. \tag{3}$$

现在设 $\alpha > 0$,则 $x \in \lambda V$ 的充分必要条件是 $\alpha x \in \alpha\lambda V$.于是

$$\| \alpha x \| = \inf_{\alpha x \in \mu V} \mu = \inf_{\alpha x \in \alpha\lambda V} \alpha\lambda = \alpha \inf_{x \in \lambda V} \lambda = \alpha \| x \|. \tag{4}$$

由(3) 及(4) 可知,对任意的实数 α,有

$$\| \alpha x \| = |\alpha| \| x \|.$$

因此范数的第二个条件满足.

(iii) 设 $x, y \in X$ 并设 $\| x \| = \alpha$,$\| y \| = \beta$.由下确界的定义可知,对任意的 $\alpha' > \alpha$ 以及任意的 $\beta' > \beta$,有

$$x \in \alpha' V,\ y \in \beta' V \quad 即 \quad \frac{x}{\alpha'} \in V,\ \frac{y}{\beta'} \in V.$$

再由 V 的凸性可知,

$$\frac{x+y}{\alpha'+\beta'}=\frac{\alpha'}{\alpha'+\beta'}\left(\frac{x}{\alpha'}\right)+\frac{\beta'}{\alpha'+\beta'}\left(\frac{y}{\beta'}\right)\in V,$$

因此

$$x+y\in(\alpha'+\beta')V.$$

于是

$$\|x+y\|\leqslant\alpha'+\beta'.$$

令 $\alpha'\to\alpha,\beta'\to\beta$,得到

$$\|x+y\|\leqslant\|x\|+\|y\|.$$

范数的第三个条件满足.因此 X 是赋范线性空间.

(iv) 最后证明由(2) 定义的范数所导出的原点的邻域构成的族与作为拓扑线性空间的原点的邻域构成的族是一致的.

用 $S(\theta,r)$ 表示 X 中以 θ 为中心以 r 为半径在范数(2) 意义下的开球.今任取作为拓扑线性空间的原点 θ 的一个邻域 W.因 V 有界,故存在 $r>0$ 使 $rV\subset W$.另一方面,由(2) 容易看出,$S(\theta,1)\subset V$,故 $S(\theta,r)\subset W$.

反之,任意给定 X 中以原点为中心的球 $S(\theta,r)$.任取 r' 满足:$0<r'<r$,则 $r'V$ 中元素按照(2) 式定义的范数不大于 r',故 $r'V$ 中的元素均属于 $S(\theta,r)$,即 $r'V\subset S(\theta,r)$.

以上的论证表明 X 的原点按照范数定义的邻域与按照拓扑定义的邻域一致. ∎

小结与延伸

本章内容的小结与启示见 §1—§4 末. 关于巴拿赫空间、希尔伯特空间概念及一些重要内容,可参看[1,4,10—12,21,23],特别,关于各种正交系可参看[14]. 关于拓扑空间与拓扑线性空间,可参看[10,17,22].

第七章习题

§1, §2

1. 设 $V[a,b]$ 为定义在 $[a,b]$ 上的所有有界变差函数构成的集,其线性运算

与 $C[a,b]$ 的相同.在 $V[a,b]$ 中定义范数如下:

$$\| x \| = | x(a) | + \bigvee_a^b (x) \quad (x \in V[a,b]).$$

证明 $V[a,b]$ 按照 $\| \cdot \|$ 是不可分的巴拿赫空间.

2. 设$A[a,b]$为定义在$[a,b]$上所有绝对连续函数构成的集,其线性运算与 $C[a,b]$ 的相同,在 $A[a,b]$ 中定义范数如下:

$$\| x \| = | x(a) | + \int_a^b | x'(t) | \mathrm{d}t \quad (x \in A[a,b]).$$

证明 $A[a,b]$ 按照 $\| \cdot \|$ 是可分的巴拿赫空间.

3. 设 M_0 是$[a,b]$上所有有界函数构成的集,线性运算的定义与 $C[a,b]$ 的相同.在 M_0 中定义范数如下:

$$\| x \| = \sup_{a \leqslant t \leqslant b} | x(t) |.$$

证明 M_0 按照 $\| \cdot \|$ 是不可分的巴拿赫空间.

4. 设 $H^p(0 < p \leqslant 1)$ 表示$[a,b]$上所有满足 p 次利普希茨条件

$$| x(t_1) - x(t_2) | \leqslant M | t_1 - t_2 |^p \quad (t_1, t_2 \in [a,b])$$

的函数构成的集.线性运算的定义与 $C[a,b]$ 的相同.在 H^p 中定义范数如下:

$$\| x \| = | x(a) | + \sup_{a \leqslant t_1 < t_2 \leqslant b} \frac{| x(t_1) - x(t_2) |}{| t_1 - t_2 |^p}.$$

证明 H^p 按照 $\| \cdot \|$ 是不可分的巴拿赫空间.

5. 设l^∞ 为一切有界数列构成的集,线性运算与 l^p 的相同,在l^∞ 中定义范数如下:

$$\| x \| = \sup_{n \geqslant 1} | \xi_n |,$$

其中 $x = \{\xi_1, \xi_2, \cdots, \xi_n, \cdots\} \in l^\infty$.证明 l^∞ 按照 $\| \cdot \|$ 是不可分的巴拿赫空间.

6. 设 c 为一切收敛数列构成的集,线性运算与 l^p 中的相同,在 c 中定义范数如下:

$$\| x \| = \sup_{n \geqslant 1} | \xi_n |,$$

其中 $x = \{\xi_1, \xi_2, \cdots, \xi_n, \cdots\} \in c$.证明 c 按照 $\| \cdot \|$ 是可分的巴拿赫空间.

7. 设 c_0 为一切收敛于零的数列构成的集,线性运算与 l^p 中的相同,在 c_0 中定义范数如下:

$$\| x \| = \sup_{n \geqslant 1} | \xi_n |,$$

其中 $x = \{\xi_1, \xi_2, \cdots, \xi_n, \cdots\} \in c_0$.证明 c_0 按照 $\| \cdot \|$ 是可分的巴拿赫空间.

8. 设 E 是赋范线性空间,L 是 E 的闭子空间.在 E/L 中令

$$\|\xi\| = \inf_{x\in\xi}\|x\| \qquad (\xi \in E/L).$$

证明 E/L 按照 $\|\cdot\|$ 是赋范线性空间.若 E 可分,则 E/L 也可分.任取 $x \in \xi$,证明 $\|\xi\| = d(x,L)$,这里 $d(x,L)$ 表示 x 与 L 的距离.

9. 设 E 是巴拿赫空间,L 是 E 的闭子空间.按第 8 题的方法定义商空间 E/L 中元素的范数.证明 E/L 按照这个范数是巴拿赫空间.

10. 设 E 是赋范线性空间,F 是 E 的闭子空间.如果 F 及 E/F(E/F 中元素的范数按照题 8 的方式定义) 是巴拿赫空间,证明 E 也是巴拿赫空间.

11. 设 E 是赋范线性空间,$K \subset E$ 是紧集,$x \in E\backslash K$.证明:存在 K 中的元素 y 使得 $\|x - y\| = \mathrm{dist}(x,K)$.

*12. 如果 $C[0,1]$ 中的闭子空间由连续可微函数组成,证明它是有限维的.

13. 设 E 是巴拿赫空间,点列 $\{x_n\} \subset E$ 满足

$$\sum_{n=1}^{\infty}\|x_n\| = M < \infty,$$

其中 $M > 0$ 为常数.证明:存在 $x \in E$,使得 $x = \sum_{n=1}^{\infty} x_n$ 且 $\|x\| \leqslant M$.

14. 设 $L_1,L_2,\cdots,L_n$ 都是赋范线性空间,$E = L_1 \oplus L_2 \oplus \cdots \oplus L_n$.证明 E 按照 §1 中(14)、(15) 或(16) 式定义的范数都是赋范线性空间.若 $L_1,L_2,\cdots,L_n$ 都是巴拿赫空间,证明 E 按照上述三种范数都是巴拿赫空间.

15. 设 $L_1,L_2,\cdots,L_n,\cdots$ 是一列赋范线性空间,令 E 表示满足下述不等式的所有元素 $x = \{x_1,x_2,\cdots,x_n,\cdots\}$ $(x_n \in L_n)$ 构成的集:

$$\sup_{1\leqslant n<\infty}\|x_n\| < \infty.$$

令 $\|x\| = \sup\limits_{1\leqslant n<\infty}\|x_n\|$.证明在 E 中适当地定义线性运算后,E 按照 $\|\cdot\|$ 是赋范线性空间.如果所有 L_n 都是巴拿赫空间 ,则 E 也是巴拿赫空间.

16. 设 E 是赋范线性空间,L 是 E 的真闭子空间.证明 L 在 E 中是稀疏集.

17. 证明多项式的全体在 $C[a,b]$ 中是第一类型的集.

18. 证明多项式的全体在 $C^k[a,b]$ 中是第一类型的集,$C^k[a,b]$ 的范数见 §1 例 6.

§3, §4

19. 设 $\mathscr{U}_1,\mathscr{U}_2,\cdots,\mathscr{U}_n,\cdots$ 是一列内积空间.令 $\mathscr{U}$ 表示所有满足下列不等式的元素 $x = \{x_1,x_2,\cdots,x_n,\cdots\}$ 构成的集:

$$\sum_{n=1}^{\infty} \| x_n \|^2 < \infty .$$

在 $\mathscr{U}$ 中适当地定义线性运算并对任给的 $x,y \in \mathscr{U}$,令

$$(x,y) = \sum_{n=1}^{\infty} (x_n, y_n),$$

这里 $x = \{x_1, x_2, \cdots, x_n, \cdots\}$,$y = \{y_1, y_2, \cdots, y_n, \cdots\}$.证明 $\mathscr{U}$ 是一个内积空间,且右端级数绝对收敛.若所有 $\mathscr{U}_n$ 都是希尔伯特空间,则 $\mathscr{U}$ 也是希尔伯特空间.

20. 令 H 表示如下的函数 $x(\cdot)$ 构成的集:

$$x \in L[0,2\pi],\ x(t) \sim \frac{a_0}{2} + \sum_{n=1}^{\infty} (a_n \cos nt + b_n \sin nt),$$

且

$$\sum_{n=1}^{\infty} n(a_n^2 + b_n^2) < +\infty .$$

令

$$\| x \|_H = \frac{1}{\pi} \left[\frac{a_0^2}{2} + \sum_{n=1}^{\infty} n(a_n^2 + b_n^2) \right]^{\frac{1}{2}},$$

证明在 H 中可以定义内积,且 H 按照所定义的内积是希尔伯特空间.

21. 设 E 是 n 维线性空间,$\{e_1, e_2, \cdots, e_n\}$ 是 E 的一个基,(α_{ij}) $(i,j=1,2,\cdots,n)$ 是正定矩阵.对 E 中的元素 $x = \sum_{i=1}^{n} x_i e_i$ 及 $y = \sum_{i=1}^{n} y_i e_i$,定义

$$(x,y) = \sum_{i,j=1}^{n} \alpha_{ij} x_i y_j, \qquad (*)$$

证明$(\cdot,\cdot)$ 是 E 上的一个内积(正定矩阵的定义可参看周伯壎《高等代数基础》第六章 §5).反之,设$(\cdot,\cdot)$ 是 E 上的一个内积,则必存在正定矩阵(α_{ij}) 使$(*)$ 成立.

22. 设 $\mathscr{U}$ 是实内积空间.对 $x,y \in \mathscr{U}$,等式 $\| x+y \|^2 = \| x \|^2 + \| y \|^2$ 成立的充分必要条件是 $x \perp y$.若 $\mathscr{U}$ 是复内积空间,这个结论是否仍成立?如果不成立,试求出其成立的充分必要条件.

23. 设 $\mathscr{U}$ 是内积空间,$x,y \in \mathscr{U}$.证明 $x \perp y$ 的充分必要条件是对于任何数 α,有 $\| x + \alpha y \| \geqslant \| x \|$.

24. 设 $\mathscr{U}$ 是内积空间,$x,y \in \mathscr{U}$.证明 $x \perp y$ 的充分必要条件是对于任何数 α,有 $\| x + \alpha y \| = \| x - \alpha y \|$.

25. 设 $\mathscr{U}$ 是希尔伯特空间,M 是 $\mathscr{U}$ 的子集,证明$(M^{\perp})^{\perp}$ 是包含 M 的最小闭

子空间.

26. 设 L_1, L_2 是希尔伯特空间 $\mathscr{U}$ 的子空间, $L_1 \perp L_2$, L 为 L_1 与 L_2 的直接和(由于 L_1 与 L_2 正交,故亦称为**正交和**,见第九章 §3.2).证明 L 是 $\mathscr{U}$ 的闭子空间的充分必要条件是 L_1, L_2 均为 $\mathscr{U}$ 的闭子空间.

27. 设 H_2 是满足 $\sum\limits_{n=0}^{\infty} |a_n|^2 < \infty$ 且在单位圆盘$\{z: |z| < 1\}$内解析的函数 $f(z) = \sum\limits_{n=0}^{\infty} a_n z^n$ 构成的集.在 H_2 中适当定义线性运算,然后定义内积:

$$(f,g) = \lim_{r \to 1-0} \frac{1}{2\pi} \int_0^{2\pi} f(re^{i\theta}) \overline{g(re^{i\theta})} \mathrm{d}\theta.$$

证明 H_2 是可分希尔伯特空间.若 $\{e_n\}$ 是 H_2 中的完备规范正交系,证明当 $|z_1| < 1, |z_2| < 1$ 时,

$$\sum_{n=0}^{\infty} e_n(z_1) \overline{e_n(z_2)} = \frac{1}{1 - z_1 \overline{z_2}}.$$

28. 证明内积空间中的任何规范正交系都是线性无关的.

29. 证明可分希尔伯特空间中的规范正交系最多是可列的.

30. 举例说明内积空间中的完全规范正交系不一定是完备的.

31. 设$\{e_k\}, \{e'_k\}$ $(k = 1,2,3,\cdots)$ 是希尔伯特空间中的两个规范正交系,满足 $\sum\limits_{k=1}^{\infty} \| e_k - e'_k \|^2 < 1$.证明当$\{e_k\}, \{e'_k\}$中之一完备时,另一个也是完备的.

32. 设 $\mathscr{U}$ 为希尔伯特空间,证明:

(1) $$\min_{\substack{c_k \in K \\ 1 \leqslant k \leqslant n}} \left\| x - \sum_{k=1}^{n} c_k y_k \right\| = \frac{G(x, y_1, y_2, \cdots, y_n)}{G(y_1, y_2, \cdots, y_n)},$$

这里 K 为复数域, $x, y_1, \cdots, y_n$ 为 $\mathscr{U}$ 中的元素,而

$$G(y_1, y_2, \cdots, y_n) = \begin{vmatrix} (y_1, y_1) & (y_2, y_1) & \cdots & (y_n, y_1) \\ (y_1, y_2) & (y_2, y_2) & \cdots & (y_n, y_2) \\ \vdots & \vdots & & \vdots \\ (y_1, y_n) & (y_2, y_n) & \cdots & (y_n, y_n) \end{vmatrix}.$$

(2) 对任意的 $m < n$,有

$$\frac{G(y_k, y_{k+1}, \cdots, y_n)}{G(y_{k+1}, \cdots, y_n)} \leqslant \frac{G(y_k, y_{k+1}, \cdots, y_m)}{G(y_{k+1}, \cdots, y_m)} \quad (0 \leqslant k \leqslant m-1),$$

$$\frac{G(y_m, y_{m+1}, \cdots, y_n)}{G(y_{m+1}, \cdots, y_n)} \leqslant G(y_m),$$

$$G(y_1,y_2,\cdots,y_n)\leqslant G(y_1,\cdots,y_m)G(y_{m+1},\cdots,y_n),$$
$$G(y_1,y_2,\cdots,y_n)\leqslant G(y_1)G(y_2)\cdots G(y_n).$$

33. 设 $\mathscr{U}$ 为希尔伯特空间，$\{y_k\}\subset\mathscr{U}$ $(k=1,2,3,\cdots)$ 线性无关，证明将 $\{y_k\}$ 规范正交化所得的规范正交系 $\{e_k\}$ 由下式给出

$$e_k=\frac{1}{\sqrt{G_kG_{k-1}}}\begin{vmatrix}(y_1,y_1) & (y_2,y_1) & \cdots & (y_k,y_1)\\ (y_1,y_2) & (y_2,y_2) & \cdots & (y_k,y_2)\\ \vdots & \vdots & & \vdots\\ (y_1,y_{k-1}) & (y_2,y_{k-1}) & \cdots & (y_k,y_{k-1})\\ y_1 & y_2 & \cdots & y_k\end{vmatrix}$$

其中 $G_0=1,G_k=G(y_1,y_2,\cdots,y_k)(k=1,2,3,\cdots)$.

34. 令 $L_n(t)$ 为拉盖尔(E.N.Laguerre) 函数 $\mathrm{e}^t\dfrac{\mathrm{d}^n}{\mathrm{d}t^n}(t^n\mathrm{e}^{-t})$. 证明

$$\left\{\frac{1}{n!}\mathrm{e}^{-\frac{t}{2}}L_n(t)\right\}\ (n=1,2,3,\cdots)$$

是 $L^2[0,\infty)$ 中的一个完备规范正交系.

*§5

35. 证明：拓扑线性空间中有限个有界集的并仍为有界集.

36. 设 X 是拓扑线性空间. 证明：

(1) 设 $A\subset X$ 是闭集，则 $x+A,\alpha A$ 也都是闭集，这里 α 是实(或复) 数；

(2) 设 $L\subset X$ 是子空间，则 L 的闭包也是 X 的子空间.

37. 设 A 是拓扑线性空间 X 中的凸集，$\mathring{A}$ 表示 A 中内点的全体. 若 $\mathring{A}\neq\varnothing$，证明对任何 $x\in\mathring{A},y\in A$ 以及数 α $(0<\alpha\leqslant 1)$,

$$\alpha x+(1-\alpha)y\in\mathring{A}.$$

第八章　巴拿赫空间上的有界线性算子

§1　有界线性算子

微分方程、积分方程、经典力学、量子力学中的许多问题,往往以算子或算子方程的形式出现.例如,在第六章 §6 中,利用压缩映射原理讨论微分方程、积分方程解的存在性、唯一性时,我们就是将它们转化成映射(即算子)的形式来考虑.因此算子与距离空间、赋范线性空间(包括巴拿赫空间)以及内积空间(包括希尔伯特空间)一样是泛函分析的基本内容.撇开各类算子的具体属性,我们可以将算子分成两大类:一类是线性算子,另一类是非线性算子.线性算子又分有界与无界两种情形.这一节的目的是介绍有界线性算子的一些基本性质,关于有界线性算子更深入的讨论将在 §2 及 §3 中进行.本书不讨论非线性算子.

1.1　有界线性算子的基本概念与性质

我们先给出线性空间上线性算子的一般定义.

定义 1.1　设 E 及 E_1 都是实(或复)的线性空间,T 是由 E 的某个子空间 D 到线性空间 E_1 中的映射,如果对任意的 $x,y \in D$, 有

$$T(x+y)=Tx+Ty,$$

则称 T 是**可加**的.若对任意的实(或复)数 α 及任意的 $x \in D$, 有

$$T(\alpha x)=\alpha Tx,$$

则称 T 是**齐次**的.可加齐次的映射称为**线性映射**或**线性算子**.今后我们常用线性算子这一名称.D 称为 T 的**定义域**,$T(D)$ 称为 T 的**值域**.D 中使 $Tx=\theta$ 的元素 x 的集合称为 T 的**零空间**.T 的定义域常用 D_T 表示,T 的值域常用 $T(D_T)$ 表示,零空间有时用 $\mathscr{N}$ 表示.

设 E_1 是实(或复)数域,于是 T 成为由 D 到实(或复)数域的映射.这时称 T 为**泛函**(见第六章).如果 T 还是线性的,则称 T 为**线性泛函**.泛函或线性泛函常用 f,g 等符号表示.

定义 1.2 设 E 及 E_1 都是实(或复)的赋范线性空间,D 为 E 的子空间,T 为由 D 到 E_1 中的线性算子.如果按第六章 §2.3 定义 2.6,T 是连续的,则称 T 为**连续线性算子**.如果 T 将 D 中任一有界集映成 E_1 中的有界集,则称 T 是**有界线性算子**.如果存在 D 中的有界集 A,使得 $T(A)$ 是 E_1 中的无界集,则称 T 是**无界线性算子**.

例 1 将赋范线性空间 E 中的每个元素 x 映成 x 自身的算子称为 E 上的**单位算子**.单位算子常以 I 表示.将 E 中的每个元素 x 映成 θ 的算子称为**零算子**.

容易看出,单位算子与零算子既是有界线性算子也是连续线性算子.

例 2 连续函数的积分

$$f(x)=\int_a^b x(t)\,\mathrm{d}t \quad (x\in C[a,b]) \tag{1}$$

是定义在连续函数空间 $C[a,b]$ 上的一个有界线性泛函,也是连续线性泛函.

例 1、例 2 中出现的线性算子或线性泛函既是有界的又是连续的.后面将证明,对赋范线性空间中的线性算子来说,有界性与连续性等价(见定理 1.3).

定理 1.1 设 E,E_1 都是实赋范线性空间,T 是由 E 的子空间 D 到 E_1 中的连续可加算子,则 T 满足齐次性,因此 T 是连续线性算子.

证 对任给的 $x\in D$,令 $f(\alpha)=T(\alpha x)$,则 f 连续且对任何实数 α_1,α_2,有

$$f(\alpha_1+\alpha_2)=f(\alpha_1)+f(\alpha_2).$$

应用第七章 §3.2 中引理的证法可以证明,对任何实数 α,有 $f(\alpha)=\alpha f(1)$,即

$$T(\alpha x)=\alpha T(x), \tag{2}$$

齐次性成立. ∎

推论 设 E,E_1 都是复赋范线性空间,T 是由 E 的子空间 D 到 E_1 中的连续可加算子,且 $T(\mathrm{i}x)=\mathrm{i}Tx$,则 T 满足齐次性,因此 T 是连续线性算子.

证 由定理 1.1,对任何实数 α 及任何 $x\in D$ 有 $T(\alpha x)=\alpha Tx$.今设 α 为复数:$\alpha=\alpha_1+\mathrm{i}\alpha_2$.由假设,有

$$\begin{aligned}T(\alpha x)&=T((\alpha_1+\mathrm{i}\alpha_2)x)=T(\alpha_1x)+T(\mathrm{i}\alpha_2x)\\&=\alpha_1Tx+\mathrm{i}T(\alpha_2x)=\alpha_1Tx+\mathrm{i}\alpha_2Tx=\alpha Tx.\end{aligned}$$ ∎

定理 1.2 设 E,E_1 都是赋范线性空间,T 是由 E 的子空间 D 到 E_1 中的线性算子,则 T 有界的充分必要条件是存在 $M>0$,使得对一切 $x\in D$,有

$$\|Tx\|\leqslant M\|x\|.$$

证 充分性 设定理的条件成立,即存在 $M>0$,使得对一切 $x\in D$,有

$$\|Tx\|\leqslant M\|x\|.$$

今设 $A \subset D$ 为任一有界集,则存在数 K,使得对一切 $x \in A$,有 $\|x\| \leqslant K$,故当 $x \in A$ 时,

$$\|Tx\| \leqslant M\|x\| \leqslant MK.$$

因此 $T(A)$ 是 E_1 中的有界集.

必要性　在 D 中取单位球面 $S = \{x: \|x\| = 1, x \in D\}$.因 S 有界,故 $T(S)$ 也有界.于是存在正数 M,使得当 $x \in S$ 时,$\|Tx\| \leqslant M$.今设 x 是 D 中任一非零元素,则 $\dfrac{x}{\|x\|} \in S$,故 $\left\|T\left(\dfrac{x}{\|x\|}\right)\right\| \leqslant M$,由 T 的齐次性可知,

$$\|Tx\| \leqslant M\|x\|. \tag{3}$$

当 $x = \theta$ 时,(3) 显然成立.因此对任何 $x \in D$,(3) 成立. ■

在很多泛函分析著作中,就是用定理 1.2 中的充分必要条件作为线性算子有界性的定义.

定理 1.3　设 E, E_1 都是赋范线性空间,T 是由 E 的子空间 D 到 E_1 中的线性算子,则下列性质等价:

(i) T 连续;

(ii) T 在原点 θ 处连续;

(iii) T 有界.

证　(i)⇒(ii).显然.

(ii)⇒(iii).因 T 在原点连续,故对 $\varepsilon = 1$,存在 $\delta > 0$,使得对任给的 $x \in D$,当 $\|x\| \leqslant \delta$ 时,有

$$\|Tx\| = \|Tx - T\theta\| \leqslant 1.$$

现设 $x \neq \theta$ 是 D 中任一元素,因 $\left\|\dfrac{\delta x}{\|x\|}\right\| \leqslant \delta$,故 $\left\|T\left(\dfrac{\delta x}{\|x\|}\right)\right\| \leqslant 1$,于是

$$\|Tx\| \leqslant \frac{1}{\delta}\|x\|.$$

由定理 1.2 可知,T 有界,(iii) 成立.

(iii)⇒(i).设 $x_n, x \in D(n = 1,2,3\cdots)$,且 $\{x_n\} \to x$. 因 T 有界,故

$$\begin{aligned}\|Tx_n - Tx\| &= \|T(x_n - x)\| \\ &\leqslant M\|x_n - x\| \to 0 \quad (n \to \infty).\end{aligned}$$

即 $\{Tx_n\} \to Tx$.(i) 成立. ■

由定理 1.3 可知,对线性算子来说,有界性、连续性以及在原点的连续性均相互等价.而且还可以证明:这三个等价条件也与 T 在 D 中任一给定的点 x_0 处的

连续性等价.这个等价性留给读者作为练习.

为了对有界线性算子进行更深入的讨论,我们将引进一个重要的量 —— 算子的范数.为了使读者对这一概念有比较清晰的认识,我们先作一些解释.设 T 为由 $D \subset E$ 到 E_1 中的有界线性算子.任取 $x_0 \in D, x_0 \neq \theta$,由 T 的齐次性,对任何不等于零的数 α,有

$$\frac{\| T(\alpha x_0) \|}{\| \alpha x_0 \|} = \frac{\| Tx_0 \|}{\| x_0 \|},$$

因此 $\dfrac{\| Tx_0 \|}{\| x_0 \|}$ 是沿 x_0 方向(或沿 $-x_0$ 的方向)的向量 αx_0 经过算子 T 作用后的伸长率.当 x_0 在 D 中变化时,相应的伸长率也随着变化,而定理 1.2 中的数 M 便是这些伸长率构成的集合的一个上界.上界当然不唯一,我们取其中一个特殊的叫做 T 的范数.具体说,有下面的定义:

定义 1.3 设 E, E_1 都是赋范线性空间,T 是由 E 的子空间 D 到 E_1 中的有界线性算子.使 $\| Tx \| \leqslant M \| x \|$ 对一切 $x \in D$ 都成立的正数 M 的下确界称为 T 的**范数**,记为 $\| T \|$.

因 M 是集合

$$\left\{ \frac{\| Tx \|}{\| x \|} : x \in D, x \neq \theta \right\}$$

的一个上界,因此算子 T 的范数 $\| T \|$ 作为所有上界 M 的下确界也是上述集合的一个上界,而且由定义可知,$\| T \|$ 是上述集合的最小上界,即上确界,亦即

$$\| T \| = \sup_{\substack{x \neq \theta \\ x \in D}} \frac{\| Tx \|}{\| x \|}.$$

由此容易导出下列结论:

(i) 对一切 $x \in D$,有 $\| Tx \| \leqslant \| T \| \, \| x \|$.

(ii) $\| T \| = \sup\limits_{\substack{\| x \| \leqslant 1 \\ x \in D}} \| Tx \| = \sup\limits_{\substack{\| x \| = 1 \\ x \in D}} \| Tx \|$.

虽然算子的范数是与有界线性算子有关的一个重要的量,但远不能期望通过它来刻画一个有界线性算子.

现在举几个实例说明如何估计有界线性算子的范数以及如何求出其范数.不过一般情形下求有界线性算子的范数是很困难的.

例 3 设(a_{ij}) $(i, j = 1, 2, \cdots, n)$ 为一给定的 $n \times n$ 方阵,a_{ij} 均为实数,由等式

$$\eta_i = \sum_{j=1}^{n} a_{ij}\xi_j \quad (i = 1,2,\cdots,n)$$

定义了一个由 $\mathbf{R}^n$ 到 $\mathbf{R}^n$ 的算子 T:$Tx = y$.它将元素 $x = (\xi_1,\xi_2,\cdots,\xi_n)$ 映成元素 $y = (\eta_1,\eta_2,\cdots,\eta_n)$.在 $\mathbf{R}^n$ 中任取两个向量 $x_k = (\xi_1^{(k)},\xi_2^{(k)},\cdots,\xi_n^{(k)})$ $(k = 1,2)$,由等式

$$\sum_{j=1}^{n} a_{ij}(\xi_j^{(1)} + \xi_j^{(2)}) = \sum_{j=1}^{n} a_{ij}\xi_j^{(1)} + \sum_{j=1}^{n} a_{ij}\xi_j^{(2)}$$

可知, T 是可加的,类似地可以证明 T 是齐次的,因此 T 是线性算子,由柯西不等式,有

$$\left(\sum_{i=1}^{n} \eta_i^2\right)^{1/2} \leqslant \left(\sum_{i,j=1}^{n} a_{ij}^2\right)^{1/2} \left(\sum_{j=1}^{n} \xi_j^2\right)^{1/2}.$$

故 T 有界,因此连续,且 $\|T\| \leqslant (\sum\limits_{i,j=1}^{n} a_{ij}^2)^{1/2}$.

例 4 我们用 $C(-\infty,\infty)$ 表示定义在 $(-\infty,\infty)$ 上有界连续函数构成的集,其中的线性运算与空间 $C[a,b]$ 的相同.在 $C(-\infty,\infty)$ 中定义范数如下:

$$\|y\| = \sup_{-\infty<t<\infty} |y(t)| \quad (y \in C(-\infty,\infty)),$$

则 $C(-\infty,\infty)$ 是一个巴拿赫空间.

今再设 $x \in L(-\infty,\infty)$, 令

$$y = Tx:\ y(s) = \int_{-\infty}^{\infty} \mathrm{e}^{-\mathrm{i}st}x(t)\,\mathrm{d}t,$$

由第五章 §3 可知,T 是定义在 $L(-\infty,\infty)$ 上而值域包含在 $C(-\infty,\infty)$ 中的线性算子. 再由

$$|(Tx)(s)| = |y(s)| \leqslant \int_{-\infty}^{\infty} |\mathrm{e}^{-\mathrm{i}st}x(t)|\,\mathrm{d}t = \int_{-\infty}^{\infty} |x(t)|\,\mathrm{d}t,$$

可知, T 有界因而连续,且 $\|T\| \leqslant 1$.

例 5 在内插理论中我们往往用拉格朗日(J. Lagrange) 公式来求已知连续函数的近似多项式.设 $x \in C[a,b]$,在 $[a,b]$ 中任取 n 个点 $a \leqslant t_1 < t_2 < \cdots < t_n \leqslant b$, 作多项式

$$l_k(t) = \frac{(t-t_1)\cdots(t-t_{k-1})(t-t_{k+1})\cdots(t-t_n)}{(t_k-t_1)\cdots(t_k-t_{k-1})(t_k-t_{k+1})\cdots(t_k-t_n)},$$

其中 $k = 1,2,\cdots,n$. 再令

$$y = L_n x:\quad y(t) = \sum_{k=1}^{n} x(t_k)l_k(t),$$

则 L_n 是由 $C[a,b]$ 到其自身的有界线性算子，且范数满足

$$\|L_n\| = \max_{a\leqslant t\leqslant b}\sum_{k=1}^{n}|l_k(t)|. \tag{4}$$

L_n 的线性是明显的.今证 L_n 有界且等式(4) 成立. 令

$$\alpha = \max_{a\leqslant t\leqslant b}\sum_{k=1}^{n}|l_k(t)|.$$

那么

$$\|L_n x\| = \max_{a\leqslant t\leqslant b}\left|\sum_{k=1}^{n}x(t_k)l_k(t)\right| \leqslant \alpha\max_{a\leqslant t\leqslant b}|x(t)| = \alpha\|x\|,$$

故

$$\|L_n\| \leqslant \alpha. \tag{5}$$

另一方面，由于 $\sum\limits_{k=1}^{n}|l_k(t)|$ 在 $[a,b]$ 上连续，故存在 $t_0\in[a,b]$ 使得

$$\alpha = \sum_{k=1}^{n}|l_k(t_0)|.$$

取 $x_0\in C[a,b]$ 满足：$\|x_0\|=1$，$x_0(t_k)=\operatorname{sgn} l_k(t_0)$ $(k=1,2,\cdots,n)$，至于 x_0 在 $[a,b]$ 中其他点处的值则可以任意，但绝对值不超过1，并保证 $x_0(t)$ 在 $[a,b]$ 上连续. 于是

$$\begin{aligned}\|L_n x_0\| &\geqslant |(L_n(x_0))(t_0)| = \left|\sum_{k=1}^{n}l_k(t_0)\operatorname{sgn} l_k(t_0)\right|\\ &= \sum_{k=1}^{n}|l_k(t_0)| = \alpha,\end{aligned}$$

故

$$\|L_n\| \geqslant \alpha. \tag{6}$$

由不等式(5)、(6)可得等式(4).

例 6 设 $K(t,s)$ 是定义在 $a\leqslant t\leqslant b, a\leqslant s\leqslant b$ 上的连续实函数. 在空间 $C[a,b]$ 上定义如下的积分算子：

$$y(t) = (Tx)(t) = \int_a^b K(t,s)x(s)\,\mathrm{d}s,$$

则 T 为 $C[a,b]$ 到其自身的有界线性算子，且范数满足

$$\|T\| = \max_{a\leqslant t\leqslant b}\int_a^b |K(t,s)|\,\mathrm{d}s. \tag{7}$$

T 显然是 $C[a,b]$ 到其自身的线性算子.今证 T 有界且等式(7) 成立.令

$$\alpha = \max_{a \leqslant t \leqslant b} \int_a^b |K(t,s)| \mathrm{d}s,$$

则

$$\begin{aligned} \|Tx\| &= \max_{a \leqslant t \leqslant b} \left| \int_a^b K(t,s)x(s)\mathrm{d}s \right| \\ &\leqslant \max_{a \leqslant t \leqslant b} |x(t)| \max_{a \leqslant t \leqslant b} \int_a^b |K(t,s)| \mathrm{d}s = \alpha \|x\|, \end{aligned}$$

故 T 有界且 $\|T\| \leqslant \alpha$.

由于$\int_a^b |K(t,s)| \mathrm{d}s$ 是 t 的连续函数,故存在 $t_0 \in [a,b]$, 使

$$\alpha = \int_a^b |K(t_0,s)| \mathrm{d}s.$$

记 $e_0 = \{s: K(t_0,s) \geqslant 0\}$,并设 $e_0 \neq \varnothing$. 作函数

$$\varphi_n(t) = \frac{1 - nd(t,e_0)}{1 + nd(t,e_0)},$$

其中 $d(t,e_0)$ 为 t 与 e_0 的距离,则 $\varphi_n(t)$ 于 $[a,b]$ 上连续,且 $|\varphi_n(t)| \leqslant 1$. 注意到 e_0 为闭集,$\varphi_n(t)$ 还有下列性质

$$\varphi_n(t) \begin{cases} = 1, & 若\ t \in e_0 \quad (对一切\ n); \\ \to -1, & 若\ t \overline{\in} e_0 \quad (当\ n \to \infty). \end{cases}$$

由勒贝格控制收敛定理,当 $n \to \infty$ 时,有

$$(T\varphi_n)(t_0) = \int_a^b K(t_0,s)\varphi_n(s)\mathrm{d}s \to \int_a^b |K(t_0,s)| \mathrm{d}s = \alpha.$$

于是

$$\begin{aligned} \alpha = \lim_{n \to \infty} |T\varphi_n(t_0)| &\leqslant \|T\varphi_n\| \\ &\leqslant \|T\| \|\varphi_n\| \leqslant \|T\|; \end{aligned}$$

若 $e_0 = \varnothing$,则用 $-K(t,s)$ 代替 $K(s,t)$ 应用上述论证,易见 $\alpha \leqslant \|T\|$ 仍成立. 因此 $\|T\| = \alpha$.

例 7 在连续函数空间 $C[0,1]$ 中讨论微分算子 $T = \dfrac{\mathrm{d}}{\mathrm{d}t}$.将在 $[0,1]$ 上连续可微函数构成的集 $C^1[0,1]$ 作为 T 的定义域,则 T 是定义在 $C^1[0,1]$ 上,并且在 $C[0,1]$ 中取值的线性算子.我们证明 T 无界.

取 $x_n(t)=\sin nt$，则 $\|x_n\|=1$，但

$$\|Tx_n\|=\left\|\frac{\mathrm{d}}{\mathrm{d}t}\sin nt\right\|=n\|\cos nt\|=n\to\infty\quad(\text{当 } n\to\infty \text{ 时}),$$

故 T 将 $C^1[0,1]$ 中的单位球面映成 $C[0,1]$ 中的无界集. T 无界.

这里将 $C^1[a,b]$ 作为 $C[a,b]$ 的子空间看待，故范数相同.

1.2 线性算子空间

在 §1.1 中我们研究了单个线性算子的性质，主要是证明了连续性与有界性等价，并引进了算子的范数.

现在我们要从更高的层次来考察有界线性算子. 如果不作特别声明，凡有界线性算子均假定它的定义域是整个空间 E. 我们将由赋范线性空间 E 到赋范线性空间 E_1 中的每一个有界线性算子看成一个元素，所有这些元素构成的集用 $\mathscr{B}(E,E_1)$ 表示. 在 $\mathscr{B}(E,E_1)$ 上可以适当地定义线性运算使它成为一个线性空间，再以这一章 §1 定义 1.3 中算子的范数作为 $\mathscr{B}(E,E_1)$ 中元素的范数，它将成为一个赋范线性空间. 这样从 E 到 E_1 中的全部有界线性算子就很好地"组织了起来"而成为一个有机的整体. 探讨这个整体的性质无疑很有意义也很有必要.

定理 1.4 设 E,E_1 都是赋范线性空间，在 $\mathscr{B}(E,E_1)$ 中定义线性运算如下：

$$(T_1+T_2)x=T_1x+T_2x,\tag{8}$$

$$(\alpha T)x=\alpha(Tx),\tag{9}$$

其中 $T_1,T_2,T\in\mathscr{B}(E,E_1)$，$\alpha$ 为数. 那么 $\mathscr{B}(E,E_1)$ 按照上述线性运算是一个线性空间. 再以算子的范数作为其范数，则 $\mathscr{B}(E,E_1)$ 是一个赋范线性空间.

证 不难看出 $\mathscr{B}(E,E_1)$ 按 (8), (9) 定义的线性运算确是线性空间. 今证它是赋范线性空间. 为此需验证范数的三个条件：

(i) $\|T\|\geqslant 0$ 是显然的. 若 $T=\theta$（零算子），显然有 $\|T\|=0$；反之，若 $\|T\|=0$，则对一切 $x\in E$，$Tx=\theta$，故 $T=\theta$；

(ii) $\|\alpha T\|=\sup\limits_{\|x\|=1}\|\alpha Tx\|=|\alpha|\sup\limits_{\|x\|=1}\|Tx\|=|\alpha|\,\|T\|$；

(iii) 三角不等式：

$$\begin{aligned}\|T_1+T_2\|&=\sup_{\|x\|=1}\|(T_1+T_2)x\|=\sup_{\|x\|=1}\|T_1x+T_2x\|\\&\leqslant\sup_{\|x\|=1}\|T_1x\|+\sup_{\|x\|=1}\|T_2x\|\\&=\|T_1\|+\|T_2\|.\end{aligned}$$

∎

今后称 $\mathscr{B}(E,E_1)$ 为**线性算子空间**. 特别地，当 $E=E_1$ 时，我们将 $\mathscr{B}(E,E)$ 简记为 $\mathscr{B}(E)$，而将任一 $T\in\mathscr{B}(E)$ 称为在 E **上的有界线性算子**.

在第七章 §1 中，我们定义了赋范线性空间中点列依范数收敛，这个收敛对

$\mathscr{B}(E,E_1)$ 无疑是适用的.但针对 $\mathscr{B}(E,E_1)$ 是线性算子空间这一特殊情形,我们引进如下的定义.

定义 1.4 设 $T,T_n \in \mathscr{B}(E,E_1)(n=1,2,3,\cdots)$.若 T_n 按照 $\mathscr{B}(E,E_1)$ 中的范数收敛于 T, 即

$$\lim_{n\to\infty} \| T_n - T \| = 0,$$

则称 $\{T_n\}$ **按算子范数收敛**于 T,或称 $\{T_n\}$ **按一致算子拓扑收敛**于 T.今后常使用后一名称.

我们之所以使用"按一致算子拓扑收敛"这一名称,原因在于下面的定理所阐明的事实.

定理 1.5 设 $T_n(n=1,2,3,\cdots)$, T 都属于 $\mathscr{B}(E,E_1)$,则 $\{T_n\}$ 按一致算子拓扑收敛于 T 的充分必要条件是 $\{T_n\}$ 在 E 中的任一有界集上一致收敛于 T.

证 必要性 设 $\lim\limits_{n\to\infty} \| T_n - T \| = 0$, $A \subset E$ 为有界集.对于 A,存在正数 K,使得当 $x \in A$ 时, $\| x \| \leqslant K$, 故

$$\| T_n x - Tx \| \leqslant \| T_n - T \| \| x \| \leqslant K \| T_n - T \|. \tag{10}$$

任给 $\varepsilon > 0$,存在 $N > 0$,使得当 $n > N$ 时, $\| T_n - T \| < \dfrac{\varepsilon}{K}$. 由(10)可知不等式

$$\| T_n x - Tx \| < \varepsilon \quad (n > N)$$

对于所有的 $x \in A$ 一致地成立,故 $\{T_n\}$ 在 A 上一致收敛于 T.

充分性 设 $\{T_n\} \subset \mathscr{B}(E,E_1)$ 在 E 中的任一有界集上一致收敛于 $T \in \mathscr{B}(E,E_1)$.取 E 中的单位球面 $S = \{x: \| x \| = 1, x \in E\}$. 根据假定,对任给的 $\varepsilon > 0$, 存在 $N > 0$,使得当 $n > N$ 时, 不等式

$$\| T_n x - Tx \| < \varepsilon$$

对于所有的 $x \in S$ 一致地成立,于是

$$\| T_n - T \| = \sup_{\| x \| = 1} \| T_n x - Tx \| \leqslant \varepsilon \quad (n > N),$$

故 $\{T_n\}$ 按一致算子拓扑收敛于 T. ∎

定理 1.5 表明,将按算子范数收敛称为按一致算子拓扑收敛是很自然的.

一般说,$\mathscr{B}(E,E_1)$ 作为赋范线性空间不一定完备,但若 E_1 完备,则有下面的定理.

定理 1.6 设 E_1 是巴拿赫空间,则 $\mathscr{B}(E,E_1)$ 也是巴拿赫空间.

证 设 $\{T_n\}$ 是 $\mathscr{B}(E,E_1)$ 中的一个基本点列,于是对任给的 $\varepsilon > 0$,存在 $N > 0$, 使当 $m,n > N$ 时,

$$\| T_n - T_m \| < \varepsilon.$$

任取 $x \in E$, 则有

$$\begin{aligned} \| T_n x - T_m x \| &\leqslant \| T_n - T_m \| \| x \| \\ &< \varepsilon \| x \| \quad (m,n > N), \end{aligned} \tag{11}$$

故 $\{T_n x\}$ 是 E_1 中的基本点列. 依假设, E_1 完备, 故 $\{T_n x\}$ 在 E_1 中收敛于某一元素, 记为 y, 于是有

$$\lim_{n\to\infty} T_n x = y. \tag{12}$$

定义算子 T: $Tx = y$. 今证明 T 是定义在 E 上而值域包含在 E_1 中的有界线性算子, 且是 $\{T_n\}$ 按一致算子拓扑收敛的极限.

T 的线性是显然的. 现证 T 的有界性, 并证 $\{T_n\}$ 按一致算子拓扑收敛于 T. 在不等式(11) 中, 令 $m \to \infty$, 并应用等式(12) 以及等式 $Tx = y$, 有

$$\| T_n x - Tx \| \leqslant \varepsilon \| x \| \quad (x \in E,\ n > N).$$

因此 $T_n - T \in \mathscr{B}(E,E_1)$, 于是 $T \in \mathscr{B}(E,E_1)$, 且

$$\| T_n - T \| \leqslant \varepsilon \quad (n > N).$$

故 $\{T_n\}$ 按一致算子拓扑收敛于 T. 由此可知, $\mathscr{B}(E,E_1)$ 中任一基本点列必有极限, $\mathscr{B}(E,E_1)$ 是巴拿赫空间. ∎

算子序列按一致算子拓扑收敛无疑是一种重要的收敛. 但它还不能涵盖分析中另一些同样很重要的收敛. 例如著名的伯恩斯坦定理中算子序列的收敛就不能涵盖在按一致算子拓扑收敛的范围内. 请看下面的例.

例 8 设 $f(\cdot)$ 是定义在 $[0,1]$ 上的连续函数, $B_n(f;t)$ 是 $f(\cdot)$ 的伯恩斯坦多项式, 即

$$B_n(f;t) = \sum_{k=0}^{n} f\left(\frac{k}{n}\right)\binom{n}{k} t^k (1-t)^{n-k}. \tag{13}$$

令 $(L_n f)(t) = B_n(f;t)$, 由(13) 容易看出 L_n 是 $C[0,1]$ 到其自身的有界线性算子. 根据伯恩斯坦定理(第五章 §2), 对任一 $f \in C[0,1]$, 当 $n \to \infty$ 时, $B_n(f;t)$ 在 $[0,1]$ 上一致收敛于 $f(t)$, 即

$$\| L_n f - If \| \to 0,$$

这里 I 表示 $C[0,1]$ 上的单位算子. 但可以证明 L_n 不按一致算子拓扑收敛于单位算子. 任意取定一个 $k_0 (0 < k_0 < n)$, 作下面的连续函数:

$$f_n(t)=\begin{cases}1, & t\in\left[0,\dfrac{k_0}{n}\right]\cup\left[\dfrac{k_0+1}{n},1\right];\\ 0, & t=\dfrac{2k_0+1}{2n};\\ \text{线性函数}, & t\in\left[\dfrac{k_0}{n},\dfrac{2k_0+1}{2n}\right]\text{或}\ t\in\left[\dfrac{2k_0+1}{2n},\dfrac{k_0+1}{n}\right].\end{cases}$$

记 $t_0=\dfrac{2k_0+1}{2n}$,则

$$\begin{aligned}\|L_nf_n-If_n\| &= \|B_n(f_n;\cdot)-f_n\|\\ &\geqslant |B_n(f_n;t_0)-f_n(t_0)|\\ &= \left|\sum_{k=0}^{n}f_n\left(\frac{k}{n}\right)\binom{n}{k}t_0^k(1-t_0)^{n-k}-f_n(t_0)\right|\\ &= \sum_{k=0}^{n}\binom{n}{k}t_0^k(1-t_0)^{n-k}=1.\end{aligned}$$

由于 $\|f_n\|=1$, 故

$$\|L_n-I\|\geqslant\|(L_n-I)f_n\|\geqslant 1.$$

这表明 L_n 不按一致算子拓扑收敛于单位算子.

例 9 在 l^p 中定义算子 T_n 如下:

$$T_nx=x_n\quad(n=1,2,3,\cdots),$$

其中 $x=\{\xi_1,\xi_2,\cdots,\xi_n,\cdots\}\in l^p$ 而 $x_n=\{\xi_n,\xi_{n+1},\cdots\}$.不难看出 T_n 是有界线性算子且 $\|T_n\|\leqslant 1$.注意到对每个 $x\in l^p$,有 $\|x_n\|\to 0\ (n\to\infty)$, 故

$$\lim_{n\to\infty}T_nx=\theta.$$

对每个 n,取

$$y_n=\{\underbrace{0,\cdots,0,1}_{n},0,\cdots\},$$

则 $T_ny_n=\{1,0,\cdots\}$, 故

$$\|T_n\|\geqslant\|T_ny_n\|=1,$$

于是 $\|T_n\|=1$.因此$\{T_n\}$不按一致算子拓扑收敛于零算子.

鉴于例 8、例 9 出现的情形,我们引入下面的

定义 1.5 设 $T,T_n\in\mathscr{B}(E,E_1)\ (n=1,2,3,\cdots)$,若对每个 $x\in E$, 有

$$\lim_{n\to\infty} \| T_n x - Tx \| = 0,$$

则称 $\{T_n\}$ **强收敛**于 T 或称 $\{T_n\}$ **按强算子拓扑收敛**于 T. 今后常用后一名称，并记为

$$\lim_{n\to\infty} T_n = T\ (\text{强}) \quad \text{或} \quad T_n \xrightarrow{\text{强}} T(n\to\infty).$$

按照定义 1.5，例 8 中的算子列 $\{L_n\}$ 按强算子拓扑收敛于单位算子 I，例 9 中的算子列 $\{T_n\}$ 按强算子拓扑收敛于零算子. 显然，任何一个算子列若按一致算子拓扑收敛于某一算子，则必按强算子拓扑收敛于同一算子. 反之，则不然.

这一章 §3 中将进一步讨论与按强算子拓扑收敛有关的重要事项.

1.3 算子的乘法

关于映射的乘法，在第六章 §6 中讨论不动点定理时已作了介绍. 这里就有界线性算子的情形再作更加详细的讨论.

设 E, E_1, E_2 都是赋范线性空间. 对 $T_1 \in \mathscr{B}(E, E_1)$, $T_2 \in \mathscr{B}(E_1, E_2)$，我们规定 T_1 与 T_2 的**算子乘积** T_2T_1 如下：

$$(T_2T_1)x = T_2(T_1x) \quad (x \in E).$$

显然 T_2T_1 是定义在 E 上而值域包含在 E_2 中的线性算子.

有界线性算子的乘法具有下列性质：

(i) 结合律：

$$(T_3T_2)T_1 = T_3(T_2T_1);\ (\alpha T_2)T_1 = \alpha(T_2T_1);\ T_2(\alpha T_1) = \alpha(T_2T_1),$$

这里 $T_1 \in \mathscr{B}(E, E_1)$, $T_2 \in \mathscr{B}(E_1, E_2)$, $T_3 \in \mathscr{B}(E_2, E_3)$, E_3 也是赋范线性空间；

(ii) 分配律：

$$T_3(T_1 + T_2) = T_3T_1 + T_3T_2,$$

这里 $T_1, T_2 \in \mathscr{B}(E, E_1)$, $T_3 \in \mathscr{B}(E_1, E_2)$；

$$(T_2 + T_3)T_1 = T_2T_1 + T_3T_1,$$

这里 $T_1 \in \mathscr{B}(E, E_1)$, $T_2, T_3 \in \mathscr{B}(E_1, E_2)$；

(iii) $T_2T_1 \in \mathscr{B}(E, E_2)$，且 $\| T_2T_1 \| \leqslant \| T_2 \| \| T_1 \|$，这里 $T_1 \in \mathscr{B}(E, E_1)$, $T_2 \in \mathscr{B}(E_1, E_2)$.

证 性质(i)、(ii) 都比较明显. 现在证明性质(iii). 任取 $x \in E$，则

$$\begin{aligned} \| T_2T_1x \| &= \| T_2(T_1x) \| \\ &\leqslant \| T_2 \| \| T_1x \| \leqslant \| T_2 \| \| T_1 \| \| x \|. \end{aligned}$$

由算子范数的定义,有 $\|T_2T_1\| \leqslant \|T_2\|\|T_1\|$. ∎

现在考察有界线性算子均属于 $\mathscr{B}(E)$ 的情形. 显然上面的性质(i)—(iii)均成立. 而且 T_1T_2 及 T_2T_1 都有意义. 但是与实(或复)数的相乘不同, T_1, T_2 相乘一般不服从交换律,即等式 $T_1T_2 = T_2T_1$ 未必成立. 如果等号成立,则称 T_1, T_2 **可交换**.

在第六章 §6 中,我们已经引进了记号 T^n. 今后对于 $T \in \mathscr{B}(E)$,我们沿用这一记号,即 T^n 表示 n 个 T 相乘而 T^0 则表示单位算子 I.

下面的实例说明有界线性算子相乘确实不一定服从交换律.

例 10 在 $C[0,1]$ 中考察下面两个算子:

$$(T_1x)(t) = \int_0^t x(s)\,\mathrm{d}s,\ (T_2x)(t) = tx(t)\quad (x \in C[0,1]),$$

这里 T_1 是第六章 §6 中介绍过的沃尔泰拉积分算子的一个特殊情形,我们仍称它为沃尔泰拉积分算子,而称 T_2 为乘法算子.

显然 T_1, T_2 都是从 $C[0,1]$ 到其自身的有界线性算子. 易见

$$(T_2T_1x)(t) = t\int_0^t x(s)\,\mathrm{d}s,\quad (T_1T_2x)(t) = \int_0^t sx(s)\,\mathrm{d}s,$$

若取 $x_0(t) = 1\ (t \in [0,1])$, 则

$$(T_2T_1x_0)(t) = t^2,\quad (T_1T_2x_0)(t) = \frac{t^2}{2},$$

因此 $T_1T_2x_0 \neq T_2T_1x_0$, 故 $T_1T_2 \neq T_2T_1$.

现在继续考察 $\mathscr{B}(E)$. 首先, $\mathscr{B}(E)$ 中定义了线性运算,其次还定义了乘法运算. 通常将这两类运算统称为代数运算. 而且乘法满足结合律,乘法对于加法满足分配律.

一般地,设 $\mathscr{E}$ 是一个非空集合,且在 $\mathscr{E}$ 中定义了代数运算,即定义了线性运算与乘法运算. 此外还定义了范数. 如果乘法满足结合律,对其中任意元素 T_1, T_2,有 $\|T_1T_2\| \leqslant \|T_1\|\|T_2\|$,乘法对于加法满足分配律,而且范数的三个条件也满足,则称 $\mathscr{E}$ 为**赋范代数**. 若 $\mathscr{E}$ 完备,则称 $\mathscr{E}$ 为**巴拿赫代数**. 由此可知,对于赋范线性空间 E, $\mathscr{B}(E)$ 为赋范代数;若 E 完备,则 $\mathscr{B}(E)$ 为巴拿赫代数. 关于赋范代数及巴拿赫代数,由于已超出本书范围,就简单地介绍到这里.

在这一节中,我们引进了线性算子及有界线性算子等,希望读者注意:

(i) 有界线性算子是一类特殊的但又比较重要的线性算子,它有不少有用的性质,如:一个线性算子如果在一点连续,那么它在整个定义域上连续,且有界性与连续性等价,等等.

(ii) 与有界线性算子有密切关系的第一个重要的量是它的范数. 与有界线性算子有密切关系的运算是有界线性算子的线性运算. 在特殊情况下还有乘法运算.

(iii) 将由赋范线性空间 E 到赋范线性空间 E_1 的每一个有界线性算子看成一个元素,再在所有这些元素构成的集合 $\mathscr{B}(E,E_1)$ 中定义范数(即算子的范数)及线性运算(即算子的线性运算),则 $\mathscr{B}(E,E_1)$ 成为一个赋范线性空间. 这样,我们就可以从更高的层次上来研究有界线性算子.

(iv) 由于 $\mathscr{B}(E,E_1)$ 是一个赋范线性空间,因此一般的赋范线性空间中点列的收敛对于 $\mathscr{B}(E,E_1)$ 来说是适用的,于是得到按一致算子拓扑收敛. 此外,还有与此本质上不同的收敛,即按强算子拓扑收敛. 读者应完全理解两者的区别.

§2　巴拿赫开映射定理 · 闭图像定理

从这一节开始,我们将陆续研究巴拿赫空间及赋范线性空间中有关有界线性算子的几条基本定理. 我们的研究从巴拿赫开映射定理开始.

2.1　巴拿赫开映射定理

定理 2.1 (开映射定理)　设有界线性算子 T 将巴拿赫空间 E 映射成巴拿赫空间 E_1 中某个第二类型的集 F,则下列结论成立:

(i) $F=E_1$,即算子 T 的值域是整个空间 E_1;

(ii) 存在正数 K,使得对一切 $y\in E_1$,存在 E 中的元素 x 使得

$$Tx=y \quad 且 \quad \|x\|\leqslant K\|Tx\|. \tag{1}$$

证　为清楚起见,将证明分成四步.

(i) 令 $O_n=\{x:\|x\|\leqslant n, x\in E\}$ $(n=1,2,3,\cdots)$, $M_n=T(O_n)$, 即 M_n 为 O_n 的像. 因 $E=\bigcup\limits_{n=1}^{\infty}O_n$, 故 $F=\bigcup\limits_{n=1}^{\infty}M_n$. 由于 F 是第二类型的集,故存在 n_0,使得 M_{n_0} 不是稀疏集. 于是有 E_1 中的闭球

$$Q(y_0,r_0)=\{y:\|y-y_0\|\leqslant r_0\}$$

使得 M_{n_0} 在 $Q(y_0,r_0)$ 中稠密.

(ii) 令 $\delta_0=\dfrac{r_0}{n_0}$, 我们证明 $M_1=T(O_1)$ 在 E_1 中的闭球 $Q_{\delta_0}=Q(\theta,\delta_0)=\{y:\|y\|\leqslant\delta_0\}$ 中稠密. 任取 $y\in Q_{\delta_0}$, 则 y_0+n_0y, y_0-n_0y 都属于 $Q(y_0,r_0)$, 故存在 O_{n_0} 中的点列 $\{x_k\}$ 与 $\{x'_k\}$ $(k=1,2,3,\cdots)$, 使得

$$\lim_{k\to\infty}Tx_k = y_0 + n_0 y;\quad \lim_{k\to\infty}Tx'_k = y_0 - n_0 y.$$

于是

$$\lim_{k\to\infty}T(x_k - x'_k) = 2n_0 y,$$

即

$$\lim_{k\to\infty}T\left(\frac{x_k - x'_k}{2n_0}\right) = y.$$

因 $\dfrac{x_k - x'_k}{2n_0}$ 显然属于 O_1，故 $T\left(\dfrac{x_k - x'_k}{2n_0}\right)$ 属于 M_1，$k=1,2,\cdots$. 因此 M_1 在 Q_{δ_0} 中稠密.

(iii) 用 $O_{1/2^n}$ 表示 E 中的闭球 $\left\{x:\|x\| \leqslant \dfrac{1}{2^n}\right\}$；用 $Q_{\delta_0/2^n}$ 表示 E_1 中的闭球 $\left\{y:\|y\| \leqslant \dfrac{\delta_0}{2^n}\right\}$ $(n=1,2,3,\cdots)$. 由第二步得到的结果不难看出，对每个 n，$T(O_{1/2^n})$ 在 $Q_{\delta_0/2^n}$ 中稠密.

现在证明 M_1 包含 $Q_{\delta_0/2}$. 任取 $y \in Q_{\delta_0/2}$，由于 $T(O_{1/2})$ 在 $Q_{\delta_0/2}$ 中稠密，故存在 $x_1 \in O_{1/2}$，使得

$$\|y - Tx_1\| \leqslant \frac{\delta_0}{2^2}.$$

以上的不等式表明 $y - Tx_1 \in Q_{\delta_0/2^2}$. 又因 $T(O_{1/2^2})$ 在 $Q_{\delta_0/2^2}$ 中稠密，故存在 $x_2 \in O_{1/2^2}$，使得

$$\|y - Tx_1 - Tx_2\| \leqslant \frac{\delta_0}{2^3},$$

即

$$\|y - T(x_1 + x_2)\| \leqslant \frac{\delta_0}{2^3}.$$

用归纳法可以证明：存在点列 $\{x_n\} \subset E$ $(n=1,2,3,\cdots)$，使得 $x_n \in O_{1/2^n}$，且

$$\|y - T(x_1 + x_2 + \cdots + x_n)\| \leqslant \frac{\delta_0}{2^{n+1}}. \tag{2}$$

由于 $\|x_n\| \leqslant \dfrac{1}{2^n}$，且 E 是巴拿赫空间，故级数 $\sum\limits_{n=1}^{\infty}x_n$ 在 E 中收敛. 令 $x = \sum\limits_{n=1}^{\infty}x_n$，则

$$\|x\| \leqslant \sum_{n=1}^{\infty} \|x_n\| \leqslant \sum_{n=1}^{\infty} \frac{1}{2^n} = 1,$$

即 $x \in O_1$.在不等式(2)中令 $n \to \infty$,由 T 的连续性,有 $y = Tx$.故 $M_1(=T(O_1))$ 包含 $Q_{\delta_0/2}$.

(iv) 最后证明定理.任取 $y \in E_1, y \neq \theta$,则 $y' = \frac{\delta_0}{2} \frac{y}{\|y\|} \in Q_{\delta_0/2}$.于是存在 $x' \in O_1$ 使 $Tx' = y'$.令 $x = \frac{2\|y\|}{\delta_0} x'$,则

$$Tx = y, \tag{3}$$

且

$$\|x\| = \frac{2\|y\| \|x'\|}{\delta_0} \leqslant \frac{2}{\delta_0}\|y\| = \frac{2}{\delta_0}\|Tx\|. \tag{4}$$

由(3)可知, $F = E_1$,定理的结论(i)成立.令 $K = \frac{2}{\delta_0}$,于是

$$\|x\| \leqslant K\|Tx\|,$$

定理的结论(ii)成立. ■

推论1 设 T 满足定理2.1的条件,则 T 将 E 中的任何开集映成 E_1 中的开集.

证 由定理的第三步证明可知,$T(O_1) \supset Q_{\delta_0/2}$.故对任给的 n,$T(O_{1/2^n}) \supset Q_{\delta_0/2^{n+1}}$.现设 $G \subset E$ 是开集,任取 $y \in T(G)$,则存在 $x \in G$,使得 $Tx = y$.因 x 是 G 的内点,故存在 n 使 $x + O_{1/2^n} \subset G$,于是 $Tx + T(O_{1/2^n}) \subset T(G)$,即 $y + T(O_{1/2^n}) \subset T(G)$. 注意到 $Q_{\delta_0/2^{n+1}} \subset T(O_{1/2^n})$,因此

$$y + Q_{\delta_0/2^{n+1}} \subset T(G). \tag{5}$$

关系(5)表明,y 是 $T(G)$ 的内点,故 $T(G)$ 是开集. ■

推论2 设有界线性算子 T 将巴拿赫空间 E 映入巴拿赫空间 E_1,则 T 的值域或者是 E_1 或者是 E_1 中第一类型的集,二者必居其一.

正是由于推论1中 T 将开集映成开集这一结论,我们常将定理2.1称为开映射定理.

在第六章 §2 中,我们引进了逆映射.将这一定义用于线性算子 T,便得到逆算子.设 T 是由赋范线性空间 E 到赋范线性空间 E_1 中的线性算子,如果 T 是双映射,则 T 的逆映射 T^{-1} 存在,称 T^{-1} 为 T 的**逆算子**.当 T 的逆算子存在时,称 T 是**可**

逆的.下面的定理给出了 T 有有界逆算子的一个重要条件.

定理 2.2(逆算子定理) 设有界线性算子 T 将巴拿赫空间 E 映成巴拿赫空间 E_1 中的某个第二类型的集而且 T 是单映射,则 T 存在有界逆算子.

证 由定理2.1,T的值域是E_1,再由假设,T是单映射,故T的逆算子T^{-1}存在.记 $x=T^{-1}y$.由不等式(1),有

$$\|T^{-1}y\| = \|x\| \leqslant K\|Tx\| = K\|y\|.$$

故 T^{-1} 有界. ∎

利用定理 2.2 可证明关于范数等价的一个命题.为此先介绍范数等价的含义.

设 E 为线性空间,$\|\cdot\|_1, \|\cdot\|_2$ 是定义在 E 上的两个范数,E 按照这两个范数均为赋范线性空间.若存在正数 K_1, K_2,使不等式

$$K_1\|x\|_1 \leqslant \|x\|_2 \leqslant K_2\|x\|_1 \tag{6}$$

对一切 $x\in E$ 成立,则称范数 $\|\cdot\|_1$ 与 $\|\cdot\|_2$ **等价**.

E 赋以范数 $\|\cdot\|_1, \|\cdot\|_2$ 后所得到的赋范线性空间分别记为

$$(E,\|\cdot\|_1),(E,\|\cdot\|_2).$$

容易看出,当 $\|\cdot\|_1, \|\cdot\|_2$ 等价时,$(E,\|\cdot\|_1),(E,\|\cdot\|_2)$ 拓扑同构.反之亦然.

推论 设$(E,\|\cdot\|_1),(E,\|\cdot\|_2)$ 均为巴拿赫空间,若存在正数K使得对一切 $x\in E$,有

$$\|x\|_2 \leqslant K\|x\|_1, \tag{7}$$

则 $\|\cdot\|_1$ 与 $\|\cdot\|_2$ 等价,因此$(E,\|\cdot\|_1)$ 与$(E,\|\cdot\|_2)$ 拓扑同构.

证 令I是E上的单位算子,则I可以看成是由巴拿赫空间$(E,\|\cdot\|_1)$到巴拿赫空间$(E,\|\cdot\|_2)$ 上的算子.I 显然是双映射.由不等式(7) 可知,I 还是有界的.由定理 2.2,I 的逆算子 I^{-1} 也有界.由此可知,$\|\cdot\|_1, \|\cdot\|_2$ 等价. ∎

2.2 闭图像定理

数学分析中一元函数 $y=f(x)$ 的图像是平面上的一条曲线,这条曲线由平面上的点$(x,f(x))$ 组成.对一般的线性算子也可以引入图像的含义.

设 E,E_1 都是赋范线性空间.作 E,E_1 的直接和 $E\oplus E_1$,并在 $E\oplus E_1$ 中定义范数:

$$\|(x,y)\| = \|x\| + \|y\| \quad ((x,y)\in E\oplus E_1). \tag{8}$$

第七章 §1 中已经指出,$E\oplus E_1$ 按照范数(8) 是一个赋范线性空间.

定义 2.1 今设 T 是定义在 E 的子空间 D 上且值域包含在 E_1 中的线性算

子，$E \oplus E_1$ 中所有形如

$$(x, Tx) \quad (x \in D)$$

的元素构成的集$\{(x, Tx)\}$称为 T 的**图像**，记为 G_T.

容易看出，对任何线性算子 T，G_T 是 $E \oplus E_1$ 的一个子空间，显然 G_T 在 $E \oplus E_1$ 中可以是闭的也可以是非闭的. 如果 T 的图像 G_T 是 $E \oplus E_1$ 的闭子空间，则称 T 为**闭线性算子**或简称**闭算子**.

值得注意的是，由于一般的线性算子不一定有界，图像就成为研究这类算子的重要工具.

下面的定理为线性算子成为闭算子提供了一个易于检验的等价条件.

定理 2.3 设 E, E_1 都是赋范线性空间，T 是由 E 的子空间 D 到 E_1 中的线性算子，则 T 为闭算子的充分必要条件是：对任意的$\{x_n\} \subset D\ (n = 1, 2, 3, \cdots)$，若$\{x_n\}$，$\{Tx_n\}$ 分别在 E, E_1 中收敛于 x, y，则 $x \in D$ 且 $Tx = y$.

证 充分性 任取$(x, y) \in \overline{G}_T$，则存在$\{x_n\} \subset D\ (n = 1, 2, 3, \cdots)$，使

$$\{(x_n, Tx_n)\} \to (x, y),$$

于是 $\{x_n\} \to x$，$\{Tx_n\} \to y$. 由假设可知，$x \in D$，$Tx = y$，故$(x, y) = (x, Tx) \in G_T$，因此 $G_T = \overline{G}_T$，T 为闭算子.

必要性 设$\{x_n\} \subset D\ (n = 1, 2, 3, \cdots)$，且$\{x_n\} \to x$，$\{Tx_n\} \to y$，这里 $x \in E$，$y \in E_1$. 于是

$$\{(x_n, Tx_n)\} \to (x, y).$$

由于 G_T 为 $E \oplus E_1$ 中的闭集，故$(x, y) \in G_T$，因此 $x \in D$，且 $Tx = y$. ■

对于一个给定的线性算子，现在已有连续性、有界性及闭性. 因连续性与有界性等价，故本质上只有两个：有界性与闭性. 有界性与闭性既有区别又有联系. 有界线性算子不一定是闭算子，闭算子也不一定有界. 因此我们要问：有界线性算子何时是闭的？闭算子何时是有界的？

应用定理 2.3 可以证明：由赋范线性空间 E 的子空间 D 到赋范线性空间 E_1 中的有界线性算子是闭算子的充分必要条件是其定义域 D 为 E 的闭子空间. 由于证明很简单，留给读者作为练习.

下面的定理 2.4 则回答了第二个问题，即闭算子何时是有界的.

定理 2.4（闭图像定理） 设 T 是由巴拿赫空间 E 到巴拿赫空间 E_1 中的线性算子. 则 T 有界的充分必要条件是 T 为闭算子.

证 充分性 设 T 是闭算子. 因 E, E_1 都是巴拿赫空间，于是 $E \oplus E_1$ 也是巴拿赫空间，其中的范数由等式(8)定义. 由于 G_T 是$E \oplus E_1$ 的闭子空间，故 G_T 也

是巴拿赫空间.现在定义由 G_T 到 E 的算子 $\widetilde{T}$:

$$\widetilde{T}(x,Tx)=x.$$

首先证明,$\widetilde{T}$ 是 G_T 到 E 上双映射.$\widetilde{T}$ 显然是线性的且为满映射.今设 $\widetilde{T}(x,Tx)=\theta$.由定义可知,$x=\theta$,于是 $Tx=\theta$,故 $(x,Tx)=(\theta,\theta)$.这表明 $\widetilde{T}$ 是单映射.

再由

$$\|\widetilde{T}\{(x,Tx)\}\|=\|x\|\leqslant\|x\|+\|Tx\|=\|(x,Tx)\|$$

可知,$\widetilde{T}$ 有界.由定理 2.2,$\widetilde{T}$ 有有界的逆算子 $\widetilde{T}^{-1}$.于是对任一 $x\in E$, 由

$$(x,Tx)=\widetilde{T}^{-1}x,$$

有

$$\|(x,Tx)\|\leqslant\|\widetilde{T}^{-1}\|\,\|x\|,$$

因此更有

$$\|Tx\|\leqslant\|\widetilde{T}^{-1}\|\,\|x\|,$$

T 有界.

必要性　设 T 有界.任取 $(x,y)\in\overline{G}_T$.则存在 $(x_n,Tx_n)\in G_T,n=1,2,\cdots$,使得

$$(x_n,Tx_n)\to(x,y)\quad(\text{当 }n\to\infty),$$

于是

$$x_n\to x,\quad Tx_n\to y.$$

因 T 有界,故 $Tx_n\to Tx$,于是 $y=Tx$.由此可知,$(x,y)\in G_T$.这表明 G_T 闭,即 T 为闭算子. ▌

定理 2.4 相当重要,因为它将判断定义在巴拿赫空间上的线性算子是否有界转化为判断该算子是否为闭的.这在不少情况下很方便,但如果闭算子的定义域仅仅是巴拿赫空间的一个子空间,则它不一定有界.试观察下面的实例.

例 1　考察微分算子 $T=\dfrac{\mathrm{d}}{\mathrm{d}t}$.它的定义域是 $C[a,b]$ 中具有连续导数的函数构成的集 $C^1[a,b]$,而值域含在 $C[a,b]$ 中.现在应用定理2.3证明 T 是闭算子.设 $\{x_n\}\subset C^1[a,b]$ 且在 $C[a,b]$ 中 $\{x_n\}\to x,\{Tx_n\}\to y$ 同时成立.第二个极限实际上是指导函数列 $\{x'_n\}\to y\ (n\to\infty)$,即函数列 $\{x_n(t)\}$ 以及导函数列 $\{x'_n(t)\}$ 分别一致收敛于 $x(t)$ 及 $y(t)$. 由数学分析可知,$x(t)$ 具有连续导数 $x'(t)$ 且 $x'(t)=y(t)$. 因此 $x\in C^1[a,b]$ 且 $Tx=y$,由定理2.3可知,T 是闭算子.但前面已

经证明 T 无界.因此 T 是无界闭算子.

§3 共鸣定理及其应用

3.1 共鸣定理

早在泛函分析形成一门独立的学科之前,对古典分析很多方面的研究中,都发现与一条一般的定理有密切关系.在1927年终于提出了这条定理,即著名的共鸣定理.

定义 3.1 设 E 为线性空间,p 为定义在 E 上的**泛函**,如果对任意的 $x,y\in E$,有

$$p(x+y)\leqslant p(x)+p(y),$$

则称 p 为**次可加的**,如果对任意的实数 $\alpha\geqslant 0$ 以及任意的 $x\in E$,有

$$p(\alpha x)=\alpha p(x),$$

则称 p 为**正齐次的**.

定理 3.1(共鸣定理) 设 $\{T_\alpha\}$ $(\alpha\in\mathscr{A})$ 是定义在巴拿赫空间 E 上而值域包含在赋范线性空间 E_1 中的有界线性算子族,如果对每个 $x\in E$,有

$$\sup_{\alpha\in\mathscr{A}}\{\|T_\alpha x\|\}<\infty,\tag{1}$$

则 $\{\|T_\alpha\|\}$ $(\alpha\in\mathscr{A})$ 有界,或者说,$\{T_\alpha\}$ $(\alpha\in\mathscr{A})$ 一致有界.

证 令

$$p(x)=\sup_{\alpha\in\mathscr{A}}\{\|T_\alpha x\|\}.\tag{2}$$

由 (1) 可知,p 在整个空间 E 上处处取有限值,且具有下列性质:

(i) 对任何数 α,$p(\alpha x)=|\alpha|p(x)$.特别地,p 是正齐次的;

(ii) p 是次可加的.

性质(i) 显然.现在证性质(ii).由

$$p(x+y)=\sup_{\alpha\in\mathscr{A}}\{\|T_\alpha(x+y)\|\}\leqslant\sup_{\alpha\in\mathscr{A}}\{\|T_\alpha x\|+\|T_\alpha y\|\}$$

$$\leqslant\sup_{\alpha\in\mathscr{A}}\{\|T_\alpha x\|\}+\sup_{\alpha\in\mathscr{A}}\{\|T_\alpha y\|\}=p(x)+p(y)$$

可知,性质(ii) 成立.因此 p 是定义在 E 上的次可加正齐次泛函.现在进一步证明 p 还具有下列性质:

(iii) 对任何实数 $k>0$,$\{x:p(x)\leqslant k\}$ 是 E 中的闭集.

我们先证明下面的等式:

$$\{x:p(x)\leqslant k\}=\bigcap_{\alpha\in\mathscr{A}}\{x:\|T_\alpha x\|\leqslant k\}.\tag{3}$$

由定义(2)可知,对任一 $x \in E$ 及任一 $\alpha \in \mathscr{A}$,有

$$p(x) \geqslant \| T_\alpha x \|.$$

因此 当 x 满足不等式 $p(x) \leqslant k$ 时,对一切 $\alpha \in \mathscr{A}$,有 $\| T_\alpha x \| \leqslant k$,故

$$\{x: p(x) \leqslant k\} \subset \{x: \| T_\alpha x \| \leqslant k\}$$

对 一切 $\alpha \in \mathscr{A}$ 成立. 于是

$$\{x: p(x) \leqslant k\} \subset \bigcap_{\alpha \in \mathscr{A}} \{x: \| T_\alpha x \| \leqslant k\}.$$

反之,设对一切 $\alpha \in \mathscr{A}$,有 $\| T_\alpha x \| \leqslant k$,由(2)可知,$p(x) \leqslant k$,因此

$$\{x: p(x) \leqslant k\} \supset \bigcap_{\alpha \in \mathscr{A}} \{x: \| T_\alpha x \| \leqslant k\}.$$

以上两个包含关系表明等式(3)成立.因为每个 T_α 连续,故$\{x: \| T_\alpha x \| \leqslant k\}$是 E 中的闭集,作为它们的交,$\{x: p(x) \leqslant k\}$也是 E 中的闭集,性质(iii)成立.

记 $M_k = \{x: p(x) \leqslant k\}$,这里 k 为自然数.由于 p 处处取有限值,故 $E = \bigcup\limits_{k=1}^{\infty} M_k$.由第六章 §3.2 定理3.4,$E$ 是第二类型的集,故$\{M_k\}$中必有某个集,譬如说,M_{k_0} 在 E 中的某个闭球 $Q(x_0, r_0) = \{x: \| x - x_0 \| \leqslant r_0\}$ 中稠密.又因 M_{k_0} 是闭集,故 $M_{k_0} \supset Q(x_0, r_0)$.

任取 $x \in E, x \neq \theta$,则 $x_0 + \dfrac{r_0 x}{\| x \|}, x_0 - \dfrac{r_0 x}{\| x \|}$ 均属于 $Q(x_0, r_0)$,因此更属于 M_{k_0},所以

$$p\left(x_0 + \frac{r_0 x}{\| x \|}\right) \leqslant k_0,\ p\left(x_0 - \frac{r_0 x}{\| x \|}\right) \leqslant k_0.$$

由性质(i),$p\left(x_0 - \dfrac{r_0 x}{\| x \|}\right) = p\left(\dfrac{r_0 x}{\| x \|} - x_0\right)$. 再由性质(ii),

$$\begin{aligned} p\left(\frac{2 r_0 x}{\| x \|}\right) &= p\left(\frac{r_0 x}{\| x \|} + x_0 + \frac{r_0 x}{\| x \|} - x_0\right) \\ &\leqslant p\left(\frac{r_0 x}{\| x \|} + x_0\right) + p\left(\frac{r_0 x}{\| x \|} - x_0\right) \leqslant 2 k_0. \end{aligned}$$

从而由性质(i),有

$$p(x) \leqslant \frac{k_0}{r_0} \| x \| \quad (x \in E).$$

因此对一切 $\alpha \in \mathscr{A}$,

$$\| T_\alpha x \| \leqslant \frac{k_0}{r_0} \| x \| \quad (x \in E).$$

故 $\| T_\alpha \| \leqslant \frac{k_0}{r_0}$,$\{ \| T_\alpha \| \}$ 为有界集. ∎

共鸣定理告诉我们,若$\{T_\alpha x\}$ $(\alpha \in \mathscr{A})$ 对每个 $x \in E$ 有界,则与此"共鸣",可以导出$\{T_\alpha\}$ $(\alpha \in \mathscr{A})$ 一致有界,因此共鸣定理又称为**一致有界原理**(或称为巴拿赫 - 斯坦因豪斯(H. Steinhaus) 定理).

现在可以进一步研究算子列按强算子拓扑收敛的性质.首先回顾一下 §1 中关于算子列按强算子拓扑收敛的含义.设 $T, T_n \in \mathscr{B}(E,E_1)$ $(n = 1,2,3,\cdots)$,若对每个 $x \in E$, 有

$$\lim_{n \to \infty} \| T_n x - Tx \| = 0,$$

则称 $\{T_n\}$ 按强算子拓扑收敛于 T.按强算子拓扑收敛的主要问题是:

(i) 按强算子拓扑收敛的算子列是否一致有界?

(ii) 算子列满足什么条件便按强算子拓扑收敛?

(iii) $\mathscr{B}(E,E_1)$ 关于算子列按强算子拓扑收敛是否完备? 也就是说,若对每个 $x \in E$,$\{T_n x\}$ 是 E_1 中的基本点列,是否存在 $T \in \mathscr{B}(E,E_1)$,使得$\{T_n\}$ 按强算子拓扑收敛于 T?

先回答第一个及第二个问题.

定理 3.2 设$\{T_n\}$ $(n = 1,2,3,\cdots)$ 是由巴拿赫空间 E 到巴拿赫空间 E_1 中的有界线性算子列,则$\{T_n\}$ 按强算子拓扑收敛于某一算子 $T \in \mathscr{B}(E,E_1)$ 的充分必要条件是:

(i) $\{T_n\}$ $(n = 1,2,3,\cdots)$ 一致有界;

(ii) 存在 E 的某个稠密子集 G,使得对一切 $x \in G$,$\{T_n x\}$ 在 E_1 中收敛.

当(i),(ii) 满足时,$\{T_n\}$ 的极限算子 T 的范数满足:

$$\| T \| \leqslant \varliminf_{n \to \infty} \| T_n \|. \tag{4}$$

证 必要性 设 $\{T_n\}$ 按强算子拓扑收敛于算子 T, 则对每个 $x \in E$,$\{T_n x\}$ 有界,由定理 3.1,$\{T_n\}$ 一致有界,故(i) 成立.至于(ii),只需取 $G = E$ 便知道它也成立.

充分性 因$\{T_n\}$ 一致有界, 故存在 $M > 0$, 使得对一切 $n = 1,2,\cdots$, 有 $\| T_n \| \leqslant M$.任取 $x \in E$.由于 G 在 E 中稠密,对于任给的 $\varepsilon > 0$,存在 $y \in G$, 使得

$$\| x - y \| < \frac{\varepsilon}{3M}.$$

由条件(ii),$\{T_n y\}$ 在 E_1 中收敛,故存在 $N>0$,使得对一切 $n>N$ 以及任意的自然数 k,有

$$\| T_{n+k}y - T_n y \| < \frac{\varepsilon}{3}.$$

于是

$$\begin{aligned}\| T_{n+k}x - T_n x \| &\leqslant \| T_{n+k}x - T_{n+k}y \| + \| T_{n+k}y - T_n y \| + \| T_n y - T_n x \| \\ &< M \cdot \frac{\varepsilon}{3M} + \frac{\varepsilon}{3} + M \cdot \frac{\varepsilon}{3M} = \varepsilon.\end{aligned}$$

故 $\{T_n x\}$ 是 E_1 中的基本点列.由于 E_1 完备,故$\{T_n x\}$ 在 E_1 中收敛. 记

$$Tx = \lim_{n\to\infty} T_n x \quad (x \in E),$$

则 T 在 E 上有定义.由于每个 T_n 都是由 E 到 E_1 中的线性算子,故 T 也是由 E 到 E_1 中的线性算子. 再由

$$\begin{aligned}\| Tx \| &= \lim_{n\to\infty} \| T_n x \| = \underline{\lim_{n\to\infty}} \| T_n x \| \\ &\leqslant \underline{\lim_{n\to\infty}} (\| T_n \| \, \| x \|) = (\underline{\lim_{n\to\infty}} \| T_n \|) \| x \|\end{aligned}$$

可知,T 有界,且

$$\| T \| \leqslant \underline{\lim_{n\to\infty}} \| T_n \|.$$

(4)成立. 根据定义,$\{T_n\}$ 按强算子拓扑收敛于 T,且 $T \in \mathscr{B}(E,E_1)$. ∎

注 定理 3.2 的证明过程中充分性部分没有用到共鸣定理,因而对充分性部分只需假定 E 是赋范线性空间.

在这一章 §1.2 中,我们曾经证明,当 E_1 完备时,线性算子空间 $\mathscr{B}(E,E_1)$ 关于算子列按一致算子拓扑收敛是完备的. 现在则证明当 E,E_1 都完备时,$\mathscr{B}(E,E_1)$ 关于算子列按强算子拓扑收敛也完备.因此回答了关于算子列按强算子拓扑收敛的第三个问题.现将它写成如下的定理.

定理 3.3 设 E,E_1 都是巴拿赫空间,则 $\mathscr{B}(E,E_1)$ 关于算子列按强算子拓扑收敛是完备的.

证 设 $\{T_n\}_{n\in\mathbf{N}} \subset \mathscr{B}(E,E_1)$ 是有界线性算子列, 且设对每个 $x \in E$, $\{T_n x\}$ 是 E_1 中的基本点列,于是$\{T_n x\}$ 有界.由共鸣定理可知,$\{T_n\}$ 一致有界.另

一方面,由于 E_1 完备,故 $\{T_n x\}$ 在 E_1 中收敛,由定理3.2可知,$\{T_n\}$ 按强算子拓扑收敛于某个有界线性算子 $T \in \mathscr{B}(E, E_1)$. ∎

我们应当注意,在共鸣定理、定理3.2及定理3.3中,关于空间 E, E_1 的假定彼此不同.在共鸣定理中,需假定 E 是巴拿赫空间,在定理3.2的充分性部分中,需假定 E_1 是巴拿赫空间,而在必要性部分中,则需假定 E 是巴拿赫空间.在定理3.3中,则需假定 E, E_1 都是巴拿赫空间.

*3.2 共鸣定理的应用

我们介绍几个实例作为共鸣定理的应用.

例1 傅里叶级数的发散问题 令 $C_{2\pi}$ 为定义在实轴上,且以 2π 为周期的实连续函数构成的集.在 $C_{2\pi}$ 中定义范数如下:

$$\|x\| = \max_{-\infty < t < +\infty} |x(t)| \quad (x \in C_{2\pi}),$$

则 $C_{2\pi}$ 是一个巴拿赫空间.

设 $x \in C_{2\pi}$ 的傅里叶级数是

$$x(t) \sim \frac{1}{2}a_0 + \sum_{k=1}^{\infty}(a_k \cos kt + b_k \sin kt).$$

由古典分析可知,上述级数前 $n+1$ 项之和为

$$\frac{1}{2}a_0 + \sum_{k=1}^{n}(a_k \cos kt + b_k \sin kt)$$

$$= \frac{1}{\pi}\int_{-\pi}^{\pi} x(s)\left[\frac{1}{2} + \sum_{k=1}^{n}\cos k(s-t)\right]\mathrm{d}s$$

$$= \int_{-\pi}^{\pi} x(s)\frac{\sin\left(n+\frac{1}{2}\right)(s-t)}{2\pi\sin\frac{1}{2}(s-t)}\mathrm{d}s, \quad n = 0, 1, \cdots.$$

令

$$K_n(t,s) = \frac{1}{2\pi} + \frac{1}{\pi}\sum_{k=1}^{n}\cos k(s-t) = \frac{\sin\left(n+\frac{1}{2}\right)(s-t)}{2\pi\sin\frac{1}{2}(s-t)},$$

称$K_n(t,s)$为**狄利克雷**(P. G. Dirichlet)**核**.

我们的目的是证明:对任一点 $t_0 \in [-\pi,\pi]$,$C_{2\pi}$ 中必有函数$x(\cdot)$,它的傅里叶级数在 t_0 处发散.因 $C_{2\pi}$ 中的函数均以2π 为周期,不妨设 $t_0=0$.对每个 n,作 $C_{2\pi}$ 上的线性泛函

$$f_n(x)=\int_{-\pi}^{\pi}x(s)K_n(0,s)\,\mathrm{d}s.$$

由

$$K_n(0,s)=\frac{1}{2\pi}+\frac{1}{\pi}\sum_{k=1}^{n}\cos ks$$

可知,$K_n(0,s)$ 是连续函数,因此f_n 是有界线性泛函.应用这一章 §1.1 例6 中求连续函数空间$C[a,b]$ 上积分算子范数的方法可以证明:

$$\|f_n\|=\int_{-\pi}^{\pi}|K_n(0,s)|\,\mathrm{d}s,\quad n=0,1,\cdots.$$

现在估计积分$\int_{-\pi}^{\pi}|K_n(0,s)|\,\mathrm{d}s$. 注意到

$$\begin{aligned}\int_{-\pi}^{\pi}|K_n(0,s)|\,\mathrm{d}s&=\int_0^{2\pi}|K_n(0,s)|\,\mathrm{d}s\\&=\frac{1}{2\pi}\int_0^{2\pi}\frac{\left|\sin\left(n+\frac{1}{2}\right)s\right|}{\left|\sin\frac{1}{2}s\right|}\mathrm{d}s\\&\geqslant\frac{1}{2\pi}\int_0^{2\pi}\frac{\left|\sin\left(n+\frac{1}{2}\right)s\right|}{s/2}\mathrm{d}s\\&\xlongequal{\text{令 }u=\left(n+\frac{1}{2}\right)s}\frac{1}{\pi}\int_0^{(2n+1)\pi}\frac{|\sin u|}{u}\mathrm{d}u.\end{aligned}$$

由于

$$\begin{aligned}\int_0^{(2n+1)\pi}\frac{|\sin u|}{u}\mathrm{d}u&=\sum_{k=0}^{2n}\int_{k\pi}^{(k+1)\pi}\frac{|\sin u|}{u}\mathrm{d}u\\&\geqslant\sum_{k=0}^{2n}\frac{1}{(k+1)\pi}\int_{k\pi}^{(k+1)\pi}|\sin u|\,\mathrm{d}u\end{aligned}$$

$$= \sum_{k=0}^{2n} \frac{2}{(k+1)\pi} \to \infty \quad (n \to \infty),$$

故

$$\| f_n \| = \int_{-\pi}^{\pi} | K_n(0,s) | \mathrm{d}s \to \infty \quad (n \to \infty).$$

由定理3.2可知,至少存在某个函数 $x_0 \in C_{2\pi}$,使$\{f_n(x_0)\}$发散.即 x_0 的傅里叶级数在点 $t_0 = 0$ 处发散.

例2　机械求积公式的收敛问题　设 $f \in C[0,1]$.我们的目的是计算积分 $\int_0^1 f(t)\,\mathrm{d}t$.在很多情况下求它的精确值很困难,往往只能求近似值.为此,我们取 $[0,1]$ 中的点

$$0 \leqslant t_0^{(n)} < t_1^{(n)} < \cdots < t_n^{(n)} \leqslant 1,$$

其中 n 为自然数.用和 $\sum_{k=0}^{n} f(t_k^{(n)}) A_k^{(n)}$ 作为 $\int_0^1 f(t)\,\mathrm{d}t$ 的第 n 次近似:

$$\sum_{k=0}^{n} f(t_k^{(n)}) A_k^{(n)} \approx \int_0^1 f(t)\,\mathrm{d}t \quad \text{(机械求积公式)}, \tag{5}$$

其中 $A_k^{(n)}(k = 0,1,\cdots,n)$ 是待定的.不妨选择 $A_k^{(n)}$ 使(5)式对一切次数小于等于 n 的多项式精确地成立,为此只需使近似等式(5)对单项式 $1,t,t^2,\cdots,t^n$ 精确地成立.今设 $A_k^{(n)}$ 已选好(具体过程从略).现在的问题是:对一切 $f \in C[0,1]$ 是否都有

$$\sum_{k=0}^{n} f(t_k^{(n)}) A_k^{(n)} \to \int_0^1 f(t)\,\mathrm{d}t, \quad n \to \infty. \tag{6}$$

由定理3.2可知,(6)成立的充分必要条件是存在正数 M,使得对一切 n,有

$$\sum_{k=0}^{n} | A_k^{(n)} | \leqslant M. \tag{7}$$

为证此论断,我们先作 $C[0,1]$ 上的有界线性泛函 F_n:

$$F_n(f) = \sum_{k=0}^{n} f(t_k^{(n)}) A_k^{(n)},$$

并证明:F_n 的范数满足

$$\| F_n \| = \sum_{k=0}^{n} | A_k^{(n)} |. \tag{8}$$

首先,对任一 $f \in C[0,1]$,有

$$| F_n(f) | = \left| \sum_{k=0}^{n} f(t_k^{(n)}) A_k^{(n)} \right| \leqslant \left(\sum_{k=0}^{n} | A_k^{(n)} | \right) \| f \|,$$

故

$$\| F_n \| \leqslant \sum_{k=0}^{n} | A_k^{(n)} |. \tag{9}$$

其次,对每个 n,可取区间 $[0,1]$ 上的连续函数 $f_n(\cdot)$ 使之满足

$$|f_n(t)| \leqslant 1 \quad (t \in (0,1]);$$

$$f_n(t_k^{(n)}) = \operatorname{sgn} A_k^{(n)} \quad (k = 0,1,2,\cdots,n),$$

于是

$$\| F_n \| \geqslant | F_n(f_n) | = \sum_{k=0}^{n} | A_k^{(n)} |. \tag{10}$$

由(9)和(10)可得(8).

现在证明不等式(7)是使(6)成立的充分必要条件. 如果对于每个 $f \in C[0,1]$,(6) 成立,由定理 3.2,$\{F_n\}$ 一致有界,故存在 $M > 0$,使对一切 n,$\| F_n \| \leqslant M$,(7) 成立.反之,如果(7) 成立,则对每个多项式 $p(\cdot)$,只要取 n 大于$p(\cdot)$的次数, 就有

$$\sum_{k=0}^{n} p(t_k^{(n)}) A_k^{(n)} = \int_0^1 p(t)\,\mathrm{d}t,$$

于是更有

$$\lim_{n\to\infty} \sum_{k=0}^{n} p(t_k^{(n)}) A_k^{(n)} = \int_0^1 p(t)\,\mathrm{d}t.$$

注意到所有多项式构成的集在 $C[0,1]$ 中稠密,由定理 3.2 可知,(6)成立. ∎

例 3 拉格朗日插值公式的发散问题 这一章 §1.1 例 5 中已经指出,由拉格朗日插值多项式可以引进有界线性算子 L_n:对 $x \in C[a,b]$,令

$$y = L_n x:\ y(t) = \sum_{k=1}^{n} x(t_k) l_k(t),$$

有

$$\| L_n \| = \max_{a \leqslant t \leqslant b} \sum_{k=1}^{n} | l_k(t) |.$$

在函数逼近论中(见[14])已经证明上述等式右端大于$\dfrac{\ln n}{8\sqrt{\pi}}$,因此 $\| L_n \| \to \infty$ $(n \to \infty)$.由定理 3.2 可知,$C[a,b]$ 中至少存在一个函数 $x(\cdot)$ 使$\{L_n x\}$ 不收敛.

在 §2 以及 §3 中,我们研究了巴拿赫空间中的几条基本定理:巴拿赫开映射定理及其特例巴拿赫逆算子定理,其次是共鸣定理及其在几个实际问题中的

应用,再次是巴拿赫逆算子定理的一个重要应用 —— 闭图像定理.希望读者注意:

(i) 巴拿赫开映射定理(以及它的特例巴拿赫逆算子定理),共鸣定理以及 §4 中将要介绍的有界线性泛函的延拓定理是巴拿赫空间中有界线性算子及有界线性泛函理论中的基本定理.通常称为三大基本定理或基本原理.它们有着广泛的应用.

(ii) 无界线性算子无范数可言,于是图像就成了研究无界线性算子的一个重要工具.利用图像,我们引进了闭算子.闭算子是继有界线性算子之后另一类重要的线性算子.

(iii) 线性算子的闭性与有界性是既有区别又有联系的两个重要方面,在一定条件下它们相互转化,其中又以闭图像定理为主要方面.它提供了一个简洁而又有效的判别准则,依据这条准则,在一定条件下,闭算子转化为有界线性算子.

(iv) 在学习这两节时,巴拿赫空间的完备性是一个经常起作用的重要因素,离开了它,有的结论就不成立.

§4 有界线性泛函

在 §1 中,我们引进了线性算子与有界线性算子,作为它们的特例,则有线性泛函与有界线性泛函.但到目前为止,我们对线性泛函及有界线性泛函知之甚少.譬如说,还不知道任一含有非零元素的赋范线性空间 E 上是否一定存在非零有界线性泛函.我们将从看似与此毫无关系的有界线性泛函的延拓这一非常重要的课题入手,最终回答非零有界线性泛函的存在问题.这一节的中心议题就是介绍相关定理及若干推论.

4.1 有界线性泛函的延拓

定义 4.1 设 E 是线性空间, f_1, f_2 分别是定义在 E 的子空间 G_1, G_2 上的线性泛函.如果满足以下两个条件:

(i) $G_1 \subset G_2$;

(ii) 对任一 $x \in G_1$, $f_1(x) = f_2(x)$,

则称 f_2 是 f_1 在 G_2 上的一个**延拓**.

定理 4.1 设 G 为实线性空间 E 的子空间, f 是定义在 G 上的实线性泛函, p 是定义在 E 上的次可加正齐次泛函. f 与 p 之间满足

$$f(x) \leqslant p(x) \quad (\text{对一切 } x \in G),$$

则必存在定义在 E 上的实线性泛函 F_0,满足

(i) 当 $x \in G$ 时，$F_0(x)=f(x)$，即 F_0 是 f 在 E 上的一个延拓；

(ii) 当 $x \in E$ 时，$F_0(x) \leqslant p(x)$.

证 不妨设 $G \neq E$. 任取 $x_0 \in E \backslash G$. 令 G_1 是 G 与 x_0 张成的子空间：

$$G_1 = \{\alpha x_0 + x: -\infty < \alpha < \infty,\ x \in G\}.$$

对任何 $x', x'' \in G$，有

$$\begin{aligned} f(x'') - f(x') &= f(x'' - x') \leqslant p(x'' - x') \\ &\leqslant p(x'' + x_0) + p(-x' - x_0), \end{aligned}$$

故

$$-p(-x' - x_0) - f(x') \leqslant p(x'' + x_0) - f(x'').$$

因 $x', x'' \in G$ 是任意的，故

$$\begin{aligned} c' &= \sup_{x' \in G}\{-p(-x' - x_0) - f(x')\} \\ &\leqslant c'' = \inf_{x'' \in G}\{p(x'' + x_0) - f(x'')\}. \end{aligned}$$

任取数 c 满足 $c' \leqslant c \leqslant c''$. 对 $\alpha x_0 + x \in G_1 (x \in G)$，令

$$f'(\alpha x_0 + x) = \alpha c + f(x). \tag{1}$$

由于 G_1 中每个元素可唯一地表示成 $\alpha x_0 + x$ 的形式，因此由(1)唯一地定义了线性泛函 f'. 现在证明：

$$f'(\alpha x_0 + x) \leqslant p(\alpha x_0 + x). \tag{2}$$

若 $\alpha = 0$，(2)显然成立. 若 $\alpha > 0$，由 c 的取法，有

$$c \leqslant c'' = \inf_{x'' \in G}\{p(x'' + x_0) - f(x'')\} \leqslant p\left(\frac{x}{\alpha} + x_0\right) - f\left(\frac{x}{\alpha}\right),$$

故

$$c + f\left(\frac{x}{\alpha}\right) \leqslant p\left(x_0 + \frac{x}{\alpha}\right),$$

两边同乘 α，得到

$$\alpha c + f(x) \leqslant p(\alpha x_0 + x).$$

若 $\alpha < 0$，则有

$$-p\left(-\frac{x}{\alpha} - x_0\right) - f\left(\frac{x}{\alpha}\right) \leqslant c,$$

于是

$$-c-f\left(\frac{x}{\alpha}\right) \leqslant p\left(-\frac{x}{\alpha}-x_0\right),$$

两边同乘 $-\alpha$, 得到

$$\alpha c+f(x) \leqslant p(\alpha x_0+x).$$

因此不论哪一种情形,(2)均成立.

以上的论证表明,f'是f在G_1上的一个延拓且满足不等式(2).

用$\mathscr{F}$表示f的一切满足不等式

$$F(x) \leqslant p(x)$$

的延拓F构成的集,其中x属于F的定义域D_F.由于我们已经证明f可延拓到G_1上且满足(2),故$\mathscr{F}$非空.在$\mathscr{F}$中规定如下的序:对$F_1,F_2 \in \mathscr{F}$,若F_2是F_1的延拓,则称F_2在F_1之后,记为$F_1 < F_2$.于是$\mathscr{F}$成为一个半序集.设M是$\mathscr{F}$的一个全序子集,令

$$D=\bigcup_{F \in M} D_F.$$

在D上定义泛函φ如下:任取$x \in D$,则x必属于某个D_F,令

$$\varphi(x)=F(x).$$

由于M是全序集,故φ是以D为定义域,且一意确定的线性泛函,满足不等式

$$\varphi(x) \leqslant p(x) \quad (x \in D).$$

φ显然是f的一个延拓,故$\varphi \in \mathscr{F}$,且φ是M的上确界.于是$\mathscr{F}$满足第一章佐恩引理的条件,故$\mathscr{F}$有极大元.用F_0表$\mathscr{F}$的一个极大元.现在证明F_0的定义域$D_{F_0}=E$.设不然,则可取$x_1 \in E \backslash D_{F_0}$,记$E_1$为$D_{F_0}$与$x_1$张成的子空间.将$F_0$延拓到$E_1$上,记延拓后的线性泛函为$F_1$,且设$F_1$满足不等式

$$F_1(x) \leqslant p(x) \quad (x \in E_1).$$

于是$F_1 \in \mathscr{F}$.F_1显然是F_0的一个延拓,且$F_1 \neq F_0$.与F_0的极大性矛盾,故$D_{F_0}=E$.于是我们证明了F_0是f在E上的一个延拓,且满足不等式

$$F_0(x) \leqslant p(x) \ (x \in E).$$ ∎

4.2 哈恩(H. Hahn)-巴拿赫定理

现在介绍本节的主要定理,先证明下面的引理.

引理 设f是复赋范线性空间E上的有界线性泛函,令

$$\varphi(x)=\operatorname{Re} f(x) \ (x \in E),$$

则φ是E上的有界实线性泛函,且

$$f(x)=\varphi(x)-\mathrm{i}\varphi(\mathrm{i}x). \tag{3}$$

所谓实线性,是指可加性以及对任何实数 α,有 $\varphi(\alpha x)=\alpha\varphi(x)$.

证 设 $f(x)=\varphi(x)+\mathrm{i}\psi(x)$,这里 $\varphi(x),\psi(x)$ 分别表示 $f(x)$ 的实部与虚部.显然 φ,ψ 均为 E 上的实线性泛函.由等式

$$\mathrm{i}[\varphi(x)+\mathrm{i}\psi(x)]=\mathrm{i}f(x)=f(\mathrm{i}x)=\varphi(\mathrm{i}x)+\mathrm{i}\psi(\mathrm{i}x)$$

可知,$\varphi(\mathrm{i}x)=-\psi(x)$.代入 $f(x)=\varphi(x)+\mathrm{i}\psi(x)$ 中便得到等式(3).由

$$|\varphi(x)|=|\mathrm{Re}\,f(x)|\leqslant|f(x)|\leqslant\|f\|\,\|x\|\quad(x\in E)$$

可知,φ 有界且 $\|\varphi\|\leqslant\|f\|$. ∎

以上引理表明,复赋范线性空间上的有界线性泛函完全由它的实部决定.同理,也完全由它的虚部决定.

我们已经多次约定,"赋范线性空间"既可以是实的也可以是复的.现在仍遵循这一约定.

定理 4.2（哈恩－巴拿赫） 设 G 是赋范线性空间 E 的子空间,f 是定义在 G 上的有界线性泛函,则 f 可以延拓到整个 E 上且保持范数不变,即存在定义在 E 上的有界线性泛函 F_0,使得下列性质成立:

(i) 对任一 $x\in G$,有 $F_0(x)=f(x)$;

(ii) $\|F_0\|=\|f\|_G$,这里 $\|f\|_G$ 表示 f 作为 G 上的有界线性泛函的范数.

证 不妨设 E 是复赋范线性空间.由引理,有

$$f(x)=\varphi(x)-\mathrm{i}\varphi(\mathrm{i}x)\quad(x\in G).$$

因此只需讨论 φ 的延拓.故不妨将 E,G 看成实赋范线性空间.令

$$p(x)=\|f\|_G\|x\|\quad(x\in E),$$

则 p 是定义在 E 上的次可加正齐次泛函,且当 $x\in G$ 时,

$$\varphi(x)\leqslant|f(x)|\leqslant\|f\|_G\|x\|=p(x). \tag{4}$$

故 φ,p 满足定理4.1的条件.于是可以将 φ 延拓成定义在整个空间 E 上的实线性泛函 φ_0,且对任一 $x\in E$,有 $\varphi_0(x)\leqslant p(x)$.现令

$$F_0(x)=\varphi_0(x)-\mathrm{i}\varphi_0(\mathrm{i}x). \tag{5}$$

以下证明 F_0 便是满足定理中(i),(ii)两个性质的有界线性泛函.首先,对任何 $x\in E$,有

$$\begin{aligned}F_0(\mathrm{i}x)&=\varphi_0(\mathrm{i}x)-\mathrm{i}\varphi_0(-x)=\varphi_0(\mathrm{i}x)+\mathrm{i}\varphi_0(x)\\&=\mathrm{i}[\varphi_0(x)-\mathrm{i}\varphi_0(\mathrm{i}x)]=\mathrm{i}F_0(x).\end{aligned}$$

再由 F_0 的实线性(因 φ_0 为实线性)可知,F_0 为复线性.然后由(3)及(5),F_0 是 f 在 E 上的一个延拓.

最后证明 F_0 有界且有 $\|F_0\| = \|f\|_G$.任取 $x \in E$,令 α 为 $F_0(x)$ 的辐角,那么 $F_0(e^{-i\alpha}x)$ 为非负实数,故

$$
\begin{aligned}
|F_0(x)| = e^{-i\alpha}F_0(x) = F_0(e^{-i\alpha}x) \\
= \varphi_0(e^{-i\alpha}x) \leqslant p(e^{-i\alpha}x) \\
= \|f\|_G \|x\|,
\end{aligned}
$$

于是 $\|F_0\| \leqslant \|f\|_G$.因 F_0 是 f 的延拓,显然有 $\|f\|_G \leqslant \|F_0\|$.所以 $\|F_0\| = \|f\|_G$. 这样,我们便证明了 F_0 满足定理中的(i),(ii)两个性质. ■

定理 4.2 有不少重要推论,现在逐一加以讨论.

推论 1 设 G 是赋范线性空间 E 的子空间,$x_0 \in E \backslash G$, 若

$$
d(x_0, G) = \inf_{x \in G} \|x_0 - x\| = \delta > 0,
$$

则存在 E 上的有界线性泛函 f,使

$$
\|f\| = \frac{1}{\delta}, \quad f(x_0) = 1,
$$

而对 $x \in G$,则有 $f(x) = 0$.

证 令

$$
G_1 = \{\alpha x_0 + x: \alpha \in K, x \in G\},
$$

则 G_1 为 E 的子空间,且 $G_1 \supset G$. 再令

$$
f(\alpha x_0 + x) = \alpha,
$$

那么 f 是定义在 G_1 上的线性泛函,且满足:

$$
f(x_0) = 1; \quad 对 x \in G, f(x) = 0.
$$

注意到当 $\alpha \neq 0$ 时,有

$$
\|\alpha x_0 + x\| = |\alpha| \left\| x_0 + \frac{x}{\alpha} \right\| \geqslant |\alpha| \delta.
$$

故

$$
|f(\alpha x_0 + x)| = |\alpha| \leqslant \frac{1}{\delta} \|\alpha x_0 + x\|.
$$

因此 f 有界,且

$$
\|f\|_{G_1} \leqslant \frac{1}{\delta}. \tag{6}
$$

另一方面，取 $x_n \in G\ (n=1,2,3,\cdots)$，使 $\|x_0 - x_n\| \to \delta$，于是

$$\|f\|_{G_1}\|x_0 - x_n\| \geqslant |f(x_0 - x_n)| = |f(x_0)| = 1,$$

故 $\|f\|_{G_1} \geqslant \dfrac{1}{\|x_0 - x_n\|}$. 令 $n \to \infty$，得到

$$\|f\|_{G_1} \geqslant \frac{1}{\delta}. \tag{7}$$

由(6)及(7)可知，$\|f\|_{G_1} = \dfrac{1}{\delta}$. 再由定理 4.2，$f$ 可以延拓到整个 E 上，且保持范数不变. 将延拓后的泛函仍记为 f，则 f 满足推论 1 的全部要求. ∎

在推论 1 中，若令 $f_1 = \delta f$，则 $\|f_1\| = 1$，$f_1(x_0) = \delta$，于是推论 1 又可改写成：

推论 2 设 G 是赋范线性空间 E 的子空间，$x_0 \in E \backslash G$. 若

$$d(x_0, G) = \inf_{x \in G}\|x_0 - x\| = \delta > 0,$$

则存在 E 上的有界线性泛函 f_1，使

$$\|f_1\| = 1,\quad f_1(x_0) = \delta,$$

而对 $x \in G$，则有 $f_1(x) = 0$.

应用推论 1(或推论 2) 可以得到下列结论：

(i) $x_0 \in \overline{G}$ 的充分必要条件是对 E 上任一满足 $f(x) = 0\ (x \in G)$ 的有界线性泛函 f，有 $f(x_0) = 0$.

必要性是显然的. 充分性由推论 1(或推论 2) 立即导出. 因此，为了判别 E 中的元 x_0 是否属于 $\overline{G}$，只要判别 E 上一切满足 $f(x) = 0\ (x \in G)$ 的有界线性泛函 f，对 x_0 作用后是否仍等于零就行了.

(ii) 设 $x_0 \in E$，A 是 E 的一个子集，则 x_0 可以用 A 中元素的线性组合以任意的精确度逼近的充分必要条件是对 E 上任一有界线性泛函 f，当 $f(x) = 0\ (x \in A)$ 时，有 $f(x_0) = 0$.

令 G 是由 A 张成的子空间，则 x_0 可用形如 $\sum\limits_{k=1}^{n} c_k x_k\ (x_k \in A)$ 的线性组合以任意的精确度逼近的充分必要条件是 $x_0 \in \overline{G}$. 再由性质(i) 可知，性质(ii) 成立.

性质(ii) 在抽象逼近论中是有用的.

推论 3 设 E 是赋范线性空间，且 $E \neq \{\theta\}$. 则对任一 $x_0 \in E$，$x_0 \neq \theta$，存在 E 上的有界线性泛函 f 使得

$$\|f\| = 1,\quad f(x_0) = \|x_0\|.$$

证 令 $G=\{\theta\}$，则 $\rho(x_0,G)=\|x_0\|$. 由推论 2 可知，推论 3 成立. ∎

由推论 3 可以看出：

(i) 对任何赋范线性空间 E，若 $E\neq\{\theta\}$，必存在"足够多"的非零有界线性泛函. 这为建立赋范线性空间的对偶空间打下了坚实的理论基础.

(ii) 如果对于 E 上的一切有界线性泛函 f，有 $f(x_0)=0$，则 $x_0=\theta$.

现在再来对定理 4.2 作一点补充讨论. 从它的证明过程容易看出，满足定理的条件(i)，(ii) 的有界线性泛函的延拓不一定唯一. 若不唯一，就会出现一些有趣的结果. 试观察下面的实例.

例 1 考察一切二维实向量 $x=(\xi_1,\xi_2)$ 按照范数

$$\|x\| = |\xi_1| + |\xi_2|$$

构成的巴拿赫空间. 仍用 $\mathbf{R}^2$ 记这个空间，并令 G 为 $\mathbf{R}^2$ 中形如 $(\xi_1,0)$ 的向量构成的子空间. 在 G 上定义有界线性泛函 f：

$$f(x)=\xi_1 \quad (x\in G).$$

显然 $\|f\|_G=1$. 任取满足 $|\alpha|\leqslant 1$ 的数 α，再定义 $\mathbf{R}^2$ 上的有界线性泛函 F_α：

$$F_\alpha(x)=\xi_1+\alpha\xi_2 \quad (x=(\xi_1,\xi_2)\in\mathbf{R}^2). \tag{8}$$

易见 F_α 是 f 的延拓，且 $\|F_\alpha\|=1$，因此 F_α 是 f 的延拓，且 $\|F_\alpha\|=\|f\|$. 而集合 $\{F_\alpha : F_\alpha \text{ 满足}(8), |\alpha|\leqslant 1\}$ 的基数为 $\aleph$.

一般说，有界线性泛函的延拓如果不唯一，那么由它们构成的集合之基数不小于 $\aleph$. 其次，如果不要求延拓满足定理 4.2 中的条件(ii)，则延拓的方式可以任意. 例如在上例中，让 α 为任一给定的数，则 F_α 仍为 f 的一个延拓，但范数却可能不等于 $\|f\|$.

§5 对偶空间 · 伴随算子

5.1 对偶空间

在这一章 §1.2 中我们已经指出，从一个赋范线性空间 E 到另一个赋范线性空间 E_1 中的全部有界线性算子构成的集合 $\mathscr{B}(E,E_1)$ 在定义了线性运算并赋以范数后，就成为一个赋范线性空间. 当 E_1 完备时，$\mathscr{B}(E,E_1)$ 也完备. 现在设 $E_1=K$，则得到 E 上所有有界线性泛函构成的集.

定义 5.1 我们将 E 上所有有界线性泛函构成的赋范线性空间称为 E 的**对偶空间或共轭空间**，记为 E^*.

根据定义，$E^*=\mathscr{B}(E,K)$. 由于 K 完备，故 E^* 也完备，即 E^* 为巴拿赫空间. 为清楚起见，我们先回顾一下这个空间中线性运算及范数的定义. 设 f_1，f_2，

$f \in E^*$,由这一章 §1.2 定理1.4 中的一般定义,对任一 $x \in E$, 有

$$(f_1 + f_2)(x) = f_1(x) + f_2(x); \quad (\alpha f)(x) = \alpha f(x). \tag{1}$$

范数则由下式给出:

$$\| f \| = \sup_{\substack{x \neq \theta \\ x \in E}} \frac{|f(x)|}{\| x \|}. \tag{2}$$

由于 E^* 是巴拿赫空间,因此 E^* 也有对偶空间 $(E^*)^*$,称它为 E 的**二次对偶空间**,并记为 E^{**}.以此类推,我们可以定义 E 的**三次对偶空间** $(E^{**})^*$,并记为 E^{***},等等.

现在来讨论 E 与 E^{**} 的关系.设 $x \in E, f \in E^*$.原来的出发点是:泛函 f 是给定的,而 x 跑遍 E.现在反过来,让 x 固定而让 f 跑遍 E^*,这时 $f(x)$ 就成了定义在 E^* 上的一个泛函,记为 x^{**}.于是对任一 $f \in E^*$, 有

$$x^{**}(f) = f(x).$$

由等式 (1) 可知, x^{**} 是线性泛函, 由(2)可知,

$$| x^{**}(f) | = | f(x) | \leqslant \| x \| \, \| f \|,$$

因此 x^{**} 有界,故为 E^{**} 中的元素.由于对每个 $x \in E$,这个结论都成立,故可以定义映射: $x \mapsto x^{**}$.

定理 5.1 映射 $x \mapsto x^{**}$ 具有下列性质:

(i) 映射是线性的,即若

$$x_1 \mapsto x_1^{**}, \; x_2 \mapsto x_2^{**},$$

则对任何实(或复)数 α, β,有

$$\alpha x_1 + \beta x_2 \mapsto \alpha x_1^{**} + \beta x_2^{**}.$$

(ii) 映射是等距的,因此是单映射.

证 (i) 对任一 $f \in E^*$, 有

$$\begin{aligned}(\alpha x_1^{**} + \beta x_2^{**})(f) &= \alpha x_1^{**}(f) + \beta x_2^{**}(f) = f(\alpha x_1) + f(\beta x_2) \\ &= f(\alpha x_1 + \beta x_2) = (\alpha x_1 + \beta x_2)^{**}(f).\end{aligned}$$

这表明 $(\alpha x_1 + \beta x_2)^{**} = \alpha x_1^{**} + \beta x_2^{**}$,故(i) 成立.

(ii) 对任一 $f \in E^*$, 有

$$| x^{**}(f) | = | f(x) | \leqslant \| x \| \, \| f \|,$$

故 $\| x^{**} \| \leqslant \| x \|$.另一方面,存在 $f_0 \in E^*$, 使得

$$\| f_0 \| = 1, \; | f_0(x) | = \| x \|,$$

于是

$$\|x^{**}\| \geqslant |x^{**}(f_0)| = |f_0(x)| = \|x\|,$$

故

$$\|x^{**}\| = \|x\|.$$

(ii)成立. ∎

根据以上讨论可知，$x \mapsto x^{**}$ 是由 E 到 E^{**} 中的一个等距映射. 通常称它为 E 到 E^{**} 中的**典范映射**. 它可能是满映射也可能不是满映射. 当它是满映射时，称 E 是**自反空间**.

我们还可以用另外的观点来处理 E 与 E^{**} 之间的关系. 由定理 5.1 可知，我们可以将 E 与它在典范映射下的像视为同一，故除去等距同构不计外，E 可以看成是 E^{**} 的子空间. 在这样的观点下，若 $E = E^{**}$，则称 E 为**自反空间**.

值得注意的是，以上两种处理 E 与 E^{**} 之间关系的方法并无本质的区别. 因此，有时使用前者，有时使用后者，一切需视情况而定.

现在讨论几个具体空间的对偶空间. 为明确起见，先假定所讨论的空间都是实的. 对于复空间的情形，有的与实的情形完全类似，有的则不尽然. 当不完全类似时，我们将加以说明.

* **定理 5.2（空间 $C[a,b]$ 的对偶空间）** 设 f 为 $C[a,b]$ 上的有界线性泛函，则存在定义于 $[a,b]$ 上的有界变差函数 v，使得对一切 $x \in C[a,b]$，有

$$f(x) = \int_a^b x(t)\,\mathrm{d}v(t), \tag{3}$$

且 $\bigvee_a^b(v) = \|f\|$，这里 $\bigvee_a^b(v)$ 表示 v 在 $[a,b]$ 上的**全变差**.

反之，对任一定义在 $[a,b]$ 上的有界变差函数 v，(3) 式定义了 $C[a,b]$ 上的一个有界线性泛函 f.

证 对 $s \in [a,b]$，将 $[a,s]$ 的特征函数记为 $\chi_s(t)$，即

$$\chi_s(t) = \begin{cases} 1, & 当 a \leqslant t \leqslant s, \\ 0, & 当 s < t \leqslant b. \end{cases}$$

因 $C[a,b]$ 是 $L^\infty[a,b]$ 的子空间，故 f 可延拓到 $L^\infty[a,b]$ 上且保持范数不变，记延拓后的泛函为 F. 由于 $\chi_s \in L^\infty[a,b]$，故 $F(\chi_s)$ 有意义. 令

$$v(s) = F(\chi_s),$$

现在证明 v 是有界变差函数. 任取分点

$$a = t_0 < t_1 < t_2 < \cdots < t_n = b.$$

令

$$\varepsilon_j = \operatorname{sgn}[v(t_j) - v(t_{j-1})] \quad (j = 1,2,\cdots,n),$$

则

$$\begin{aligned}
&\sum_{j=1}^{n} |v(t_j) - v(t_{j-1})| \\
&= \sum_{j=1}^{n} \varepsilon_j [v(t_j) - v(t_{j-1})] = \sum_{j=1}^{n} \varepsilon_j [F(\chi_{t_j}) - F(\chi_{t_{j-1}})] \\
&= F\left[\sum_{j=1}^{n} \varepsilon_j (\chi_{t_j} - \chi_{t_{j-1}})\right] \leqslant \|F\| \left\|\sum_{j=1}^{n} \varepsilon_j (\chi_{t_j} - \chi_{t_{j-1}})\right\|.
\end{aligned}$$

因 $\|F\| = \|f\|, \|\sum_{j=1}^{n} \varepsilon_j (\chi_{t_j} - \chi_{t_{j-1}})\| = 1$, 故

$$\sum_{j=1}^{n} |v(t_j) - v(t_{j-1})| \leqslant \|f\|.$$

于是 v 是有界变差的, 且 $\bigvee_a^b (v) \leqslant \|f\|$.

现任取 $x \in C[a,b]$, 令

$$y(s) = \sum_{j=1}^{n} x(t_j) [\chi_{t_j}(s) - \chi_{t_{j-1}}(s)],$$

则

$$F(y) = \sum_{j=1}^{n} x(t_j) [v(t_j) - v(t_{j-1})]. \tag{4}$$

记 $\delta = \max\limits_{1 \leqslant j \leqslant n} |t_j - t_{j-1}|$, 则当 $\delta \to 0$ 时, $\|y - x\| \to 0$, 由 F 的连续性可知, $F(y) \to F(x)$. 再由 RS 积分的定义(第四章), (4) 的右端趋向于 $\int_a^b x(t)\mathrm{d}v(t)$, 因此

$$F(x) = \int_a^b x(t)\mathrm{d}v(t).$$

另一方面, 显然有 $F(x) = f(x)$, 故等式(3) 成立. 由 RS 积分的性质可知, 对一切 $x \in C[a,b]$, 有

$$|f(x)| = \left|\int_a^b x(t)\mathrm{d}v(t)\right| \leqslant \|x\| \bigvee_a^b (v), \tag{5}$$

故 $\|f\| \leqslant \bigvee_a^b (v)$. 我们已经证明 $\|f\| \geqslant \bigvee_a^b (v)$, 故 $\|f\| = \bigvee_a^b (v)$. 定理的第一部分证毕.

反之, 设 v 为定义在 $[a,b]$ 上的有界变差函数. 令

$$f(x) = \int_a^b x(t)\mathrm{d}v(t). \tag{6}$$

仍由 RS 积分的性质,等式(6) 确实定义了 $C[a,b]$ 上的一个有界线性泛函 f. ▮

一般说,当 $C[a,b]$ 上的有界线性泛函 f 给定后,满足等式(3) 的有界变差函数 v 不唯一.这是因为在定义 v 的过程中,需要用到 f 的延拓 F,后者一般说不唯一,因此通过 F 而得到的 v 也不唯一.为了进一步研究 $C[a,b]$ 的对偶空间,我们需要在满足等式(3) 的众多的有界变差函数中选择一个特殊的.这个特殊的便是所谓正规化有界变差函数.我们称定义在 $[a,b]$ 上的有界变差函数 v 是**正规化**的,如果 v 满足:

(i) $v(a)=0$;

(ii) 对 $a<t<b$, 有 $v(t+0)=v(t)$.

用 $V_0[a,b]$ 表示定义在 $[a,b]$ 上的全部正规化有界变差函数构成的集合. $V_0[a,b]$ 中的线性运算与第七章 §1 例 2 相同,而范数则由 $\|v\|=\bigvee_a^b(v)$ 定义.可以证明,$V_0[a,b]$ 按照所定义的线性运算与范数是一个巴拿赫空间.还可以证明,通过等式(3),$V_0[a,b]$ 与 $C[a,b]$ 的对偶空间 $(C[a,b])^*$ 等距同构.于是我们可以说:$C[a,b]$ 的对偶空间是 $V_0[a,b]$.由于证明较长,故从略.对于大部分读者来说,只需知道这个结论即可(详情见[21]).

还需要强调两点.第一:从 $V_0[a,b]$ 到 $(C[a,b])^*$ 的等距同构映射并不唯一.如果用 T 表示通过等式(3) 定义的等距同构映射:$v\mapsto f$,则 $-T$ 也是一个由 $V_0[a,b]$ 到 $(C[a,b])^*$ 上的等距同构映射.如果 $C[a,b]$ 是复空间,则对任何 α: $0\leqslant\alpha<2\pi$,$e^{i\alpha}T$ 仍然是一个由 $V_0[a,b]$ 到 $(C[a,b])^*$ 上的等距同构映射.第二:通常取由等式(3) 定义的 T 作为我们的等距同构映射.这样,当说 $C[a,b]$ 的对偶空间是 $V_0[a,b]$ 时,总是指在等距同构映射 T 的意义下.离开了这一点就会出现紊乱.希望读者充分注意.

今后凡涉及一个给定的空间的对偶空间之表示时,也都离不开一定的等距同构映射.对此不再一一声明.

* **定理 5.3** $L^p[a,b]$ $(1<p<\infty)$ 的对偶空间是 $L^q[a,b]$,这里 q 是 p 的**相伴数**,即 $\dfrac{1}{p}+\dfrac{1}{q}=1$.

证 任取 $y\in L^q[a,b]$, 令

$$f(x)=\int_a^b x(t)y(t)\,\mathrm{d}t\quad(x\in L^p[a,b]).\tag{7}$$

由赫尔德不等式

$$|f(x)|\leqslant\left(\int_a^b|x(t)|^p\mathrm{d}t\right)^{1/p}\left(\int_a^b|y(t)|^q\mathrm{d}t\right)^{1/q}\tag{8}$$

可知,f 对一切 $x\in L^p[a,b]$ 有定义,且由等式(7) 可知,f 是线性的,再由不等式

(8)，f有界且

$$\|f\| \leqslant \|y\| \quad \left(这里\ \|y\| = \left(\int_a^b |y(t)|^q \mathrm{d}t\right)^{1/q}\right). \tag{9}$$

作映射 $T: y \mapsto f$. 显然 T 是线性的. 由不等式(9)可知，T 有界. 因此 T 是由 $L^q[a,b]$ 到 $(L^p[a,b])^*$ 中的有界线性算子. 下面来证明 T 是由 $L^q[a,b]$ 到 $(L^p[a,b])^*$ 上的等距同构映射.

先证明 T 是单映射. 为此只需证明当 $f=\theta$ 时，$y=\theta$. 用反证法. 设 $y \neq \theta$，于是存在正数 N 使得集合 $e_N = \{t: |y(t)| \geqslant N\}$ 的测度大于零. 令

$$\chi_N(t) = \begin{cases} \operatorname{sgn} y(t), & 当\ t \in e_N; \\ 0, & 当\ t \in [a,b] \setminus e_N, \end{cases}$$

显然 $\chi_N \in L^p[a,b]$. 由

$$f(\chi_N) = \int_a^b \chi_N(t) y(t) \mathrm{d}t = \int_{e_N} |y(t)| \mathrm{d}t \geqslant N m e_N > 0$$

可知，$f \neq \theta$. 矛盾. 这个矛盾说明 $y=\theta$，因此 T 是单映射.

其次证明 T 是满映射. 设 f 是 $L^p[a,b]$ 上任一给定的有界线性泛函. 对任一 $s \in [a,b]$，记 χ_s 为 $[a,s]$ 的特征函数. 再记 $g(s) = f(\chi_s)$. 我们证明 g 是 $[a,b]$ 上的绝对连续函数. 设 $\delta_j = [s_j, t_j]$ $(j=1,2,\cdots,n)$ 是一组包含在 $[a,b]$ 中且没有公共内点的闭区间. 记 $\varepsilon_j = \operatorname{sgn}[g(t_j) - g(s_j)]$，则

$$\begin{aligned}
\sum_{j=1}^n |g(t_j) - g(s_j)| &= \sum_{j=1}^n \varepsilon_j [g(t_j) - g(s_j)] \\
&= f\left[\sum_{j=1}^n \varepsilon_j (\chi_{t_j} - \chi_{s_j})\right] \leqslant \|f\| \left\| \sum_{j=1}^n \varepsilon_j (\chi_{t_j} - \chi_{s_j}) \right\| \\
&= \|f\| \left(\int_a^b \left| \sum_{j=1}^n \varepsilon_j [\chi_{t_j}(\xi) - \chi_{s_j}(\xi)] \right|^p \mathrm{d}\xi\right)^{1/p} \\
&= \|f\| \left(\sum_{j=1}^n \int_{\delta_j} \mathrm{d}\xi\right)^{1/p} = \|f\| \left(\sum_{j=1}^n m\delta_j\right)^{1/p}.
\end{aligned}$$

任给 $\varepsilon > 0$，令 $\delta = (\varepsilon / \|f\|)^p$，则当 $\sum_{j=1}^n m\delta_j < \delta$ 时，

$$\sum_{j=1}^n |g(t_j) - g(s_j)| < \varepsilon.$$

故 g 绝对连续.

令 $y(s)=g'(s)$. 由绝对连续函数导数的性质可知，$y\in L[a,b]$. 再注意到 χ_a 对等于零，故 $g(a)=f(\chi_a)=0$. 于是

$$f(\chi_s)=g(s)=\int_a^s y(t)\,\mathrm{d}t=\int_a^b \chi_s(t)y(t)\,\mathrm{d}t. \tag{10}$$

设 $x(\cdot)$ 为定义在 $[a,b]$ 上的有界可测函数. 我们取一致有界的阶梯函数列 $\{x_n(\cdot)\}$，使得 $\{x_n(\cdot)\}$ 在 $[a,b]$ 上几乎处处收敛于 $x(\cdot)$. 因阶梯函数是形如 $\chi_s(\cdot)$ 的特征函数之线性组合，故由(10) 及 f 的线性可知，

$$f(x_n)=\int_a^b x_n(t)y(t)\,\mathrm{d}t. \tag{11}$$

再根据勒贝格控制收敛定理，容易证明以下两个结论都成立：

$$\int_a^b x_n(t)y(t)\,\mathrm{d}t\to\int_a^b x(t)y(t)\,\mathrm{d}t,$$

$$\|x_n-x\|=\left(\int_a^b |x_n(t)-x(t)|^p\mathrm{d}t\right)^{1/p}\to 0.$$

根据这两个结果，在(11)中令 $n\to\infty$，便得到

$$f(x)=\int_a^b x(t)y(t)\,\mathrm{d}t. \tag{12}$$

因此 (7) 对于有界可测函数成立.

现在证明 $y\in L^q[a,b]$. 在 $[a,b]$ 上定义如下的有界可测函数：

$$y_N(t)=\begin{cases}|y(t)|^{q-1}\operatorname{sgn} y(t), & \text{当 } |y(t)|\leqslant N;\\ 0, & \text{当 } |y(t)|>N,\end{cases}$$

这里 N 为正数. 记 $e_N=\{t:|y(t)|\leqslant N\}$，则

$$\begin{aligned}f(y_N)&=\int_a^b y_N(t)y(t)\,\mathrm{d}t\\&=\int_{e_N} y_N(t)y(t)\,\mathrm{d}t=\int_{e_N}|y(t)|^q\mathrm{d}t.\end{aligned} \tag{13}$$

另一方面，

$$\begin{aligned}f(y_N)&\leqslant\|f\|\,\|y_N\|=\|f\|\left(\int_{e_N}|y_N(t)|^p\mathrm{d}t\right)^{1/p}\\&=\|f\|\left(\int_{e_N}|y(t)|^{(q-1)p}\mathrm{d}t\right)^{1/p}\\&=\|f\|\left(\int_{e_N}|y(t)|^q\mathrm{d}t\right)^{1/p}.\end{aligned} \tag{14}$$

由(13),(14)可知,

$$\left(\int_{e_N} |y(t)|^q \mathrm{d}t\right)^{1/q} \leqslant \|f\|.$$

再令 $N \to \infty$, 得到

$$\|y\| = \left(\int_a^b |y(t)|^q \mathrm{d}t\right)^{1/q} \leqslant \|f\|. \tag{15}$$

故 $y \in L^q[a,b]$.

最后证明等式(7). 对任一 $x \in L^p[a,b]$, 取 $[a,b]$ 上的有界可测函数列 $\{x_n(\cdot)\}$ $(n = 1,2,3,\cdots)$, 使

$$\int_a^b |x_n(t) - x(t)|^p \mathrm{d}t \to 0.$$

将有界可测函数 $x_n(\cdot)$ 代入(11) 中,并令 $n \to \infty$, 得到

$$f(x) = \int_a^b x(t)y(t)\mathrm{d}t.$$

(7)成立.

以上的论证表明, 对 $L^p[a,b]$ 上任一给定的有界线性泛函 f, 必存在 $y \in L^q[a,b]$,使得(7) 成立. 因此 T 是满映射. 于是 T 是双映射. 再由不等式(9) 及 (15) 可知,

$$\|y\| = \|f\|.$$

因此 T 是等距的.

这样我们就证明了 T 是由 $L^q[a,b]$ 到$(L^p[a,b])^*$ 上的一个等距同构映射. 于是可以说 $L^p[a,b]$ 的对偶空间是 $L^q[a,b]$. ▮

同样应当强调的是,当我们说 $L^p[a,b]$ 的对偶空间是 $L^q[a,b]$ 时,也是指在定理 5.3 中的等距同构 $T: y \mapsto f$ 的意义下而言.

此外,我们可以讨论 $L^q[a,b]$ 的对偶空间. 根据定理 5.3, $L^q[a,b]$ 的对偶空间显然是 $L^p[a,b]$. 由此可以看出, $L^p[a,b]$ 是自反空间, $1 < p < \infty$.

当 $L^p[a,b]$ 是复空间时,$(L^p[a,b])^*$ 也是复空间,且定理 5.3 仍成立. 但有时我们 用如下的积分

$$f(x) = \int_a^b x(t)\,\overline{y(t)}\mathrm{d}t$$

来表示 $L^p[a,b]$ 上的有界线性泛函 f, 这里 $x \in L^p[a,b]$, $y \in L^q[a,b]$, $\overline{y(t)}$ 则表示 $y(t)$ 的复共轭. 由此得到映射 $T: \bar{y} \to f$. 易见 T 是共轭线性的. 因此当我们说 $L^p[a,b]$ 的共轭空间是 $L^q[a,b]$ 时,指的是在这个 T 的意义上.

关于 $L[a,b]$, $l^p(1 \leqslant p < \infty)$, $\mathbf{R}^n$ 及 $\mathbf{C}^n$ 的对偶空间,参看本章习题.

5.2 伴随算子

有了对偶空间,便可以引入伴随算子.设 $T \in \mathscr{B}(E,E_1)$. 任取 $f \in E_1^*$,则 $f(Tx)$ 关于 $x \in E$ 是线性的.由不等式

$$|f(Tx)| \leqslant \|f\| \|T\| \|x\|$$

可知, $f(Tx)$ 还是有界的.因此它是关于 $x \in E$ 的一个有界线性泛函,记为 f^*. 于是

$$f^*(x) = f(Tx), \tag{16}$$

且 $f^* \in E^*$.显然,当 f 在 E_1^* 中给定时, f^* 就在 E^* 中被确定下来.这表明我们实际上建立了一个由 E_1^* 到 E^* 中的映射,这个映射通过等式(16)将 f 映成 f^*.记这个映射为 T^*,于是 $T^*f = f^*$.

定义 5.2 称 T^* 为 T 的**伴随算子**或**共轭算子**.

伴随算子具有下列性质:

(i) 由定义, 显然有

$$(T^*f)(x) = f(Tx); \tag{17}$$

(ii) T 的伴随算子 T^* 是有界线性算子, 且

$$\|T^*\| = \|T\|; \tag{18}$$

(iii) $(\alpha T)^* = \alpha T^*$,这里 α 为实(或复) 数;

(iv) $(T_1 + T_2)^* = T_1^* + T_2^*$,这里 $T_1, T_2 \in \mathscr{B}(E,E_1)$;

(v) $(T_2T_1)^* = T_1^* T_2^*$,这里 $T_1 \in \mathscr{B}(E,E_1)$, $T_2 \in \mathscr{B}(E_1,E_2)$, E_2 也是赋范线性空间;

(vi) T 的伴随算子 T^* 也有伴随算子 $(T^*)^*$,我们将它记为 T^{**}.若将 E 看成 E^{**} 的子空间,则 T^{**} 是 T 的延拓.

我们只证明性质(ii)、(vi).其余的都比较显然,留给读者作为练习.

性质(ii) 的证明 T^* 的线性比较明显.现在证明 T^* 的有界性.由(17),对任一 $x \in E$ 及任一 $f \in E_1^*$, 有

$$|(T^*f)(x)| = |f(Tx)| \leqslant \|f\| \|T\| \|x\|.$$

于是 $\|T^*f\| \leqslant \|T\| \|f\|$,故 T^* 有界且 $\|T^*\| \leqslant \|T\|$.

今证相反的不等式.由定理 4.2 推论 3,对任一 $x \in E$,有 $f_0 \in E_1^*$, 使

$$f_0(Tx) = \|Tx\|, \quad \|f_0\| = 1,$$

故

$$\begin{aligned}\|Tx\| &= |f_0(Tx)| = |(T^*f_0)(x)| \\ &\leqslant \|T^*f_0\| \|x\| \leqslant \|T^*\| \|f_0\| \|x\| \\ &= \|T^*\| \|x\|.\end{aligned}$$

因 $x \in E$ 任意.故 $\|T\| \leqslant \|T^*\|$,因此 $\|T^*\| = \|T\|$.(ii) 成立.

性质(vi) 的证明 任取 $x \in E$.记 x^{**} 是 x 在 E^{**} 中的对应元,则对任一 $f \in E_1^*$,有

$$\begin{aligned}(T^{**}x^{**})(f) &= x^{**}(T^*f) = (T^*f)(x) \\ &= f(Tx) = (Tx)^{**}(f).\end{aligned}$$

因 $f \in E_1^*$ 任意,于是

$$T^{**}x^{**} = (Tx)^{**}. \tag{19}$$

若将 E 视为 E^{**} 的子空间,则 x^{**} 与 x 应视为同一,$(Tx)^{**}$ 与 Tx 应视为同一.于是(19) 可以写成 $T^{**}x = Tx$,这表明 T^{**} 是 T 的延拓.(vi) 成立.

在不少情况下,往往需要求出给定的有界线性算子的伴随算子的具体形式,我们仅举两例以说明其方法.

例 1 设 $\boldsymbol{A} = (\alpha_{ij})$ 是 $n \times m$ 矩阵,这里 $\alpha_{ij}(i = 1,2,\cdots,n;j = 1,2,\cdots,m)$ 是实数;下标 i 表示行,j 表示列.由 $\boldsymbol{A}$ 定义了一个由 m 维实欧几里得空间 $\mathbf{R}^m$ 到 n 维实欧几里得空间 $\mathbf{R}^n$ 的算子 T:

$$y = Tx:\eta_i = \sum_{j=1}^{m} \alpha_{ij}\xi_j \quad (i = 1,2,\cdots,n),$$

其中 $x = (\xi_1,\xi_2,\cdots,\xi_m) \in \mathbf{R}^m$, $y = (\eta_1,\eta_2,\cdots,\eta_n) \in \mathbf{R}^n$.容易证明 T 是有界线性算子.由于欧几里得空间是其自身的对偶空间(见本章习题),由伴随算子的定义可知,T^* 是由 $\mathbf{R}^n$ 到 $\mathbf{R}^m$ 的有界线性算子.现在求 T^* 的具体形式.已知 $\mathbf{R}^n$ 上的有界线性泛函 f 可以表示成:

$$f(y) = \sum_{i=1}^{n} c_i\eta_i,$$

其中 $c_i(i=1,2,\cdots,n)$ 是常数,值随 f 而定.于是

$$\begin{aligned}(T^*f)(x) &= f(Tx) = \sum_{i=1}^{n} c_i \sum_{j=1}^{m} \alpha_{ij}\xi_j \\ &= \sum_{i=1}^{n}\sum_{j=1}^{m} \alpha_{ij}c_i\xi_j = \sum_{j=1}^{m}\left(\sum_{i=1}^{n} \alpha_{ij}c_i\right)\xi_j.\end{aligned} \tag{20}$$

由(20)可知,

$$T^*f = (d_1,d_2,\cdots,d_m),$$

其中

$$d_j = \sum_{i=1}^{n} \alpha_{ij} c_i \quad (j = 1,2,\cdots,m).$$

这表明 T^* 由 $\boldsymbol{A}$ 的转置矩阵 $\boldsymbol{A}^{\mathrm{T}} = (\alpha_{ji})$ 定义($j = 1,2,\cdots,m; i = 1,2,\cdots,n$).

例 2 设 $K(t,s)$ 是变量 t 及 s 的实可测函数($a \leqslant t \leqslant b$, $a \leqslant s \leqslant b$), 满足

$$\int_a^b \int_a^b |K(t,s)|^q \mathrm{d}t\mathrm{d}s < \infty, \quad 1 < q < \infty.$$

设 T 是以 $K(t,s)$ 为核的积分算子:

$$(Tx)(t) = \int_a^b K(t,s)x(s)\mathrm{d}s \quad (x \in L^p[a,b]),$$

这里 p 是 q 的相伴数.

由赫尔德不等式

$$\left(\int_a^b |(Tx)(t)|^q \mathrm{d}t\right)^{1/q} = \left(\int_a^b \left|\int_a^b K(t,s)x(s)\mathrm{d}s\right|^q \mathrm{d}t\right)^{1/q}$$
$$\leqslant \left(\int_a^b \int_a^b |K(t,s)|^q \mathrm{d}t\mathrm{d}s\right)^{1/q} \left(\int_a^b |x(s)|^p \mathrm{d}s\right)^{1/p}$$

可知, T是由$L^p[a,b]$到$L^q[a,b]$中的有界线性算子.由于$L^p[a,b]$,$L^q[a,b]$互为对偶空间,由伴随算子的定义可知,T^* 也是由 $L^p[a,b]$ 到 $L^q[a,b]$ 中的有界线性算子.现在求 T^* 的具体形式.由定理5.3知,对于每个$f \in (L^q[a,b])^*$,存在 $y \in L^p[a,b]$,使得对任何 $z \in L^q[a,b]$, 有

$$f(z) = \int_a^b z(t)y(t)\mathrm{d}t.$$

故

$$(T^*f)(x) = f(Tx) = \int_a^b y(t)\left[\int_a^b K(t,s)x(s)\mathrm{d}s\right]\mathrm{d}t$$
$$= \int_a^b x(s)\left[\int_a^b K(t,s)y(t)\mathrm{d}t\right]\mathrm{d}s.$$

由于 $x \in L^p[a,b]$ 任意,故

$$T^*f(s) = \int_a^b K(t,s)y(t)\mathrm{d}t. \tag{21}$$

因f与y可视为同一,(21)又可写成

$$(T^*y)(s) = \int_a^b K(t,s)y(t)\mathrm{d}t.$$

将变量 t,s 的符号对调,得到

$$(T^*y)(t) = \int_a^b K(s,t)y(s)\mathrm{d}s.$$

由此可见，T^* 是以 $K_1(t,s)=K(s,t)$ 为核的积分算子.

5.3 弱收敛

到现在为止，我们已经定义了下列几种收敛：对于赋范线性空间中的点列来说，有按范数收敛；对于定义在赋范线性空间上的有界线性算子列来说，则有按一致算子拓扑收敛与按强算子拓扑收敛，并已指出这是两种不同的收敛. 现在再定义另外两种收敛：一种是对偶空间中有界线性泛函序列的弱*收敛，另一种是空间中点列的弱收敛. 关于弱收敛，在第五章中已就 L^p 空间的情形讨论过，这里讨论一般情形.

定义 5.3 设 E 为赋范线性空间，E^* 为其对偶空间，$\{f_n\}\subset E^*$，$f_0\in E^*$. 如果对于每一个 $x\in E$，有 $\lim\limits_{n\to\infty}f_n(x)=f_0(x)$，则称 $\{f_n\}$ **弱*收敛**于 f_0，并称 f_0 是 $\{f_n\}$ 的**弱*极限**.

由弱*收敛的定义可知，下列性质成立：

(i) 弱*收敛的极限唯一.

若 E 上有界线性泛函序列 $\{f_n\}$ 同时弱*收敛于 f_0 及 f'_0，由弱*收敛的定义可知，对任何 $x\in E$，$f_0(x)=f'_0(x)$，故 $f_0=f'_0$.

(ii) 有界线性泛函序列依 E^* 中的范数收敛蕴含弱*收敛.

设 $\{f_n\}\subset E^*(n=1,2,3,\cdots)$，$f_0\in E^*$ 且 $\|f_n-f_0\|\to 0(n\to\infty)$. 任取 $x\in E$，由

$$|f_n(x)-f_0(x)|\leqslant\|f_n-f_0\|\,\|x\|\to 0$$

可知，$\{f_n\}$ 弱*收敛于 f_0.

由这一章 §3.1 定理 3.2 可以导出弱*收敛的一个充分必要条件.

定理 5.4 设 E 是巴拿赫空间，$\{f_n\}$ $(n=1,2,3,\cdots)$ 是 E 上的一个有界线性泛函序列，则 $\{f_n\}$ 弱*收敛于某个 $f\in E^*$ 的充分必要条件是：

(i) $\{f_n\}$ 一致有界；

(ii) 对 E 的某个稠密子集 G 中的每个元素 x，$\{f_n(x)\}$ 收敛.

由于定理 3.2 的充分性部分只需设 E 是赋范线性空间，因此定理 5.4 的充分性部分也只需设 E 是赋范线性空间.

由以上定理 5.4 的必要性可知，巴拿赫空间上的有界线性泛函序列若弱*收敛则必有界.

下面就可分赋范线性空间这一特殊情形提出一个弱*收敛的充分条件. 所用的证明方法称为赫利(E. Helly) 选择原理.

定理 5.5 若赋范线性空间 E 是可分的，则由 E 上任意一个一致有界的线性泛函序列中必可取出一个弱*收敛的子序列.

证 设$\{f_n\}$是E上的一个一致有界线性泛函序列.由E可分可知,E中存在可列稠密子集$\{x_k\}$ $(k=1,2,3,\cdots)$. 由于数列

$$f_1(x_1),f_2(x_1),f_3(x_1),\cdots$$

有界,因此从$\{f_n\}$中可选出子序列$f_1^{(1)},f_2^{(1)},f_3^{(1)},\cdots$使数列

$$f_1^{(1)}(x_1),f_2^{(1)}(x_1),f_3^{(1)}(x_1),\cdots$$

收敛. 同理从$\{f_n^{(1)}\}$中又可选出子序列$f_1^{(2)},f_2^{(2)},f_3^{(2)},\cdots$, 使数列

$$f_1^{(2)}(x_2),f_2^{(2)}(x_2),f_3^{(2)}(x_2),\cdots$$

收敛.以此类推,可得一系列的子序列:

$$\begin{array}{c} f_1^{(1)},f_2^{(1)},f_3^{(1)},\cdots \\ f_1^{(2)},f_2^{(2)},f_3^{(2)},\cdots \\ \cdots\cdots\cdots\cdots \\ f_1^{(n)},f_2^{(n)},f_3^{(n)},\cdots \\ \cdots\cdots\cdots\cdots \end{array} \tag{22}$$

其中每一行是前一行的子序列,而且对每个给定的$k(k=1,2,3,\cdots)$, 数列

$$f_1^{(k)}(x_k),f_2^{(k)}(x_k),f_3^{(k)}(x_k),\cdots \tag{23}$$

收敛.取(22)中对角线上的泛函组成的序列

$$f_1^{(1)},f_2^{(2)},\cdots,f_n^{(n)},\cdots.$$

由(23),对每个$x_k(k=1,2,3,\cdots)$, 数列

$$f_1^{(1)}(x_k),f_2^{(2)}(x_k),\cdots,f_n^{(n)}(x_k),\cdots$$

均收敛.由于$\{f_n^{(n)}\}$ $(n=1,2,3,\cdots)$一致有界,且$\{x_k\}$ $(k=1,2,3,\cdots)$在E中稠密,由定理5.4的充分性可知,$\{f_n^{(n)}\}$弱*收敛于某一有界线性泛函. ▮

下面讨论点列的弱收敛.

定义5.4 设E是赋范线性空间,$\{x_n\}\subset E$ $(n=1,2,3,\cdots)$,$x_0\in E$.如果对于每个$f\in E^*$,有$\lim\limits_{n\to\infty}f(x_n)=f(x_0)$,则称$\{x_n\}$**弱收敛**于$x_0$,并称$x_0$是$\{x_n\}$的**弱极限**.

由点列弱收敛的定义可导出下列性质:

(i) 弱收敛点列的极限唯一.

用反证法.设$\{x_n\}\subset E$ $(n=1,2,3,\cdots)$既弱收敛于x_0又弱收敛于x_0'.若$x_0\neq$

x'_0,由这一章 §4 定理 4.2 推论 3,存在 $f_0 \in E^*$ 使

$$\|f_0\| = 1,\ f_0(x_0 - x'_0) = \|x - x'_0\| \ (\neq 0).$$

另一方面,$\{f_0(x_n)\}$ 同时收敛于 $f_0(x_0)$ 及 $f_0(x'_0)$,故 $f_0(x_0) = f_0(x'_0)$,于是 $f_0(x_0 - x'_0) = 0$,矛盾.因此弱极限唯一.

(ii) 点列依范数收敛蕴含弱收敛.

证法与弱 * 收敛的性质(ii) 的证法相似,故从略.

(iii) 设 $\{x_n\} \subset E\ (n = 1,2,3,\cdots)$ 弱收敛于 $x_0 \in E$,则 $\{\|x_n\|\}$ 有界.

我们将 $x_n (n = 1,2,3,\cdots)$ 看成 E^{**} 中的元素,那么作为 E^* 上的有界线性泛函序列,$\{x_n\}$ 弱 * 收敛于 x_0.因 E^* 是巴拿赫空间,故 $\{x_n\}$ 有界.

为了使读者对点列弱收敛概念有较深入的了解,我们以 $C[a,b]$ 及 $L^p[a,b]$ 为例,讨论其中点列弱收敛的条件.

例 3 空间 $C[a,b]$ 中的点列 $\{x_n\}\ (n = 1,2,3,\cdots)$ 弱收敛于 $x_0 \in C[a,b]$ 的充分必要条件是 $\{x_n\}$ 满足下列性质:

(i) $\{x_n(\cdot)\}$ 作为函数列在 $[a,b]$ 上处处收敛于 $x_0(\cdot)$;

(ii) $\{\|x_n\|\}$ 为有界数列.

证 必要性 (ii) 的必要性显然,只需证明(i) 的必要性.任取 $t_0 \in [a,b]$,在 $C[a,b]$ 上定义泛函 f_0 如下:

$$f_0(x) = x(t_0) \quad (x \in C[a,b]).$$

则 f_0 是 $C[a,b]$ 上的有界线性泛函.设 $\{x_n\} \subset C[a,b]$ 弱收敛于 $x_0 \in C[a,b]$,于是 $f_0(x_n) \to f_0(x_0)$,即 $\{x_n(t_0)\}$ 收敛于 $x_0(t_0)$.(i) 成立.

充分性 设 f 是 $C[a,b]$ 上的任一有界线性泛函,由定理 5.2,存在 $[a,b]$ 上的有界变差函数 v,使

$$f(x) = \int_a^b x(t)\,\mathrm{d}v(t) \quad (x \in C[a,b]). \tag{24}$$

(24)的右端可以看成是 LS 积分. 现设 $\{x_n(\cdot)\}$ 满足条件(i)、(ii).由 LS 积分的勒贝格控制收敛定理,得到

$$\int_a^b x_n(t)\,\mathrm{d}v(t) \to \int_a^b x_0(t)\,\mathrm{d}v(t),$$

即 $f(x_n) \to f(x_0)$,故 $\{x_n\}$ 弱收敛于 x_0. ∎

应用例 3 的结果,可以在 $C[a,b]$ 中作一个弱收敛但不依范数收敛的点列.为简单起见,设 $[a,b] = [0,1]$. 令

$$x_n(t)=\frac{nt}{1+n^2t^2}\quad(t\in[0,1],\ n=1,2,3,\cdots).$$

容易看出，对每个 $t\in[0,1]$，$\{x_n(t)\}\to 0$，例 3 中的条件(i) 满足. 再利用古典分析中求最大值的方法可以证明

$$\|x_n\|=\frac{1}{2}\quad(n=1,2,3,\cdots).\tag{25}$$

故 $\{\|x_n\|\}$ 有界，条件(ii) 满足. 因此 $\{x_n\}$ 弱收敛于 θ. 但由(25)，$\{x_n\}$ 不依范数收敛于零.

例 3 还告诉我们，对于一致有界的连续函数列，处处收敛可以纳入弱收敛范围内.

例 4 $L^p[a,b]\,(1<p<\infty)$ 中的点列 $\{x_n\}_{n\in\mathbf{N}}$ 弱收敛于 $x_0\in L^p[a,b]$ 的充分必要条件是 $\{x_n\}$ 满足下列性质：

(i) 对于每个 $t\in[a,b]$，有

$$\int_a^t x_n(s)\,\mathrm{d}s\to\int_a^t x_0(s)\,\mathrm{d}s\quad(n\to\infty);$$

(ii) $\{\|x_n\|\}$ 为有界数列.

证 必要性 只需证性质(i) 的必要性. 任取 $t\in[a,b]$，令 χ_t 为 $[a,t]$ 的特征函数. 显然 $\chi_t\in L^q[a,b]$，这里 q 是 p 的相伴数. 由定理 5.3，等式

$$f(x)=\int_a^b x(s)\chi_t(s)\,\mathrm{d}s=\int_a^t x(s)\,\mathrm{d}s\tag{26}$$

定义了 $L^p[a,b]$ 上的有界线性泛函 f. 现设 $\{x_n\}\subset L^p[a,b]\ (n=1,2,3,\cdots)$ 弱收敛于 $x_0\in L^p[a,b]$，将 x_n 代入(26) 中，并令 $n\to\infty$，得到

$$\int_a^t x_n(s)\,\mathrm{d}s\to\int_a^t x_0(s)\,\mathrm{d}s.$$

(i) 成立.

充分性 设 $\{x_n\}\subset L^p[a,b]\ (n=1,2,3,\cdots)$ 满足性质(i)、(ii). 性质(i) 等价于

$$\int_a^b x_n(s)\chi_t(s)\,\mathrm{d}s\to\int_a^b x_0(s)\chi_t(s)\,\mathrm{d}s,$$

其中 χ_t 为区间 $[a,t]$ 的特征函数. 于是对任一阶梯函数

$$y(s)=\sum_{j=1}^{k}\alpha_j\chi_{t_j}(s)\tag{27}$$

有

$$\int_a^b x_n(s)y(s)\,\mathrm{d}s \to \int_a^b x_0(s)y(s)\,\mathrm{d}s. \tag{28}$$

而形如(27) 的阶梯函数构成的集在 $L^q[a,b]$ 中稠密,由$\{\|x_n\|\}$的有界性及定理 5.4 可知,对任一 $y\in L^q[a,b]$,(28) 仍成立,故$\{x_n\}$弱收敛于 x_0. ■

应用例 4,我们同样可以在 $L^p[a,b]$ 中找到一个弱收敛但不依范数收敛的点列(见本章习题 36).

在 §4 及 §5 中,我们研究了有界线性泛函的延拓、对偶空间及伴随算子,希望读者注意:

(i) 关于有界线性泛函的延拓定理,我们应当注意:

(a) 一般说,它指的是保持范数不变的延拓,但也可以不作如此要求.不论是否保持范数不变,有界线性泛函的延拓一般说不唯一.一旦不唯一,那么所有延拓构成的集之基数大于等于 $\aleph$.

(b) 利用有界线性泛函的延拓定理,我们可以确定 E 中的元素 x_0 是否具有某种属性.例如是否属于某个闭子空间或者是否属于某个子空间的闭包,是否可以用 E 中某个子集 A 中元素的线性组合以任意的精确度来逼近,等等.

(ii) 如果我们从更高的层次即从整体上来考察有界线性泛函,便得到对偶空间.

有了对偶空间,便可以进而引入伴随算子,它“伴随”着原算子的出现而出现.伴随算子与原算子有着极为密切的联系.譬如说,它们有相同的范数,映射:$T\mapsto T^*$ 是线性的(见伴随算子的性质),以后还要证明:它们同时有有界逆算子,等等.

(iii) 关于点列及有界线性泛函序列的收敛,则应当注意:对于点列来说,有按范数收敛、弱收敛两种;对于有界线性泛函序列来说,则有按范数收敛、弱收敛以及弱*收敛三种.

§6 有界线性算子的正则集与谱

6.1 逆算子的性质

在第六章 §2 中,我们介绍了逆映射的含义,在这一章 §2 中我们讨论了有界线性算子的逆算子并获得了逆算子定理.在这一节中,我们将研究与有界线性算子及其逆算子有密切关系的正则集、谱以及与之有关的若干课题.

大家知道,由赋范线性空间 E 到赋范线性空间 E_1 中的线性算子 T,如果既是单映射又是满映射,则 T 的逆算子 T^{-1} 存在.当 T 存在逆算子时,称 T 是**可逆**的.但值得注意的是,由于 E,E_1 都是赋范线性空间,逆算子 T^{-1} 未必有界.由这一章 §2.1 定理 2.2 可知,当 E,E_1 都是巴拿赫空间时,T^{-1} 必有界.

在研究有界线性算子的正则集、谱等课题之前,作为准备,先介绍逆算子几个有用的性质.

(i) 根据第六章 §2 关于逆映射的等式(7) 及(8),当 T 的逆算子 T^{-1} 存在时,有

$$T^{-1}T = I_E, \quad TT^{-1} = I_{E_1}, \tag{1}$$

其中 I_E, I_{E_1} 分别表示 E,E_1 中的**单位算子**.

(ii) 如果存在定义在 E_1 上而值域包含在 E 中的线性 算子 S 及 S_1 使得

$$ST = I_E, \quad TS_1 = I_{E_1}, \tag{2}$$

则 T 是可逆的, 且 $T^{-1} = S = S_1$.

只需证(ii).由(2) 中的第一个等式可知,当 $x \neq \theta$ 时,$Tx \neq \theta$,T 是单映射.由(2) 中的第二个等式可知,T 是满映射.于是 T 既是单映射又是满映射,因此 T 是可逆的.现在证明 $T^{-1} = S = S_1$.对(2) 中第二个等式的两边同时左乘 T^{-1}, 得到

$$T^{-1} = T^{-1}(TS_1) = (T^{-1}T)S_1 = S_1.$$

同理可证 $T^{-1} = S$.

性质(ii) 告诉我们两件事:

(a) 如果存在满足等式(2) 的算子 S 及 S_1,则它们相等而且就是 T 的逆算子;

(b) 为了检验 T 是否可逆,只需证明存在满足等式(2) 的算子 S 及 S_1 就可以了.

(iii) 设 E_2 也是赋范线性空间,T_1 是由 E 到 E_1 的线性算子,T_2 是由 E_1 到 E_2 的线性算子.若 T_1,T_2 都是可逆的,则 T_2T_1 也是可逆的,且

$$(T_2T_1)^{-1} = T_1^{-1}T_2^{-1}. \tag{3}$$

这一 结果比较显然,将证明留给读者.

下面的定理在有界线性算子的谱理论中起着很重要的作用.

定理 6.1 设 E,E_1 均为巴拿赫空间,$T \in \mathscr{B}(E,E_1)$.则 T 有有界逆算子的充分必要条件是 T^* 有有界逆算子,而且当 T 有有界逆算子时,$(T^{-1})^* = (T^*)^{-1}$.

证 必要性 设 T 有有界逆算子,由这一章 §5.2 定义 5.2 后面的性质(v), 有

$$T^*(T^{-1})^* = (T^{-1}T)^* = I^*, \tag{4}$$

这里 I^* 表示 E^* 中的单位算子.其次有

$$(T^{-1})^* T^* = (TT^{-1})^* = I_1^*, \tag{5}$$

这里 I_1^* 表示 E_1^* 中的单位算子.由(4),(5) 以及上面的性质(ii),$(T^{-1})^*$ 是 T^* 的逆算子.因$(T^{-1})^*$ 有界,故 T^* 有有界逆算子,且$(T^*)^{-1} = (T^{-1})^*$.

充分性　现在设 T^* 有有界逆算子.由必要性的证明可知,T^{**} 有有界逆算子.任取 $x^{**} \in X^{**}$,则有

$$\|x^{**}\| = \|(T^{**})^{-1}T^{**}x^{**}\| \leqslant \|(T^{**})^{-1}\| \|T^{**}x^{**}\|. \tag{6}$$

由于 T^{**} 是 T 的延拓,由(6) 可知,对任何 $x \in E$, 有

$$\|x\| \leqslant M\|Tx\| \quad (M = \|(T^{**})^{-1}\|). \tag{7}$$

由(7)可知, T 是单映射,又因 E 是巴拿赫空间,仍由(7),容易证明 $T(E)$ 在 E_1 中闭.

下面证明 $T(E) = E_1$.为此,只需证明 $T(E)$ 在 E_1 中稠密.

设不然,则$T(E)$ 是 E_1 的真闭子空间.由这一章 §4.2 定理4.2 推论 1 知,存在$f \in E_1^*$ 满足$f \neq \theta$ 且$f(Tx) = 0$对一切$x \in E$成立.由$(T^*f)(x) = f(Tx)$ 可知,$(T^*f)(x) = 0$对一切$x \in E$成立,于是$T^*f = \theta$.因T^* 是可逆的,故$f = \theta$,矛盾.这个矛盾表明 $T(E)$ 在 E_1 中稠密.于是 $T(E) = E_1$,因此 T 既是满映射又是单映射,故 T^{-1} 存在,再由(7) 可知,T^{-1} 有界. ■

6.2　有界线性算子的正则集与谱

我们在第六章 §6 中已经指出,在微分方程、积分方程的理论中,研究解的存在性、唯一性是一个十分重要的课题.例如,在那里我们利用压缩映射原理讨论了积分方程

$$x(t) = y(t) + \lambda \int_a^b K(t,s)x(s)\,\mathrm{d}s \tag{8}$$

当 $|\lambda|$ 充分小时解的存在性、唯一性.应当特别注意的是 $|\lambda|$ 需要充分小.如果 $|\lambda|$ 不是充分小,那么积分方程(8) 解的存在性、唯一性问题将变得复杂得多.这些在积分方程理论中已有深入研究,这里不打算详细介绍.我们的目的是从算子理论的角度考察算子方程解的存在性、唯一性以及由此导出的正则集、谱,等等.

今后如无特别声明,始终假定 E 为复巴拿赫空间.

对比(8) 式, 考察一般的算子方程

$$\lambda x - Tx = y, \tag{9}$$

这里 $T \in \mathscr{B}(E)$.(9) 与(8) 的不同仅仅是将 λ 移到了 x 的前面而成为 x 的系数,

T 则是一般的有界线性算子.

我们的问题是:对于任一 $y \in E$,算子方程(9) 的解是否存在与唯一? 这显然与 λ 的值有关,也就是说,对 λ 的某些值,算子方程(9) 可能存在唯一的解,对 λ 的另一些值,算子方程(9) 可能存在解但不唯一,而对 λ 的其他一些值,算子方程(9) 可能根本不存在解.为了区分这些不同的情形并对这些情形作较深入的研究,我们先引进如下的定义.

定义 6.1 设 $T \in \mathscr{B}(E)$,λ 为复数.

(i) 如果 $\lambda I - T$ 有有界逆算子,则称 λ 为 T 的**正则值**,正则值的全体称为 T 的**正则集**,以 $\rho(T)$ 表示.当 $\lambda \in \rho(T)$ 时,用 $R(\lambda, T)$ 表示 $\lambda I - T$ 的有界逆算子 $(\lambda I - T)^{-1}$,并称 $R(\lambda, T)$ 为 T 的**预解式**或**预解算子**;

(ii) 如果 λ 不是 T 的正则值(即 $\lambda I - T$ 没有有界逆算子),则称 λ 为 T 的**谱点**,谱点的全体称为 T 的**谱**,以 $\sigma(T)$ 表示.$\sigma(T)$ 中的点还可以分成以下三种类型:

(a) 对 $\lambda \in \sigma(T)$,方程 $(\lambda I - T)x = \theta$ 有非零解,这时称 λ 为 T 的**特征值**,而称对应的非零解为 T 的**特征元**或**特征向量**.当 λ 是 T 的特征值时,我们也称 λ 属于 T 的**点谱**,记为 $\sigma_p(T)$;

(b) 对 $\lambda \in \sigma(T)$,方程 $(\lambda I - T)x = \theta$ 只有零解,$\lambda I - T$ 的值域是 E 的真子空间,且在 E 中稠密,这时称 λ 属于 T 的**连续谱**,记为 $\sigma_c(T)$;

(c) 对 $\lambda \in \sigma(T)$,方程 $(\lambda I - T)x = \theta$ 只有零解,$\lambda I - T$ 的值域在 E 中不稠密,这时称 λ 属于 T 的**剩余谱**,记为 $\sigma_r(T)$.

对于 T 的正则集 $\rho(T)$ 与谱 $\sigma(T)$,下面的性质成立:

(i) $\rho(T) = \rho(T^*)$; $\sigma(T) = \sigma(T^*)$.

将定理 6.1 应用于 $\lambda I - T$ 可知,$\lambda I - T$ 有有界逆算子的充分必要条件是 $\lambda I - T^*$ 有有界逆算子,故 $\rho(T) = \rho(T^*)$,因此 $\sigma(T) = \sigma(T^*)$.

(ii) 定义 6.1(ii) 中的(a)、(b) 及(c) 概括了 T 的谱 $\sigma(T)$ 所有可能的情形故 $\sigma(T) = \sigma_p(T) \cup \sigma_c(T) \cup \sigma_r(T)$.

例 1 在 n 维空间 $\mathbf{C}^n$ 中考察由以下三角 矩阵

$$\begin{pmatrix} a_{11} & 0 & \cdots & 0 \\ a_{21} & a_{22} & \cdots & 0 \\ \vdots & \vdots & & \vdots \\ a_{n1} & a_{n2} & \cdots & a_{nn} \end{pmatrix}$$

定义的算子 T:

$$y = Tx: \eta_l = \sum_{k=1}^{l} a_{lk}\xi_k \quad (l = 1,2,\cdots,n),$$

其中 $x = (\xi_1,\xi_2,\cdots,\xi_n)$, $y = (\eta_1,\eta_2,\cdots,\eta_n)$ 均属于 $\mathbf{C}^n$.由线性代数可知,主对角线上的数 $a_{11},a_{22},\cdots,a_{nn}$ 是算子 T 的特征值,而当 $\lambda \neq a_{ll}(l = 1,2,\cdots,n)$ 时,λ 就是 T 的正则值.

例 2 在复连续函数空间 $C[0,1]$ 中考察乘法算子:

$$(Tx)(t) = tx(t).$$

设 $\lambda \,\bar{\in}\, [0,1]$. 令

$$[R(\lambda,T)x](t) = \frac{x(t)}{\lambda - t}.$$

不难验证, $R(\lambda,T)$ 是定义在 $C[0,1]$ 上值域包含在 $C[0,1]$ 中的有界线性算子. 因为

$$[R(\lambda,T)(\lambda I - T)x](t) = x(t) = [(\lambda I - T)R(\lambda,T)x](t)$$

对所有 $x \in C[0,1]$ 成立,故 λ 是 T 的正则值.

现设 $\lambda \in [0,1]$, 由

$$[(\lambda I - T)x](t) = (\lambda - t)x(t) \quad (x \in C[0,1])$$

可知, 当 $t=\lambda$ 时, $(\lambda - t)x(t)=0$,因此 $(\lambda - t)x(t)$ 的全体构成的集在 $C[0,1]$ 中不稠密,这里 $x \in C[0,1]$ 是任意的.其次,不难证明,λ 不可能是 T 的特征值.因为若有 $x_0 \in C[0,1]$,使

$$[(\lambda I - T)x_0](t) = (\lambda - t)x_0(t) = 0,$$

则当 $t \neq \lambda$ 时, $x_0(t)=0$.由 $x_0(\cdot)$ 的连续性可知,对一切 $t \in [0,1]$, $x_0(t)=0$.这说明方程 $(\lambda I - T)x(t) = 0$ 没有非零解.综上所述,$\lambda \in \sigma_r(T)$.

例 3 在复空间 $C[0,1]$ 中考察沃尔泰拉积分算子:

$$(Tx)(t) = \int_0^t x(s)\,\mathrm{d}s.$$

先设 $\lambda \neq 0$, 于是方程

$$[(\lambda I - T)x](t) = y(t), \quad 即\ \lambda x(t) - \int_0^t x(s)\,\mathrm{d}s = y(t)$$

等价于方程

$$x(t) = \frac{1}{\lambda}y(t) + \frac{1}{\lambda}\int_0^t x(s)\,\mathrm{d}s. \tag{10}$$

由第六章 §6 可知,对任何 $y \in C[0,1]$,方程(10)存在唯一的解.由逆算子定理,

$\lambda I-T$ 存在有界逆算子,故任何复数 $\lambda\neq0$ 都是 T 的正则值.

现设 $\lambda=0$,由 $(Tx)(t)=\int_0^t x(s)\mathrm{d}s$ 可以看出,T 的值域是在区间 $[0,1]$ 的左端点 0 处等于零的连续可微函数构成的集.这个集合在 $C[0,1]$ 中不稠密.其次,设 $(Tx)(t)=\int_0^t x(s)\mathrm{d}s=0$,由 $x(t)$ 的连续性可知,对一切 $t\in[0,1]$,有 $x(t)=0$.因此 $\lambda=0$ 不是 T 的特征值,于是属于 T 的剩余谱.根据以上的讨论可知,$\sigma(T)=\sigma_r(T)=\{0\}$.

上面几个例子表明,有界线性算子的谱比较复杂.例 1 与例 3 表明,谱可以只含一个点或有限个点;例 2 表明,剩余谱可以充满一个区间.实际上还有这样的算子,它的谱充满了平面上某个闭区域.为使篇幅不致过长,不再一一介绍.

6.3 正则集与谱的性质

现在着手讨论有界线性算子谱以及正则集的性质.先讨论有界线性算子的特征值与特征向量.

定理 6.2 设 $T\in\mathscr{B}(E)$.那么下列结论成立:

(i) 若 λ 是 T 的特征值,则 T 对应于 λ 的全部特征向量以及零元素组成 E 的一个闭子空间.今后我们称它为 T 对应于 λ 的**特征向量空间**,而称此特征向量空间的维数为特征值 λ 的**重复度**.

(ii) 设 λ_k 是 T 的 n 个不同的特征值,而 x_k 是 T 对应于 λ_k 的任一特征向量($k=1,2,\cdots,n$),则 $x_1,x_2,\cdots,x_n$ 线性无关.

证 (i) T 对应于 λ 的全部特征向量以及零元素构成的集实际上就是算子 $\lambda I-T$ 的零空间.由于任何有界线性算子的零空间都是闭子空间,故结论(i)成立.

(ii) 因 $x_1\neq\theta$,故 x_1 本身是线性无关的.我们用归纳法证明 $x_1,x_2,\cdots,x_n$ 线性无关.假设 $x_1,x_2,\cdots,x_k$ 线性无关 $(k=1,2,\cdots,n-1)$.现在证明 $x_1,x_2,\cdots,x_k,x_{k+1}$ 线性无关.设不然,则存在不全为零的 $c_1,c_2\cdots,c_k$ 使

$$x_{k+1}=c_1x_1+c_2x_2+\cdots+c_kx_k,$$

于是

$$\lambda_{k+1}x_{k+1}=c_1\lambda_{k+1}x_1+c_2\lambda_{k+1}x_2+\cdots+c_k\lambda_{k+1}x_k. \tag{11}$$

另一方面

$$\begin{aligned}\lambda_{k+1}x_{k+1}&=Tx_{k+1}=c_1Tx_1+c_2Tx_2+\cdots+c_kTx_k\\&=c_1\lambda_1x_1+c_2\lambda_2x_2+\cdots+c_k\lambda_kx_k\end{aligned} \tag{12}$$

用(11)减去(12),得到

$$c_1(\lambda_{k+1}-\lambda_1)x_1+\cdots+c_k(\lambda_{k+1}-\lambda_k)x_k=\theta.$$

由于 $x_1,x_2,\cdots,x_k$ 线性无关,故

$$c_1(\lambda_{k+1}-\lambda_1)=c_2(\lambda_{k+1}-\lambda_2)=\cdots=c_k(\lambda_{k+1}-\lambda_k)=0. \tag{13}$$

又因为 $\lambda_{k+1}\neq\lambda_j$ 对所有 $j=1,2,\cdots,k$ 成立,故 $c_1=c_2=\cdots=c_k=0$,矛盾.因此 x_1,$x_2,\cdots,x_{k+1}$ 线性无关.由此可知,$x_1,x_2,\cdots,x_n$ 线性无关.(ii) 成立. ∎

下面进一步讨论有界线性算子谱的性质,先介绍抽象解析函数.

设 $T(\cdot)$ 是定义在复平面的某个开集 G 内而在巴拿赫空间 E 内取值的抽象函数.如果对于给定的 $\lambda\in G$,当 $\Delta\lambda\to 0$ 时,比值

$$\frac{T(\lambda+\Delta\lambda)-T(\lambda)}{\Delta\lambda}$$

依 E 中的范数收敛,则称它的极限是 $T(\cdot)$ 在 λ 处的**导数**,记为 $\frac{\mathrm{d}}{\mathrm{d}\lambda}T(\lambda)$,并且称 $T(\cdot)$ 在 λ 处**可导**.如果 $T(\cdot)$ 在 G 内的每一点处可导,则称 $T(\cdot)$ 在 G 内**解析**,或称 $T(\cdot)$ 为定义在 G 内的**抽象解析函数**.

定理 6.3 设 $T\in\mathscr{B}(E)$,λ 为复数.则当 $|\lambda|>\|T\|$ 时,λ 是 T 的正则值,且

$$(\lambda I-T)^{-1}=\sum_{n=0}^{\infty}\frac{T^n}{\lambda^{n+1}}. \tag{14}$$

右端的级数按一致算子拓扑收敛,$(\lambda I-T)^{-1}$ 的范数则满足

$$\|(\lambda I-T)^{-1}\|\leqslant\frac{1}{|\lambda|-\|T\|}. \tag{15}$$

证 考察算子 $\frac{T}{\lambda}$.易见 $\left\|\frac{T}{\lambda}\right\|=\frac{\|T\|}{|\lambda|}<1$, 于是

$$\sum_{n=0}^{\infty}\left\|\left(\frac{T}{\lambda}\right)^n\right\|\leqslant\sum_{n=0}^{\infty}\left\|\frac{T}{\lambda}\right\|^n<\infty.$$

因 E 为巴拿赫空间,故 $\mathscr{B}(E)$ 也为巴拿赫空间.于是级数 $\sum_{n=0}^{\infty}(T/\lambda)^n$ 按一致算子拓扑收敛于 E 中某一有界线性算子,因此级数 $\sum_{n=0}^{\infty}T^n/\lambda^{n+1}$ 也按一致算子拓扑收敛于 E 中某一有界线性算子.现在证明这个算子就是 $\lambda I-T$ 的逆算子. 因对任何自然数 m ,有

$$(\lambda I - T)\left(\sum_{n=0}^{m} \frac{T^n}{\lambda^{n+1}}\right) = \left(\sum_{n=0}^{m} \frac{T^n}{\lambda^{n+1}}\right)(\lambda I - T) = I - \frac{T^{m+1}}{\lambda^{m+1}}.$$

注意到当 $m \to \infty$ 时，$\dfrac{\|T\|^{m+1}}{|\lambda|^{m+1}} \to 0$. 取极限，便得

$$(\lambda I - T)\left(\sum_{n=0}^{\infty} \frac{T^n}{\lambda^{n+1}}\right) = \left(\sum_{n=0}^{\infty} \frac{T^n}{\lambda^{n+1}}\right)(\lambda I - T) = I.$$

因此 $\lambda I - T$ 有有界逆算子且

$$(\lambda I - T)^{-1} = \sum_{n=0}^{\infty} \frac{T^n}{\lambda^{n+1}}.$$

即等式(14)成立.由

$$\|(\lambda I - T)^{-1}\| \leqslant \sum_{n=0}^{\infty} \frac{\|T\|^n}{|\lambda|^{n+1}} = \frac{1}{|\lambda| - \|T\|}$$

可知，不等式(15)成立. ■

推论 1　设 $T \in \mathscr{B}(E)$ 有有界逆算子.那么对于任何 $S \in \mathscr{B}(E)$，当 $\|S - T\| < \|T^{-1}\|^{-1}$ 时，S 也有有界逆算子.记 $\Delta T = S - T$，则

$$S^{-1} = \sum_{n=0}^{\infty} (-T^{-1}\Delta T)^n T^{-1}; \tag{16}$$

$$\|S^{-1} - T^{-1}\| \leqslant \frac{\|\Delta T\| \, \|T^{-1}\|^2}{1 - \|\Delta T\| \, \|T^{-1}\|}. \tag{17}$$

等式(16)中的级数按一致算子拓扑收敛.

证　易见 $S = T + \Delta T = T(I + T^{-1}\Delta T)$. 由假设可知，

$$\|T^{-1}\Delta T\| \leqslant \|T^{-1}\| \, \|\Delta T\| < 1.$$

应用定理 6.3 的证法可证，$I + T^{-1}\Delta T$ 有有界逆算子，且

$$(I + T^{-1}\Delta T)^{-1} = \sum_{n=0}^{\infty} (-T^{-1}\Delta T)^n.$$

由逆算子的性质 (iii)(见定理6.1之前) 以及 T^{-1}，$(I + T^{-1}\Delta T)^{-1}$ 的有界性可知，$S = T(I + T^{-1}\Delta T)$ 有有界逆算子，且

$$S^{-1} = (I + T^{-1}\Delta T)^{-1} T^{-1} = \sum_{n=0}^{\infty} (-T^{-1}\Delta T)^n T^{-1}.$$

即等式(16)成立，又因

$$\|S^{-1}-T^{-1}\| \leqslant \left(\sum_{n=1}^{\infty}\|\Delta T\|^{n}\|T^{-1}\|^{n}\right)\|T^{-1}\|$$

$$=\frac{\|\Delta T\|\ \|T^{-1}\|^{2}}{1-\|\Delta T\|\ \|T^{-1}\|}.$$

不等式(17)成立. ∎

推论 2 设 λ 是 T 的正则值,则满足 $|\mu-\lambda|<\|(\lambda I-T)^{-1}\|^{-1}$ 的复数 μ 也是 T 的正则值, 且

$$(\mu I-T)^{-1}=\sum_{n=0}^{\infty}(-1)^{n}(\mu-\lambda)^{n}(\lambda I-T)^{-(n+1)}; \tag{18}$$

$$\|(\mu I-T)^{-1}-(\lambda I-T)^{-1}\| \leqslant \frac{|\mu-\lambda|\ \|(\lambda I-T)^{-1}\|^{2}}{1-|\mu-\lambda|\ \|(\lambda I-T)^{-1}\|}. \tag{19}$$

等式(18)中的级数按一致算子拓扑收敛.

证 在推论 1 中将 T 换成 $\lambda I-T$,将 S 换成 $\mu I-T$ 便知道推论 2 成立. ∎

定理 6.4 对于巴拿赫空间 E,下列结论成立:

(i) $\mathscr{B}(E)$ 中可逆算子的全体是 $\mathscr{B}(E)$ 中的开集;

(ii) 对任一给定的 $T\in\mathscr{B}(E)$,T 的正则集 $\rho(T)$ 是复平面上的开集,T 的谱 $\sigma(T)$ 则是复平面上的有界闭集;

(iii) $R(\cdot,T)$ 作为定义在 $\rho(T)$ 上的算子值函数是解析的.

证 (i) 由推论 1 导出.(ii) 由推论 2 及定理 6.3 导出.

(iii) 对 $\lambda,\mu\in\rho(T)$,通过直接验证易知, 下面的等式成立(见本章习题):

$$R(\mu,T)-R(\lambda,T)=(\lambda-\mu)R(\mu,T)R(\lambda,T).$$

于是

$$\frac{R(\mu,T)-R(\lambda,T)}{\mu-\lambda}=-R(\mu,T)R(\lambda,T).$$

再由不等式 (19) 可知,$R(\cdot,T)$ 在 $\rho(T)$ 内连续, 故

$$\lim_{\mu\to\lambda}\frac{R(\mu,T)-R(\lambda,T)}{\mu-\lambda}=-\lim_{\mu\to\lambda}R(\mu,T)R(\lambda,T)$$

$$=-R(\lambda,T)^{2}.$$

$R(\cdot,T)$ 在 $\rho(T)$ 内解析. ∎

由定理 6.4(ii),$\sigma(T)$ 是有界闭集,但并不知道它是否非空.下面的定理 6.5 回答了这个问题.

定理 6.5 设巴拿赫空间 E 含有非零元素,则对任一 $T \in \mathscr{B}(E)$,$\sigma(T)$ 非空.

证 用反证法.设存在 E 上的有界线性算子 T 使 $\sigma(T)=\varnothing$,则 T 的预解式 $R(\lambda,T)$ 在复平面内处处解析.任取 $\mathscr{B}(E)$ 上的有界线性泛函 f,则 $f(R(\cdot,T))$ 在复平面内处处解析.由不等式(15),当 $|\lambda| > \|T\|$ 时,

$$\|f(R(\lambda,T))| \leqslant \|f\| \, \|R(\lambda,T)\| \leqslant \frac{\|f\|}{|\lambda| - \|T\|}.$$

因此

$$\lim_{\lambda\to\infty} f(R(\lambda,T)) = 0.$$

由刘维尔 (J. Liouville) 定理,$f(R(\lambda,T))=0$ 在复平面内恒成立.由 f 的任意性可知,$R(\lambda,T)=\theta$ 在复平面内恒成立.于是

$$I=(\lambda I - T)R(\lambda,T)=\theta.$$

矛盾.这个矛盾说明 $\sigma(T) \neq \varnothing$. ∎

6.4 谱半径

定义 6.2 设 $T\in\mathscr{B}(E)$,称

$$r_T = \max_{\lambda\in\sigma(T)} |\lambda|$$

为 T 的**谱半径**.

算子 T 的谱半径是与 T 有密切联系的另一个重要的量.但与算子的范数一样,不能期望用它来全面刻画一个算子.也不能期望它们共同来全面刻画一个算子.

定理 6.6 设 $T \in \mathscr{B}(E)$.那么 $\lim\limits_{n\to\infty} \|T^n\|^{\frac{1}{n}}$ 存在,且

$$\lim_{n\to\infty} \|T^n\|^{\frac{1}{n}} = \inf_n \|T^n\|^{\frac{1}{n}}. \tag{20}$$

证 记 $r=\inf\limits_n \|T^n\|^{\frac{1}{n}}$.显然有 $\underline{\lim}_{n\to\infty} \|T^n\|^{\frac{1}{n}} \geqslant r$.因此为了证明定理,只需证明 $\overline{\lim}_{n\to\infty} \|T^n\|^{\frac{1}{n}} \leqslant r$.

根据下确界的定义,对于任给的 $\varepsilon > 0$,存在自然数 n_0,使

$$\|T^{n_0}\|^{\frac{1}{n_0}} < r+\varepsilon.$$

任取自然数 $n > n_0$,有 $n=kn_0+l$,其中 k 为自然数,l 为非负整数,满足 $0 \leqslant l < n_0$.由有界线性算子的性质(见本章 §1.3 关于有界线性算子的乘法性质(iii)),我

们有

$$\| T^n \| \leqslant \| T^{kn_0} \| \, \| T^l \| \leqslant \| T^{n_0} \|^k \| T \|^l,$$

因此

$$\| T^n \|^{\frac{1}{n}} \leqslant \| T^{n_0} \|^{\frac{k}{n}} \| T \|^{\frac{l}{n}} < (r + \varepsilon)^{\frac{kn_0}{n}} \| T \|^{\frac{l}{n}}.$$

由于当 $n \to \infty$ 时，$\dfrac{kn_0}{n} \to 1$，$\dfrac{l}{n} \to 0$，故

$$\overline{\lim_{n\to\infty}} \| T^n \|^{\frac{1}{n}} \leqslant r + \varepsilon.$$

因 $\varepsilon > 0$ 任意，故不等式 $\overline{\lim\limits_{n\to\infty}} \| T^n \|^{\frac{1}{n}} \leqslant r$ 成立. 于是等式(20) 成立. ∎

下面的定理讨论谱半径 r_{T} 与 $\lim\limits_{n\to\infty} \| T^n \|^{\frac{1}{n}}$ 的关系，并得到一个较定理 6.6 更精确的结果.

定理 6.7 设 $T \in \mathscr{B}(E)$，则 T 的谱半径 r_T 满足

$$r_T = \lim_{n\to\infty} \| T^n \|^{\frac{1}{n}}. \tag{21}$$

证 任取复数 λ，满足

$$|\lambda| > \lim_{n\to\infty} \| T^n \|^{\frac{1}{n}}. \tag{22}$$

由级数收敛的柯西判别法可知，级数 $\sum\limits_{n=0}^{\infty} \| T^n \| / \lambda^{n+1}$ 收敛，于是 $\sum\limits_{n=0}^{\infty} T^n / \lambda^{n+1}$ 按一致算子拓扑收敛. 应用定理 6.3 的证法可以证明 $\lambda \in \rho(T)$，且

$$R(\lambda, T) = \sum_{n=0}^{\infty} \frac{T^n}{\lambda^{n+1}}. \tag{23}$$

由以上证明可知，当任给的复数 λ 满足不等式(22) 时，必有 $\lambda \in \rho(T)$，故

$$r_T \leqslant \lim_{n\to\infty} \| T^n \|^{\frac{1}{n}}. \tag{24}$$

另一方面，由等式(23) 可知，对 $\mathscr{B}(E)$ 上的任一有界线性泛函 f，有

$$f[R(\lambda, T)] = \sum_{n=0}^{\infty} \frac{f(T^n)}{\lambda^{n+1}}.$$

上式左端在开集 $\{\lambda : |\lambda| > r_T\}$ 内解析，由洛朗(P. A.Laurent) 展式的唯一性可知，上式右端的级数在 $\{\lambda : |\lambda| > r_T\}$ 内收敛. 于是对任一满足 $|\lambda| > r_T$ 的复数 λ，$\left\{\dfrac{f(T^n)}{\lambda^{n+1}}\right\}$ 是有界数列. 因 f 任意，由共鸣定理可知，$\left\{\dfrac{T^n}{\lambda^{n+1}}\right\}$ 一致有界. 因而存在

$M_\lambda > 0$,使对一切非负整数 n,有$\dfrac{\|T^n\|}{|\lambda|^{n+1}} \leqslant M_\lambda$,因此

$$\|T^n\|^{\frac{1}{n}} \leqslant M_\lambda^{\frac{1}{n}} |\lambda|^{\frac{n+1}{n}}.$$

令 $n \to \infty$,得到

$$\overline{\lim_{n\to\infty}} \|T^n\|^{\frac{1}{n}} \leqslant |\lambda|. \tag{25}$$

不等式(25)对任何满足 $|\lambda| > r_T$ 的复数 λ 都成立,所以

$$\overline{\lim_{n\to\infty}} \|T^n\|^{\frac{1}{n}} \leqslant r_T. \tag{26}$$

由不等式(24),(26)可知,等式(21)成立. ∎

在这一节中,我们引进了有界线性算子的正则集、谱以及谱半径.对于谱,则有点谱、连续谱与剩余谱之分.希望读者注意:

(i) 有界线性算子 T 的正则集 $\rho(T)$ 是开集,$\sigma(T)$ 是有界闭集,而当 $E \neq \{\theta\}$ 时,$\sigma(T)$ 非空.至于点谱、连续谱与剩余谱,则视算子的不同而出现不同的情形.

(ii) 可逆算子的全体在 $\mathscr{B}(E)$ 中是开集,这无疑是一个有意义的结果.对于这个开集,我们还可作进一步研究,但已超出本书的范围,故从略.

(iii) 有界线性算子 T 的预解式 $R(\lambda, T) = (\lambda I - T)^{-1}$ 是与 T 有密切关系的算子值解析函数,它是研究算子 T 的特性的一个有力工具.

(iv) 有界线性算子 T 的谱半径是第二个与 T 有密切联系的重要的量,它与 T 的乘幂及其范数通过下面的等式联系起来:

$$r_T = \lim_{n\to\infty} \|T^n\|^{\frac{1}{n}}.$$

§7 紧算子

在这一节中,我们将对一类特殊的有界线性算子——紧算子作比较系统的研究.

7.1 紧算子及其基本性质

定义 7.1 设 T 是定义在赋范线性空间 E 上而值域包含在赋范线性空间 E_1 中的线性算子.如果 T 将 E 中的任一有界集映成 E_1 中的准紧集,则称 T 为**紧算子**或**全连续算子**.

由紧算子的定义可知:

(i) 紧算子是连续的.

由于准紧集有界,由这一章 §1 定理 1.2 及定理 1.4 可知,紧算子必有界因而连续.

(ii) 算子 T 为紧算子的充分必要条件是 T 将 E 中的闭单位球 $\bar{S}(\theta,1)=\{x:\|x\|\leqslant 1\}$ 映成 E_1 中的准紧集.

必要性是显然的.今证充分性.设 $A\subset E$ 为任一有界集,取正数 α_0 充分大,使 $\frac{1}{\alpha_0}A\subset\bar{S}(\theta,1)$,这里 $\frac{1}{\alpha_0}A=\left\{\frac{1}{\alpha_0}x:x\in A\right\}$.根据假定,$T\left(\frac{1}{\alpha_0}A\right)$ 是 E_1 中的准紧集.于是 $T(A)=\alpha_0 T\left(\frac{1}{\alpha_0}A\right)$ 也是 E_1 中的准紧集,故 T 为紧算子.

例 1 设 E,E_1 是赋范线性空间,$T\in\mathscr{B}(E,E_1)$,如果 T 的值域是有限维的,则 T 为紧算子.

因 T 有界,T 将 E 中的任一有界集映成 E_1 中的有界集.由假定,这个有界集包含在 E_1 的某个有限维子空间中,故为准紧集.于是 T 为紧算子.

我们称例 1 中的算子 T 是**有限秩算子**.

例 2 设 $K(t,s)$ 在 $a\leqslant t\leqslant b,a\leqslant s\leqslant b$ 上连续,则由

$$(Tx)(t)=\int_a^b K(t,s)x(s)\,\mathrm{d}s$$

定义的算子 T 是 $C[a,b]$ 上的紧算子.

证 设 A 是 $C[a,b]$ 中的有界集,则存在正数 M 使得对一切 $x\in A$,有 $\|x\|\leqslant M$. 于是

$$\begin{aligned}|(Tx)(t_1)-(Tx)(t_2)|&\leqslant\int_a^b|K(t_1,s)-K(t_2,s)|\,|x(s)|\,\mathrm{d}s\\&\leqslant M\int_a^b|K(t_1,s)-K(t_2,s)|\,\mathrm{d}s.\end{aligned}$$

注意到 $K(t,s)$ 在 $a\leqslant t\leqslant b,a\leqslant s\leqslant b$ 上连续,故对任给的 $\varepsilon>0$,存在 $\delta>0$,使得对任意的 $t_1,t_2\in[a,b]$,只要 $|t_1-t_2|<\delta$, 就有

$$|K(t_1,s)-K(t_2,s)|<\frac{\varepsilon}{M(b-a)}\quad(s\in[a,b]),$$

因此对一切 $x\in A$, 有

$$|(Tx)(t_1)-(Tx)(t_2)|<\varepsilon.$$

这表明 A 的像 $T(A)$ 在 $C[a,b]$ 中是等度连续的.又因 T 有界(见这一章 §1.1 例 6),因此 $T(A)$ 有界.由第六章 §5 定理 5.1 可知,$T(A)$ 为准紧集.故 T 为紧算子. ■

例 3　设无穷矩阵(α_{ij})满足

$$\sum_{i,j=1}^{\infty}|\alpha_{ij}|^2<\infty,$$

则由

$$y=Tx:\eta_i=\sum_{j=1}^{\infty}\alpha_{ij}\xi_j\quad(i=1,2,3,\cdots)$$

定义了l^2上的紧算子T,其中$x=\{\xi_1,\xi_2,\cdots,\xi_j,\cdots\}$,$y=\{\eta_1,\eta_2,\cdots,\eta_j,\cdots\}$均属于$l^2$.

证　由以下一系列等式与不等式

$$\begin{aligned}\|y\|^2=\sum_{i=1}^{\infty}|\eta_i|^2&=\sum_{i=1}^{\infty}\left|\sum_{j=1}^{\infty}\alpha_{ij}\xi_j\right|^2\\&\leqslant\sum_{i=1}^{\infty}\left(\sum_{j=1}^{\infty}|\alpha_{ij}|^2\right)\left(\sum_{j=1}^{\infty}|\xi_j|^2\right)\\&=\left(\sum_{i,j=1}^{\infty}|\alpha_{ij}|^2\right)\|x\|^2\end{aligned}$$

可知,T是定义在l^2上的有界线性算子.

现在证明T是紧算子.设A是l^2中的任一有界集,于是存在正数M使得对一切$x\in A$,有$\|x\|\leqslant M$.由于$\sum\limits_{i,j=1}^{\infty}|\alpha_{ij}|^2<\infty$,因此,对任一$\varepsilon>0$,存在$N>0$,使得

$$\sum_{i=N+1}^{\infty}\sum_{j=1}^{\infty}|\alpha_{ij}|^2<\frac{\varepsilon^2}{M^2}.$$

于是

$$\begin{aligned}\sum_{i=N+1}^{\infty}|\eta_i|^2&=\sum_{i=N+1}^{\infty}\left|\sum_{j=1}^{\infty}\alpha_{ij}\xi_j\right|^2\\&\leqslant\sum_{i=N+1}^{\infty}\left(\sum_{j=1}^{\infty}|\alpha_{ij}|^2\right)\left(\sum_{j=1}^{\infty}|\xi_j|^2\right)\\&<\frac{\varepsilon^2}{M^2}\|x\|^2\leqslant\varepsilon^2.\end{aligned}$$

这表明由$y=Tx\ (x\in A)$的前N个坐标构成的元素$\{\eta_1,\eta_2,\cdots,\eta_N,0,\cdots\}$组成的集合$B$是集合$T(A)$的一个$\varepsilon$-网.注意到$B$是$l^2$的一个$N$维子空间中的有界集,

故为准紧集.因此$T(A)$ 有准紧的 ε- 网,于是 $T(A)$ 准紧,T 是紧算子. ■

下面的定理 7.1 至定理 7.6 讨论紧算子的几个基本性质.

定理 7.1 设 $T \in \mathscr{B}(E,E_1)$,$S \in \mathscr{B}(E_1,E_2)$,这里 E,E_1,E_2 都是赋范线性空间.如果 T,S 中有一个是紧算子,则 ST 也是紧算子.

证 我们仅以 S 是紧算子的情形证明定理.由于 T 将 E 中的有界集映成 E_1 中的有界集,S 将 E_1 中的有界集映射成 E_2 中的准紧集,因此 ST 将 E 中的有界集映成 E_2 中的准紧集,故 ST 是紧算子. ■

推论 设赋范线性空间 E,E_1 中至少有一个是无限维的,$T \in \mathscr{B}(E,E_1)$ 是紧算子,则 T 不可能存在有界逆算子.

证 我们只讨论 E 是无限维的情形.如果 T 有有界逆算子 T^{-1},由定理 7.1,$I_E = T^{-1}T$ 是紧算子,于是 E 中任一有界集是准紧的.由第七章 §2.2 定理 2.2,E 为有限维,矛盾.故 T 不可能存在有界逆算子. ■

定理 7.2 设 $T \in \mathscr{B}(E,E_1)$.若 T 是紧算子,则 T 将 E 中弱收敛点列映成 E_1 中按范数收敛的点列.

证 设$\{x_n\}$ $(n = 1,2,3,\cdots)$ 在 E 中弱收敛于 $x_0 \in E$,任取 $f \in E_1^*$,由

$$f(Tx_n) = (T^*f)(x_n) \to (T^*f)(x_0) = f(Tx_0) \quad (n \to \infty)$$

可知,$\{Tx_n\}$ 在 E_1 中弱收敛于 Tx_0.

另一方面,因$\{x_n\}$ 有界,故$\{Tx_n\}$ 为 E_1 中的准紧集,于是$\{Tx_n\}$ 的任一子列$\{Tx_{n_k}\}$ 必存在"更小"的子列$\{Tx_{n_{kj}}\}$ 依 E_1 中的范数收敛,且其极限必为 Tx_0.在此基础上再应用反证法容易证明$\{Tx_n\}$ 依 E_1 中的范数收敛于 Tx_0. ■

定理 7.3 设 $T \in \mathscr{B}(E,E_1)$,T 是紧算子,则 T 的值域是可分的.

证 作 E 中一系列的球 $S(\theta,n) = \{x: \|x\| < n\}$ $(n = 1,2,3,\cdots)$,并令 $M_n = T[S(\theta,n)]$.由于每个 $S(\theta,n)$ 是有界的,故每个 M_n 准紧,而准紧集是可分的,因此 T 的值域 $\bigcup_{n=1}^{\infty} M_n$ 也是可分的. ■

定理 7.4 设 E 是赋范线性空间,E_1 是巴拿赫空间,若紧算子列$\{T_n\}_{n\in\mathbf{N}} \subset \mathscr{B}$ 按一致算子拓扑收敛于 $T \in \mathscr{B}(E,E_1)$,则 T 也是紧算子.

证 设 A 是 E 中的任一有界集.根据假定,对每个 n,$T_n(A)$ 是 E_1 中的准紧集.由于 $\|T_n - T\| \to 0$,故对任给的 $\varepsilon > 0$,存在 n_0,使得

$$\|T_{n_0}x - Tx\| < \varepsilon$$

对一切 $x \in A$ 成立,因此 $T_{n_0}(A)$ 是 $T(A)$ 的一个准紧 ε- 网.因 E_1 完备,根据第六章 §4.2 定理 4.3 可知,$T(A)$ 是准紧的.故 T 为紧算子. ■

容易证明(见本章习题),若 $S,T \in \mathscr{B}(E,E_1)$ 都是紧算子,则对任意的数 α,

$\beta,\alpha S+\beta T$ 也是紧算子.根据这一简单性质及定理 7.4,我们有

定理7.5 设 E 是赋范线性空间,E_1 是巴拿赫空间,则由 E 到 E_1 的所有紧算子构成的集按算子的线性运算及算子的范数是 $\mathscr{B}(E,E_1)$ 的闭子空间,因此它本身也是一个巴拿赫空间.

用 $\mathscr{C}(E)$ 表示 E 上所有紧算子构成的集.由定理7.1与定理7.5可知,当 E 是巴拿赫空间时,$\mathscr{C}(E)$ 是巴拿赫代数 $B(E)$ 的一个闭理想.关于这个闭理想我们不再讨论.

最后讨论伴随算子的紧性.先证明下面的引理.

引理 设 E 为赋范线性空间,$A\subset E$ 是准紧集,$\{f_n\}$ $(n=1,2,3,\cdots)$ 是 E 上的一致有界线性泛函序列.若对每个 $x\in A$,序列 $\{f_n(x)\}$ 收敛,则 $\{f_n\}$ 在 A 上一致收敛.

证 因 A 准紧,故对任给的 $\varepsilon>0$,A 有有限的 ε-网 $B=\{x_1,x_2,\cdots,x_{k_0}\}$.不妨设 $B\subset A$.由于 B 是有限集,根据假设,对于任给的 $\varepsilon>0$,存在 $N>0$,使得当 $m,n>N$ 时,不等式

$$|f_n(x_j)-f_m(x_j)|<\varepsilon$$

对于 $j=1,2,\cdots,k_0$ 同时成立.任取 $x\in A$,则有 $x_{j_0}\in B$ 使得 $\|x-x_{j_0}\|<\varepsilon$.故当 $m,n>N$ 时,

$$\begin{aligned}&|f_n(x)-f_m(x)|\\ \leqslant\ &|f_n(x)-f_n(x_{j_0})|+|f_n(x_{j_0})-f_m(x_{j_0})|+|f_m(x_{j_0})-f_m(x)|\\ \leqslant\ &(\|f_n\|+\|f_m\|)\|x-x_{j_0}\|+\varepsilon\\ \leqslant\ &(2M+1)\varepsilon,\end{aligned}\tag{1}$$

其中 $M=\sup\limits_{n\geqslant1}\|f_n\|$.(1)表明 $\{f_n\}$ 在 A 上一致收敛. ■

定理7.6 设 E,E_1 都是赋范线性空间,$T\in\mathscr{B}(E,E_1)$ 是紧算子,则 T 的伴随算子 $T^*\in\mathscr{B}(E_1^*,E^*)$ 也是紧算子.

证 取 E 中的闭单位球 $\overline{S}=\overline{S}(\theta,1)$,令 $A=T(\overline{S})$,则 A 为 E_1 中的准紧集.于是 A 可分.

设 $\{f_n\}_{n\in\mathbf{N}}$ 是 E_1 上的一个一致有界线性泛函序列.由于 A 可分,逐字逐句重复这一章 §5.3定理5.5的方法可以证明,存在 $\{f_n\}$ 的一个子序列 $\{f_{n_k}\}$ 使得对任何 $y\in A$,$\{f_{n_k}(y)\}$ 收敛.再由引理,$\{f_{n_k}\}$ 在 A 上一致收敛,因此对于任给的 $\varepsilon>0$,存在 $K>0$,使得当 $k,l>K$ 时,不等式 $|f_{n_k}(y)-f_{n_l}(y)|<\varepsilon$ 对一切 $y\in A$ 一致地成立.而对于每个 $y\in A$,存在 $x\in\overline{S}$ 使 $y=Tx$.因此当 $k,l>K$ 时,不等式

$$|f_{n_k}(Tx)-f_{n_l}(Tx)|<\varepsilon$$

对一切 $x \in \bar{S}$ 一致地成立,即不等式

$$|(T^* f_{n_k})(x) - (T^* f_{n_l})(x)| < \varepsilon$$

对一切 $x \in \bar{S}$ 一致地成立. 于是

$$\| T^* f_{n_k} - T^* f_{n_l} \| = \sup_{x \in \bar{S}} |(T^* f_{n_k})(x) - (T^* f_{n_l})(x)| \leqslant \varepsilon.$$

故 $\{T^* f_{n_k}\}$ 为 E^* 中的基本点列.由于 E^* 完备,因此$\{T^* f_{n_k}\}$ 在 E^* 中依范数收敛. 这表明 T^* 将 E_1^* 中的有界集映成 E^* 中的准紧集,故 T^* 是紧算子. ∎

*7.2 紧算子的谱分解定理

在这一段中,我们研究紧算子的谱分解定理.这一定理是由里斯 - 绍德尔提出的.故紧算子的谱分解理论又称为里斯 - 绍德尔理论.在整个这一段中,如无特别声明,也始终假定 E 是复巴拿赫空间.

定理 7.7 设 T 是 E 上的紧算子,$\lambda \neq 0$,则 $\lambda I - T$ 的值域是 E 的闭子空间.

证 不失一般性,可设 $\lambda = 1$,否则可将 T 换成 $\frac{T}{\lambda}$ 而研究算子 $I - \frac{T}{\lambda}$.用 $\mathscr{R}$ 表示 $I - T$ 的值域.今证明 $\mathscr{R} = \overline{\mathscr{R}}$.任取 $y_0 \in \overline{\mathscr{R}}$,则存在$\{y_n\}_{n \in \mathbf{N}} \subset \mathscr{R}$ 使$\{y_n\} \to y_0$.对每个 y_n,存在 $x_n \in E$, 使

$$(I - T)x_n = y_n. \tag{2}$$

用 $\mathscr{N}$ 表示 $I - T$ 的零空间,并令 $\rho_n = \inf_{x \in \mathscr{N}} \| x_n - x \|$.在 $\mathscr{N}$ 中取 x'_n 使

$$\| x_n - x'_n \| \leqslant \left(1 + \frac{1}{n}\right)\rho_n.$$

再令 $z_n = x_n - x'_n$.则 $\rho_n \leqslant \| z_n \| \leqslant \left(1 + \frac{1}{n}\right)\rho_n$, 且

$$(I - T)z_n = (I - T)x_n = y_n. \tag{3}$$

现在证明 $\{z_n\}$ 有界.设不然,则可以假定(必要时取$\{z_n\}$ 的子列) $\| z_n \| \to \infty$.

令 $u_n = \frac{z_n}{\| z_n \|}$,则 $\| u_n \| = 1$,且当 $n \to \infty$ 时,

$$(I - T)u_n = \frac{1}{\| z_n \|}(I - T)z_n = \frac{y_n}{\| z_n \|} \to \theta. \tag{4}$$

由于 T 是紧算子,$\{u_n\}$ 有界,故从$\{u_n\}$ 中可取出子列$\{u_{n_k}\}$ 使$\{Tu_{n_k}\}$ 收敛. 再由

$$u_{n_k} = (I - T)u_{n_k} + Tu_{n_k}$$

以及等式 (4) 可知,$\{u_{n_k}\}$ 收敛.记$\{u_{n_k}\}$ 的极限为 u_0. 于是

$$(I-T)u_0=\lim_{k\to\infty}(I-T)u_{n_k}=\theta.$$

故 $u_0\in\mathscr{N}$.另一方面,注意到 $x'_{n_k}+\|z_{n_k}\|u_0\in\mathscr{N}$, 故

$$\|u_{n_k}-u_0\|=\left\|\frac{z_{n_k}}{\|z_{n_k}\|}-u_0\right\|=\left\|\frac{x_{n_k}-x'_{n_k}}{\|z_{n_k}\|}-u_0\right\|$$

$$=\frac{1}{\|z_{n_k}\|}\|x_{n_k}-(x'_{n_k}+\|z_{n_k}\|u_0)\|$$

$$\geqslant\frac{\rho_{n_k}}{\left(1+\frac{1}{n_k}\right)\rho_{n_k}}\geqslant\frac{1}{2}.$$

上式显然与 $\lim\limits_{k\to\infty}u_{n_k}=u_0$ 矛盾.这个矛盾说明$\{z_n\}$ 有界.再由 T 是紧算子这一事实,存在$\{z_n\}$ 的子列$\{z_{n_l}\}$ 使$\{Tz_{n_l}\}$ 收敛.由等式(3),有$(I-T)z_{n_l}=y_{n_l}$, 于是

$$z_{n_l}=(I-T)z_{n_l}+Tz_{n_l}=y_{n_l}+Tz_{n_l}.$$

由于 $\{Tz_{n_l}\}$,$\{y_{n_l}\}$ 均收敛,因此$\{z_{n_l}\}$ 也收敛,记其极限为 z_0.在等式 $z_{n_l}=y_{n_l}+Tz_{n_l}$ 中,令 $l\to\infty$, 得到

$$z_0=y_0+Tz_0.$$

故 $y_0=z_0-Tz_0$,这表明 $y_0\in\mathscr{R}$.因此 $\mathscr{R}$ 是闭的. ∎

注 1 从定理 7.7 的证明过程可以看出,当 E 是赋范线性空间时,定理的结论仍真.

注 2 从定理 7.7 的证明过程还可以看出,如果 $y_n=(I-T)x_n(n=1,2,\cdots)$ 且$\{y_n\}$ 收敛,则可以从$\{x_n\}$ 出发作出一个有界点列$\{z_n\}$,使 $y_n=(I-T)z_n$.而从$\{z_n\}$ 中则可取出一个收敛的子序列$\{z_{n_l}\}$. 于是我们不妨假定$\{x_n\}$ 本身就是收敛的,这只需将符号$\{z_{n_l}\}$ 换成符号$\{x_n\}$.

在下面的讨论中,需要用到元素与线性泛函之间的正交.现在先介绍它.易见它是内积空间中正交概念的推广.

设 E 是赋范线性空间,且 $x\in E$, $f\in E^*$. 如果 $f(x)=0$,则称 x **与** f **正交**,记为 $x\perp f$.设 A 是 E 的一个子集,如果 $f\in E^*$ 与 A 中的一切元素正交,则称 f **与** A **正交**,记为 $f\perp A$.设 B 是 E^* 的一个子集,如果 $x\in E$ 与 B 中的一切元素正交,则称 x **与** B **正交**,记为 $x\perp B$. 如果 $A\subset E$ 中的一切元素与 $B\subset E^*$ 中的一切元素正交,则称 A **与** B **正交**,记为 $A\perp B$.

定理 7.8 设 T 是 E 上的紧算子,那么下列结论成立:

(i) 对于给定的 $y \in E$ 以及给定的复数 $\lambda \neq 0$, 方程

$$(\lambda I - T)x = y \tag{5}$$

有解的充分必要条件是 y 与算子 $\lambda I^* - T^*$ 的零空间 $\mathscr{N}^*$ 正交,这里 I^* 表示 E^* 上的单位算子;

(ii) 对于给定的 $g \in E^*$ 以及给定的复数 $\lambda \neq 0$, 方程

$$(\lambda I^* - T^*)f = g \tag{6}$$

有解的充分必要条件是 g 与算子 $\lambda I - T$ 的零空间 $\mathscr{N}$ 正交.

证 仍设 $\lambda = 1$,于是方 程(5)变成

$$(I - T)x = y, \tag{7}$$

方程(6)变成

$$(I^* - T^*)f = g. \tag{8}$$

(i)的必要性 设方程(7) 有解 x,则对任一 $f \in \mathscr{N}^*$, 有

$$\begin{aligned} f(y) &= f(x - Tx) = f(x) - f(Tx) \\ &= f(x) - (T^*f)(x) = (f - T^*f)(x) = 0, \end{aligned}$$

故 y 与 $\mathscr{N}^*$ 正交.

(i)的充分性 设 $y \in E$ 且 $y \perp \mathscr{N}^*$, $y \neq \theta$.方程(7) 有解等价于 y 属于 $I - T$ 的值域 $\mathscr{R}$.现设 $y \overline{\in} \mathscr{R}$.因 $\mathscr{R}$ 是 E 的闭子空间,由这一章 §4.2定理4.2推论2可知,有 E 上的有界线性泛函 f_0, 使得

$$f_0(y) = \|y\|, \ \|f_0\| = 1; \quad f_0(z) = 0 \ (z \in \mathscr{R}).$$

$f_0(z) = 0 \ (z \in \mathscr{R})$ 表明对一切 $x \in E$,有

$$f_0(x - Tx) = 0, \quad 即(f_0 - T^*f_0)(x) = 0,$$

故 $f_0 - T^*f_0 = \theta$.因此 $f_0 \in \mathscr{N}^*$.已知 y 与 $\mathscr{N}^*$ 正交,故 $f_0(y) = 0$,与 $f_0(y) = \|y\| \neq 0$ 矛盾.这个矛盾说明 $y \in \mathscr{R}$,即方程(7) 有解.(i) 全部证毕.

(ii)的必要性 设方程(8) 有解 f,则对任一 $x \in \mathscr{N}$, 有

$$g(x) = (f - T^*f)(x) = f(x - Tx) = 0,$$

故 g 与 $\mathscr{N}$ 正交.

(ii)的充分性 设 $g \in E^*$ 且 $g \perp \mathscr{N}$, $g \neq \theta$.任取 $y \in \mathscr{R}$,则有 $x \in E$ 使

$$y = (I - T)x.$$

在 $\mathscr{R}$ 上定义泛函 f_0:

$$f_0(y) = g(x).$$

需要证明$f_0(y)$由y唯一确定.设另有$x' \in E$使$y=(I-T)x'$,于是$x-x' \in \mathscr{N}$,故

$$g(x-x')=0, \quad 即\ g(x)=g(x').$$

这表明$f_0(y)$确实由y唯一确定.

现证f_0是$\mathscr{R}$上的连续线性泛函.f_0的线性显然,只需证f_0连续.为此又只需证f_0在原点连续.用反证法.设$\{y_n\} \subset \mathscr{R}$ $(n=1,2,3,\cdots)$收敛于θ.但$f_0(y_n)$不收敛于零.不失一般性,可设$|f_0(y_n)| \geqslant \varepsilon_0$,其中$\varepsilon_0$为某一确定的正数.由定理7.7后面的注2,可取点列$\{x_n\} \subset E$ $(n=1,2,3,\cdots)$使$y_n=(I-T)x_n$,且$\{x_n\}$收敛于x_0.令$n\to\infty$,得到$\theta=(I-T)x_0$,这表明$x_0 \in \mathscr{N}$.已知$g \perp \mathscr{N}$,故$g(x_0)=0$,

$$f_0(y_n)=g(x_n)\to g(x_0)=0 \quad (n\to\infty).$$

矛盾.因此f_0连续.

由哈恩-巴拿赫定理,f_0可以延拓到E上且保持范数不变,延拓后的泛函仍用f_0表示.今证f_0就是方程(8)的解.任取$x \in E$,有

$$(f_0-T^*f_0)(x)=f_0(x-Tx)=g(x).$$

故$f_0-T^*f_0=g$,f_0是(8)的解. ∎

定理 7.9 设T是E上的紧算子,$\lambda \neq 0$.则$\lambda I-T$为满映射的充分必要条件是$\lambda I-T$为单映射.因此当这两个条件之一满足时,λ是T的正则值.

证 仍设$\lambda=1$并记$S=I-T$.先设S是满映射.令

$$\mathscr{N}_n=\{x:S^n x=\theta\} \quad (n=1,2,3,\cdots). \tag{9}$$

由于S^n有界,故每个$\mathscr{N}_n$都是E的闭子空间.下面的包含关系是显然的:

$$\mathscr{N}_1 \subset \mathscr{N}_2 \subset \cdots \subset \mathscr{N}_n \subset \cdots.$$

现设S不是单映射,于是$\mathscr{N}_1 \neq \{\theta\}$.任取$x_1 \in \mathscr{N}_1, x_1 \neq \theta$.因$S$是满映射,存在$x_2 \in E$使$Sx_2=x_1$.对$x_2$,存在$x_3$使$Sx_3=x_2$,以此类推,得到点列

$$x_1,x_2,\cdots,x_n,\cdots,$$

其中$x_n=Sx_{n+1}(n=1,2,3,\cdots)$.由于$x_1\neq\theta$,故$x_2 \bar{\in} \mathscr{N}_1$,但$S^2x_2=Sx_1=\theta$,故$x_2 \in \mathscr{N}_2$,因此$\mathscr{N}_1$是$\mathscr{N}_2$的真子空间.以此类推,可以证明$\mathscr{N}_n$是$\mathscr{N}_{n+1}$的真子空间$(n=1,2,3,\cdots)$.

由第七章§2中的里斯引理,可取$y_{n+1} \in \mathscr{N}_{n+1} \setminus \mathscr{N}_n$,使

$$\|y_{n+1}\|=1,$$

$$d(y_{n+1},\mathscr{N}_n)=\inf_{y\in\mathscr{N}_n}\|y_{n+1}-y\| \geqslant \frac{1}{2}.$$

由于当 $m < n$ 时，$\mathscr{N}_m \subset \mathscr{N}_{n-1}$，因此 $Ty_m = y_m - Sy_m \in \mathscr{N}_{n-1}$，又因 $Sy_n \in \mathscr{N}_{n-1}$，所以当 $m < n$ 时，

$$\| Ty_n - Ty_m \| = \| y_n - Sy_n - Ty_m \| \geqslant \frac{1}{2}.$$

由此可见，$\{Ty_n\}$ 不存在收敛的子列，与 T 是紧算子矛盾. 因此 $S = I - T$ 是单映射.

现在设 $I - T$ 是单映射. 由定理 7.8(ii)，方程 $(I^* - T^*)f = g$ 对任何 $g \in E^*$ 都有解，因此 $I^* - T^*$ 是满映射. 将上段的论证运用于算子 $I^* - T^*$ 可知，$I^* - T^*$ 是单映射. 然后再由定理 7.8(i)，方程 $(I - T)x = y$ 对任何 $y \in E$ 有解，因此 $I - T$ 是满映射.

根据以上的论证可知，当 $S = I - T$ 是满映射时，它必为单映射，反之亦然. 因此不论哪一种情形，$S = I - T$ 必为双映射. 由逆算子定理可知，$S = I - T$ 有有界逆算子. ∎

由本章 §6.2 定义 6.1 后面的性质(i) 知，对任一 $T \in \mathscr{B}(E)$，有 $\sigma(T) = \sigma(T^*)$. 若 T 为紧算子，这个结论当然成立. 现在进一步讨论当 T 为紧算子时，$\sigma(T)$（即 $\sigma(T^*)$）的其他一些特性.

定理 7.10 设 T 是 E 上的紧算子. 那么

(i) 任何复数 $\lambda \neq 0$ 或者是 T 的正则值或者是 T 的特征值，二者必居其一. 当 $\lambda \neq 0$ 是 T 的特征值时，对应的特征向量空间是有限维的；

(ii) T 的谱 $\sigma(T)$ 是有限集或是以零为聚点的可列集；

(iii) 设 λ, μ 分别是 T, T^* 的特征值且 $\lambda \neq \mu$. 则 T 对应于 λ 的特征向量空间与 T^* 对应于 μ 的特征向量空间相互正交.

证 (i) 设 $\lambda \neq 0$ 不是 T 的正则值，由定理 7.9 可知，$\lambda I - T$ 不是单映射，于是 $(\lambda I - T)x = \theta$ 有非零解，即 λ 是 T 的特征值. 设 T 对应于 λ 的特征向量空间是 L. 在 L 中任取有界集 A. 因对任一 $x \in L$，有 $Tx = \lambda x$，故 $T(A) = \lambda A$. 由于 T 是紧算子，故 $T(A)$ 准紧，于是 A 也准紧. 由第七章 §2.2 定理 2.2 可知，L 是有限维的. (i) 证毕.

(ii) 设 $\sigma(T)$ 不是有限集，且设 $\sigma(T)$ 有不等于零的聚点 λ_0. 在 $\sigma(T)$ 中取可列个互不相同的点 $\lambda_n (n = 1,2,3,\cdots)$ 使 $\{\lambda_n\} \to \lambda_0$. 不妨设所有的 $\lambda_n \neq 0$. 由本定理中的(i)，每个 λ_n 都是 T 的特征值，任取一个对应的特征向量 x_n. 令 L_n 是 $\{x_1, x_2, \cdots, x_n\}$ 张成的子空间. 作为有限维空间，每个 L_n 都是闭的. 因 $\lambda_n (n = 1,2,3,\cdots)$ 互不相同，由这一章 §6.3 定理 6.2 可知，$\{x_n\}$ 线性无关，故 $L_{n-1} \neq L_n$. 又显然有 $L_{n-1} \subset L_n$，故由第七章 §2 中的里斯引理，可取 $y_n \in L_n$ 使得

$$\| y_n \| = 1, \quad \inf_{y \in L_{n-1}} \| y_n - y \| \geqslant \frac{1}{2} \quad (n = 2,3,4,\cdots).$$

因 $y_n \in L_n$,可设 $y_n = \alpha_1^{(n)} x_1 + \cdots + \alpha_n^{(n)} x_n$, 于是

$$\lambda_n y_n - T y_n = \alpha_1^{(n)} (\lambda_n - \lambda_1) x_1 + \cdots + \alpha_{n-1}^{(n)} (\lambda_n - \lambda_{n-1}) x_{n-1} \in L_{n-1}.$$

再注意到当 $m < n$ 时, $T y_m = \alpha_1^{(m)} \lambda_1 x_1 + \cdots + \alpha_m^{(m)} \lambda_m x_m \in L_m \subset L_{n-1}$, 因此

$$\lambda_n y_n - T y_n + T y_m \in L_{n-1}.$$

故

$$\begin{aligned} \| T y_n - T y_m \| &= \| \lambda_n y_n - (\lambda_n y_n - T y_n + T y_m) \| \\ &= |\lambda_n| \left\| y_n - \frac{1}{\lambda_n} (\lambda_n y_n - T y_n + T y_m) \right\| \geqslant \frac{|\lambda_n|}{2}. \end{aligned}$$

由于 $\lambda_n \to \lambda_0 \neq 0$,故存在 $\alpha_0 > 0$,使得当 $m < n$ 且 n 充分大时, 有

$$\| T y_n - T y_m \| \geqslant \alpha_0. \tag{10}$$

另一方面, 由 $\| y_n \| = 1$ 及 T 是紧算子可知, $\{T y_n\}$ 存在收敛的子列,这显然与(10) 矛盾.因此 $\sigma(T)$ 是有限集或是以零为聚点的可列集.

(iii) 记 T, T^* 对应于 λ, μ 的特征向量空间分别为 L_λ, L_μ^*.任取 $x_0 \in L_\lambda$, $f_0 \in L_\mu^*$.因 $\lambda \neq \mu$, λ, μ 中至少有一个不等于零,不妨设 $\lambda \neq 0$. 于是

$$\begin{aligned} f_0(x_0) &= \frac{1}{\lambda} f_0(\lambda x_0) = \frac{1}{\lambda} f_0(T x_0) \\ &= \frac{1}{\lambda} (T^* f_0)(x_0) = \frac{\mu}{\lambda} f_0(x_0). \end{aligned}$$

因 $\dfrac{\mu}{\lambda} \neq 1$,故 $f_0(x_0) = 0$. L_λ 与 L_μ^* 正交. ∎

还可以证明, T 及 T^* 对应于同一特征值的特征向量空间有相同的维数(证明从略).将这一结果与定理 7.8— 定理 7.10 综合在一起便得到紧算子的里斯 - 绍德尔理论以及弗雷德霍姆(I. Fredholm) 二择一定理,我们将它们总结成下面的定理.

定理 7.11 设 T 是巴拿赫空间 E 上的紧算子,则

(i) 任一复数 $\lambda \neq 0$ 或者是 $T(T^*)$ 的正则值或者是 $T(T^*)$ 的特征值(二择一定理),二者必居其一;

(ii) $\sigma(T)(\sigma(T^*))$ 或者是有限集或者是以零为聚点的可列集. $\sigma(T)$ 中任一非零数都是 T 及 T^* 的特征值,当 E 为无限维时, 0 必属于 $\sigma(T)$ 及 $\sigma(T^*)$;

(iii) T 及 T^* 对应于同一非零特征值的特征向量空间有相同的维数且维数有限;

(iv) T 与 T^* 对应于不同特征值的特征向量空间相互正交;

(v) 设 $\lambda \neq 0$ 是 T 的特征值(于是也是 T^* 的特征值),则方程

$$(\lambda I - T)x = y$$

有解的充分必要条件是 y 与 $\lambda I^* - T^*$ 的零空间正交,而方程

$$(\lambda I^* - T^*)f = g$$

有解的充分必要条件是 g 与 $\lambda I - T$ 的零空间正交.

(vi) 设 $\lambda \neq 0$ 是任一复数,则 $\lambda \in \rho(T)$(即 $\rho(T^*)$)的充分必要条件是下列两性质之一成立:(a) $\lambda I - T$ 是单映射,(b) $\lambda I - T$ 是满映射.

在这一节中,我们系统地研究了紧算子,获得了比较完整的理论,希望读者注意:

(i) $\mathscr{B}(E,E_1)$ 中全部紧算子构成的集合在 $\mathscr{B}(E,E_1)$ 中按算子范数导出的拓扑是闭子空间(这里设 E_1 是巴拿赫空间).如果考察巴拿赫代数 $\mathscr{B}(E)$ 中的全部紧算子构成的集合,那么这个集合是 $\mathscr{B}(E)$ 的一个闭理想(这里则需设 E 为巴拿赫空间).这个闭理想还有许多特性,由于已超出本书范围,故从略.

(ii) 紧算子的伴随算子也是紧的.这一性质的重要性在定理 7.11 中已充分体现出来.

(iii) 定理 7.11 总结了紧算子的谱的主要特性,这些特性之所以成立,关键原因在于紧算子将有界集映成准紧集.

小结与延伸

本章内容的小结与启示见于 §1, §3, §5—§7 末. 关于紧算子,有界线性算子的谱论可参看[2,11,17,23,24]. 关于巴拿赫代数可参看[4,17,25].

第八章习题

§1, §2, §3

1. 设 $\alpha(\cdot)$ 是定义在 $[a,b]$ 上的函数. 令

$$(Tx)(t) = \alpha(t)x(t) \quad (x \in C[a,b]),$$

证明 T 是由 $C[a,b]$ 到其自身的有界线性算子的充分必要条件是 $\alpha(\cdot)$ 在 $[a,b]$ 上连续.

2. 设 $\alpha(\cdot)$ 是定义在有界可测集 F 上的函数. 令

$$(Tx)(t)=\alpha(t)x(t)\quad (x\in L^2(F)),$$

证明 T 是由 $L^2(F)$ 到其身的有界线性算子的充分必要条件是 $\alpha(\cdot)$ 在 F 上可测且本性有界.

3. 设无穷矩阵 (α_{ij}) $(i,j=1,2,3,\cdots)$ 满足

$$\sup_i \sum_{j=1}^{\infty} |\alpha_{ij}| < \infty.$$

在 l^∞ 上定义线性算子：

$$y=Tx:\ \eta_i=\sum_{j=1}^{\infty}\alpha_{ij}\xi_j,$$

其中 $x=\{\xi_1,\xi_2,\cdots,\xi_n,\cdots\}$，$y=\{\eta_1,\eta_2,\cdots,\eta_n,\cdots\}$，证明 T 是由 l^∞ 到 l^∞ 中的有界线性算子，且

$$\|T\|=\sup_i\sum_{j=1}^{\infty}|\alpha_{ij}|.$$

4. 设 $K(t,s)$ 是 $a\leqslant t\leqslant b$, $a\leqslant s\leqslant b$ 上的可测函数，$\int_a^b |K(t,s)|\mathrm{d}t$ 对 $[a,b]$ 上几乎所有的 s 存在，且作为 s 的函数本性有界. 令

$$y=Tx:\ y(t)=\int_a^b K(t,s)x(s)\mathrm{d}s.$$

证明 T 是 $L[a,b]$ 到其自身的有界线性算子，且

$$\|T\|=\operatorname*{ess\,sup}_{s\in[a,b]}\int_a^b |K(t,s)|\mathrm{d}t.$$

5. 设 $\sup\limits_{n\geqslant 1}|a_n|<\infty$. 在 l 上定义线性算子：

$$y=Tx:\ \{\eta_n\}=\{a_n\xi_n\},$$

其中 $x=\{\xi_1,\xi_2,\cdots,\xi_n,\cdots\}$，$y=\{\eta_1,\eta_2,\cdots,\eta_n,\cdots\}$，证明 T 是有界线性算子，且

$$\|T\|=\sup_{n\geqslant 1}|a_n|.$$

6. 设无穷矩阵 (a_{ij}) 满足条件

$$\sum_{j=1}^{\infty}\left(\sum_{k=1}^{\infty}|a_{kj}|^q\right)^{\frac{p}{q}}<\infty,$$

在 l^p 上定义线性算子 T 如下：

$$y = Tx: \eta_j = \sum_{k=1}^{\infty} a_{kj}\xi_k \quad (j = 1,2,\cdots),$$

其中 $x = \{\xi_1,\xi_2,\cdots,\xi_n,\cdots\}$,$y = \{\eta_1,\eta_2,\cdots,\eta_n,\cdots\}$,证明 T 是由 l^p 到其自身的有界线性算子.

7. 设 E,E_1,E_2 都是赋范线性空间,$T_n,T \in \mathscr{B}(E,E_1)$,$S_n,S \in \mathscr{B}(E_1,E_2)$.若 $\{T_n\}$,$\{S_n\}$ 分别按一致算子拓扑收敛于 T,S,证明 $\{S_nT_n\}$ 按一致算子拓扑收敛于 ST.

8. 设 E,E_1 都是赋范线性空间,$T_n,T \in \mathscr{B}(E,E_1)$.若 $\{x_n\} \subset E$ 依范数收敛于 $x \in E$,$\{T_n\}$ 按一致算子拓扑收敛于 T,证明 $\{T_nx_n\}$ 依范数收敛于 Tx.

9. 设有 $C[0,1]$ 上的算子序列 $\{T_n\}$,其中 $(T_nx)(t)=x(t^{1+\frac{1}{n}})$,证明 $\{T_n\}$ 按强算子拓扑收敛于某一有界线性算子,但不按一致算子拓扑收敛于该算子.

10. 设 E 是赋范线性空间,L 是 E 的闭子空间,对任何 $x \in E$,令 $\Phi x = x + L$.证明 Φ 是由 E 到 E/L 上有界线性算子且 $\|\Phi\| \leqslant 1$.

11. 对于哪些 $\alpha > 0$,算子 $T:(Tx)(t) = x(t^\alpha)$ 在 $C[0,1]$ 上是有界线性算子? 试求其范数.

12. 设 E,E_1 是赋范线性空间,$T \in \mathscr{B}(E,E_1)$,$S \in \mathscr{B}(E_1,E)$.若 $ST = I_E$,其中 I_E 是 E 上的单位算子.证明 $T(E)$ 在 E_1 中是闭的.

13. 试计算空间 $C[0,1]$ 中下列有界线性算子的范数:

(1) $(Tx)(t) = \int_0^1 \sin\pi(t-s)x(s)\mathrm{d}s$;

(2) $(Tx)(t) = \int_0^1 \mathrm{e}^{t-s}x(s)\mathrm{d}s$;

(3) $(Tx)(t) = \int_0^1 t^ns^nx(s)\mathrm{d}s$ (n 是给定的自然数).

14. 设巴拿赫空间 E 是它的闭子空间 L 与 M 的直接和:$E = L \oplus M$.证明存在 $K > 0$,使得对任何 $x \in E$,有

$$\|y\| \leqslant K\|x\|, \quad \|z\| \leqslant K\|x\|,$$

这里 $y \in L,z \in M,x = y + z$.

15. 设 E,E_1 均是巴拿赫空间,$T \in \mathscr{B}(E,E_1)$ 是满映射,证明对 E 中任何稠密子集 D,有 $\overline{T(D)} = E_1$.

16. 设巴拿赫空间 E 是它的闭子空间 L 与 M 的直接和,M 是有限维的,$T \in \mathscr{B}(E)$,证明 $T(E)$ 是 E 的闭子空间的充分必要条件是 $T(L)$ 为闭的.

17. 设 E,E_1,E_2 都是巴拿赫空间.$T_n,T \in \mathscr{B}(E,E_1)$,$S_n,S \in \mathscr{B}(E_1,E_2)$,若 $\{T_n\}$,$\{S_n\}$ 分别按强算子拓扑收敛于 T,S,证明 $\{S_nT_n\}$ 按强算子拓扑收敛于 ST.

18. 设 E,E_1 是巴拿赫空间.$T_n,T \in \mathscr{B}(E,E_1)$.若 $\{x_n\} \subset E$ 依范数收敛于 $x \in$

E,$\{T_n\}$ 弱收敛于 T,证明$\{T_nx_n\}$ 弱收敛于 Tx.$\{T_n\}$ 弱收敛于 T 的含义是:对任一 $x \in E$, 任一 $g \in E_1^*$,有$\{g(T_nx)\} \to g(Tx)(n \to \infty)$.

19. 举例说明:存在赋范线性空间 E 以及 $T_n \in \mathscr{B}(E)$,使$\{T_n\}$ 按强算子拓扑收敛于某一有界线性算子,但$\{\|T_n\|\}$ 无界.

20. 设$g(\cdot)$是可测集 F 上的可测函数,如果对任何$f \in L^p(F)$ $(1 \leqslant p < \infty)$,$g(\cdot)f(\cdot)$ 可积, 证明 $g \in L^q(F)$,这里 q 满足$\dfrac{1}{p} + \dfrac{1}{q} = 1$.

21. 设$g(\cdot)$是可测集 F 上的可测函数,如果对任何$f \in L(F)$,$f(\cdot)g(\cdot)$ 可积,证明 g 本性有界.

22. 设$\{\eta_n\}$ 为一数列,若对一切 $x = \{\xi_n\} \in l^p(1 < p < \infty)$,级数 $\sum\limits_{n=1}^{\infty}\eta_n\xi_n$ 收敛,证明$\{\eta_n\} \in l^q$,这里$\dfrac{1}{p} + \dfrac{1}{q} = 1$.

23. 设$\{\eta_n\}$ 为一数列, 若对一切 $x = \{\xi_n\} \in l$, 级数 $\sum\limits_{n=1}^{\infty}\eta_n\xi_n$ 收敛, 证明$\{\eta_n\}$ 有界.

24. 设巴拿赫空间 E 具有基$\{x_n\}_{n\in\mathbf{N}}$.证明:

(1) $\{x_n\}$ 线性无关;

(2) 令 W 为使 $\sum\limits_{n=1}^{\infty}c_nx_n$ 在 E 中收敛的序列 $w = \{c_n\}$ 构成的集, 在 W 中定义范数

$$\|w\| = \sup_m \left\| \sum_{n=1}^{m} c_nx_n \right\|.$$

证明 W 为巴拿赫空间;

(3) 令$f_n(x) = c_n(n = 1,2,3,\cdots)$,这里 $x = \sum\limits_{n=1}^{\infty}c_nx_n$,则$f_n$ 是 E 上的有界线性泛函.

25. 赋范线性空间 E 称为一致凸的,若对任给的 $\varepsilon > 0$, 存在 $\delta > 0$, 当 $\|x - y\| \geqslant \varepsilon(\|x\| = \|y\| = 1)$ 时,有 $\|x + y\| \leqslant 2 - \delta$.证明:

(1) $C[a,b]$ 不是一致凸的;

(2) $L[a,b]$,l 都不是一致凸的.

§4, §5

26. $C[0,1]$ 上的下列泛函是否为有界线性的,若是,试求其范数.

(1) $f(x) = \int_0^1 t^{\frac{1}{2}}x(t^2)\mathrm{d}t$;

(2) $f(x)=\int_0^1 x(t)\operatorname{sgn}\left(t-\frac{1}{2}\right)\mathrm{d}t$;

(3) $f(x)=\int_0^1 |x(t)|\,\mathrm{d}t$;

(4) $f(x)=\max\limits_{0\leqslant t\leqslant 1} x(t)$;

(5) $f(x)=\int_0^1 [x(t)]^2\mathrm{d}t$.

27. 试求下列泛函在 c_0 中的范数,其中 $x=\{\xi_1,\xi_2,\cdots,\xi_k,\cdots\}$ 为 c_0 中的元素:

(1) $f(x)=\xi_{k_0}$(k_0 是给定的自然数);

(2) $f(x)=\sum\limits_{k=1}^{\infty}\frac{\xi_k}{2^k}$;

(3) $f(x)=\sum\limits_{k=1}^{\infty}\frac{\xi_k}{k^2}$.

28. 举例说明当赋范线性空间 E 中线性无关的元素族 $\{x_k\}$ ($\|x_k\|=1,k=1,2,3,\cdots$) 含有可列无限多个元素时,则不一定存在 E 上的一致有界线性泛函族 $\{f_k\}$ 使 $f_k(x_l)=\delta_{kl}(k,l=1,2,3,\cdots)$.

29. 设 E 是赋范线性空间,f 是 E 上的非零有界线性泛函,证明存在 $x_0\in E$,使 $f(x_0)\neq 0, E=\mathscr{N}\oplus\{\alpha x_0\}$,这里 α 是实(或复)数,$\mathscr{N}$ 是 f 的零空间.

30. 设 f 是定义在赋范线性空间 E 上的无界线性泛函.证明 f 的零空间在 E 中稠密.

31. 证明题30的逆命题:若 f 为 E 上的非零线性泛函,且 f 的零空间在 E 中稠密,则 f 无界.

32. 设 $v\in V[a,b]$, 已知由

$$f(x)=\int_a^b x(t)\,\mathrm{d}v(t)$$

定义了 $C[a,b]$ 上的一个有界线性泛函 f.举例说明,存在这样的 $v(\cdot)$,使

$$\|f\| < \bigvee_a^b(v).$$

33. 设 f 是定义在 $C[a,b]$ 上的线性泛函, 而且对 $C[a,b]$ 中一切满足 $x(t)\geqslant 0$ 的函数有 $f(x)\geqslant 0$.证明 f 连续.于是进一步证明存在 $[a,b]$ 上的单调上升函数 $v(t)$, 使

$$f(x)=\int_a^b x(t)\,\mathrm{d}v(t).$$

34. 证明 $\mathbf{R}^n$(或 $\mathbf{C}^n$) 上的任一线性泛函 f 可表成

$$f(x)=\sum_{j=1}^{n} c_j\xi_j,$$

其中 $x=(\xi_1,\xi_2,\cdots,\xi_n)$ 属于 $\mathbf{R}^n$(或 $\mathbf{C}^n$),$c_j(j=1,2,\cdots,n)$ 为实(或复)数.

35. 求出空间 $c, c_0, L[a,b]$ 的对偶空间.

36. 证明 $L^2[-\pi,\pi]$ 上的有界线性泛函序列

$$f_n(x)=\int_{-\pi}^{\pi} x(t)\cos nt\,\mathrm{d}t$$

弱收敛于零,但不依范数收敛于零.

37. 证明 $C^1[a,b]$ 上的线性泛函

$$f(x)=x'(t_0)\quad (x\in C^1[a,b],\ t_0\in[a,b])$$

是连续的. $C^1[a,b]$ 的范数见第七章 §1.2 例 6.

38. 设 E 是巴拿赫空间,$\{f_n\}$ 为 E 上的有界线性泛函序列,若对任何 $x\in E$, $\{f_n(x)\}$ 收敛,证明存在 E 上的有界线性泛函 f,使 $\{f_n\}$ 弱*收敛于 f,且

$$\|f\|\leqslant \varliminf_{n\to\infty}\|f_n\|.$$

39. 证明任何有限维赋范线性空间都是自反的.

40. 证明无穷维赋范线性空间的对偶空间是无穷维的.

41. 证明巴拿赫空间 E 为自反的充分必要条件是 E^* 为自反的.

42. 求出 $l^p(1\leqslant p<\infty)$ 的对偶空间.

43. 设 E 是赋范线性空间,如果 E 的对偶空间 E^* 是可分的,证明 E 也是可分的.

44. 在 $L^p[a,b]$ $(1<p<\infty)$ 中作一个弱收敛但不强收敛的点列.

45. 设 $x_n=\{\xi_k^{(n)}\}\in l^p(n=1,2,3,\cdots)$,证明 $\{x_n\}$ 弱收敛于 $x=\{\xi_k\}\in l^p$ 的充分必要条件是 $\sup\limits_{n\geqslant 1}\|x_n\|<\infty$,且对每个 k, $\lim\limits_{n\to\infty}\xi_k^{(n)}=\xi_k$.

46. 证明 l 中点列的弱收敛与按范数收敛等价.

47. 巴拿赫空间 E 称为序列弱完备的,若对每个 $f\in E^*$, $\lim\limits_{n\to\infty}f(x_n)$ 存在,则存在 $x\in E$ 使 $\{x_n\}$ 弱收敛于 x.证明:

(1) 自反空间都是序列弱完备的;

(2) $L[a,b]$, l 是序列弱完备的;

(3) $C[a,b]$ 不是序列弱完备的.

48. 证明:在一致凸空间中,若 $\{x_n\}$ 弱收敛于 x,且 $\{\|x_n\|\}\to\|x\|$,则 $\{x_n\}$ 按范数收敛于 x.

49. 设$\{x_n\}$是巴拿赫空间E中的一个点列,如果对于每个$f \in E^*$,

$$\sum_{n=1}^{\infty} |f(x_n)| < +\infty,$$

证明存在正数μ使对一切$f \in E^*$,

$$\sum_{n=1}^{\infty} |f(x_n)| \leqslant \mu \|f\|.$$

50. $\{x_n\}$同49题.证明对每个$f \in E^*$,$\sum_{n=1}^{\infty} |f(x_n)|$收敛的充分必要条件是存在$\mu > 0$使对一切自然数$m$,以及任意的$\varepsilon_n = \pm 1$,有

$$\left\| \sum_{n=1}^{m} \varepsilon_n x_n \right\| \leqslant \mu.$$

51. 求证上题中的条件等价于:存在$\mu > 0$,使对任意的一组自然数$n_1 < n_2 < \cdots < n_k$(这里k也是任意的),有

$$\left\| \sum_{i=1}^{k} x_{n_i} \right\| \leqslant \mu.$$

52. 设$\{f_n\}$是巴拿赫空间E的对偶空间E^*中的点列,证明$\sum_{n=1}^{\infty} |f_n(x)|$对每个$x \in E$收敛的充分必要条件是对每个$F \in E^{**}$,有

$$\sum_{n=1}^{\infty} |F(f_n)| < \infty.$$

53. 设M为赋范线性空间E的闭子空间,x_0是M中某个弱收敛点列的极限,证明$x_0 \in M$.

54. 试求下列定义于$L^2[0,1]$上的有界线性算子的伴随算子:

(1) $(Tx)(t) = \int_0^t x(s)\mathrm{d}s$;

(2) $(E_\lambda x)(t) = \begin{cases} x(t), & t \leqslant \lambda, \\ 0, & t > \lambda \end{cases}$ $(\lambda \in [0,1])$;

(3) $(Tx)(t) = x(t^\alpha)$ $(\alpha > 0)$;

(4) $(Tx)(t) = \alpha(t)x(t)$ (α为$[0,1]$上的连续函数).

55. 试求下列定义于l^p上的有界线性算子的伴随算子:

(1) $T\{x_1, x_2, \cdots\} = \{0, x_1, x_2, \cdots\}$;

(2) $T\{x_1, x_2, \cdots\} = \{\alpha_1 x_1, \alpha_2 x_2, \cdots\}$,其中$\{\alpha_k\}$是有界数列;

(3) $T\{x_1, x_2, \cdots\} = \{x_1, x_2, \cdots, x_n, 0, \cdots\}$,其中$n$是给定的自然数;

(4) $T\{x_1,x_2,\cdots\}=\{\alpha_n x_n,\alpha_{n+1}x_{n+1},\cdots\}$，其中$\{\alpha_k\}$ $(k\geqslant n)$是有界数列，n是给定的自然数.

56. 设E,E_1都是巴拿赫空间，$T\in\mathscr{B}(E,E_1)$.证明T为由E到E_1上的等距同构映射的充分必要条件是T^*为由E_1^*到E^*上的等距同构映射.

§6

57. 证明题5中的有界线性算子T存在有界逆算子的充分必要条件是

$$\inf_{n\geqslant 1}|\alpha_n|>0.$$

在题58—70中，均设所涉及的空间是复的.

58. 设E为巴拿赫空间，$T\in\mathscr{B}(E)$，$\lambda,\mu\in\rho(T)$，证明(第一预解式方程)

$$R(\lambda,T)-R(\mu,T)=(\mu-\lambda)R(\lambda,T)R(\mu,T).$$

59. 设E为巴拿赫空间，T_1,T_2均属于$\mathscr{B}(E)$，且可换.设$\lambda\in\rho(T_1)\cap\rho(T_2)$，证明(第二预解式方程)

$$R(\lambda,T_1)-R(\lambda,T_2)=(T_1-T_2)R(\lambda,T_1)R(\lambda,T_2).$$

60. 承58题，证明$\dfrac{\mathrm{d}^n}{\mathrm{d}\lambda^n}R(\lambda,T)=(-1)^nR(\lambda,T)^{n+1}$.

61.设E是巴拿赫空间，T_λ是定义在复平面的某一非空开集G上而在$\mathscr{B}(E)$中取值的抽象函数满足$T_\lambda-T_\mu=(\mu-\lambda)T_\lambda T_\mu$.又设对$G$中的某个$\lambda_0$，$T_{\lambda_0}^{-1}$存在且有界，证明$T_\lambda^{-1}$对一切$\lambda\in G$都存在且有界，而且存在$E$上的有界线性算子$T$，使$T_\lambda$是$T$的预解式，满足$\rho(T)\supset G$.

62. 设F是复平面上一非空有界闭集，$\{\alpha_n\}$ $(n=1,2,3,\cdots)$是F的一个稠密真子集，在l中定义算子T如下：$Tx=y$，其中$x=\{\xi_n\}$，$y=\{\alpha_n\xi_n\}$.证明每个α_n是T的特征值，$\sigma(T)=F$，$F\backslash\{\alpha_n\}$中的每个点属于T的连续谱.

63. 在l上定义算子T如下：$y=Tx$，其中$x=\{\xi_n\}$，$y=\{\eta_n\}$；$\eta_1=0,\eta_k=-\xi_{k-1}$ $(k\geqslant 2)$.证明T没有特征值，$\rho(T)$由一切满足$|\lambda|>1$的点组成，且

$$\|R(\lambda,T)\|=(|\lambda|-1)^{-1}.$$

64. 在$l^p(1\leqslant p<\infty)$中定义算子T如下：$y=Tx$，其中$x=\{\xi_1,\xi_2,\xi_3,\cdots\}$，$y=\{\xi_2,\xi_3,\cdots\}$.证明$\rho(T)$由满足$|\lambda|>1$的一切点$\lambda$组成，而$T$的特征值由满足$|\lambda|<1$的一切点$\lambda$组成，且对于$|\lambda|=1$，$\lambda I-T$是单映射.

65. 设T是定义在巴拿赫空间E上的有界线性算子，$\alpha\in\rho(T)$，$A=R(\alpha,T)$.设μ,λ满足$\mu(\alpha-\lambda)=1$，证明$\mu\in\sigma(A)$的充分必要条件是$\lambda\in\sigma(T)$.若$\mu\in\rho(A)$，且$\mu(\alpha-\beta)=1$，则$R(\mu,T)=\dfrac{1}{\mu}+\dfrac{1}{\mu^2}R(\beta,T)$.

66. 设E为巴拿赫空间,$\{T_n\} \subset \mathscr{B}(E)$ $(n=1,2,3,\cdots)$按一致算子拓扑收敛于$T \in \mathscr{B}(E)$.λ_0是T的正则值.证明当n充分大时,λ_0也是T_n的正则值,且按一致算子拓扑,有

$$\lim_{n\to\infty}(\lambda_0 I - T_n)^{-1} = (\lambda_0 I - T)^{-1}.$$

67. 设E为巴拿赫空间,$T \in \mathscr{B}(E)$.设μ_0是T^n的特征值,$n \in \mathbf{N}$,证明μ_0至少有一个n次根是T的特征值,反之亦然.

68. 设E是巴拿赫空间,$T_1,T_2 \in \mathscr{B}(E)$可换,证明它们的谱半径$r_{T_1},r_{T_2}$满足$r_{T_1T_2} \leqslant r_{T_1}r_{T_2}$.

69. 设E是巴拿赫空间,$T_1,T_2 \in \mathscr{B}(E)$可换,证明它们的谱半径$r_{T_1},r_{T_2}$满足$r_{T_1+T_2} \leqslant r_{T_1} + r_{T_2}$.

70. 设E_1,E_2均为巴拿赫空间,$T_k \in \mathscr{B}(E_k)$ $(k=1,2)$.令$E=E_1 \oplus E_2$.对$x=(x_1,x_2) \in E$ $(x_k \in E_k,k=1,2)$,再令$\|x\| = \|x_1\| + \|x_2\|$.已知$E$按照这样定义的范数及它的线性运算也是巴拿赫空间,记$Tx=(T_1x_1,T_2x_2)$.证明

$$\sigma(T)=\sigma(T_1) \cup \sigma(T_2).$$

§ 7

71. 证明:巴拿赫空间E中的点集M为准紧的一个充分条件是:

(1) M是有界的;

(2) 存在按强算子拓扑收敛于单位算子的紧算子序列$\{T_n\}$,使得在M上一致地有$\|T_nx-x\| \to 0$ $(x \in M)$.

72. 设E,E_1都是无限维巴拿赫空间,$T \in \mathscr{B}(E,E_1)$是紧算子但非有限秩的.证明T的值域$T(E)$在E_1中不可能是闭的.

73. 证明由l^2到l的任何有界线性算子必是紧的(应用46题).

74. 设E,E_1均为赋范线性空间,$S,T \in \mathscr{B}(E,E_1)$,且$S,T$均为紧算子,证明$\alpha S+\beta T$也是紧算子,这里$\alpha,\beta$是实(或复)数.

75. 设$\{\alpha_n\}$是有界数列,在l中定义算子$T:x \mapsto y$,其中$x=\{\xi_n\}$,$y=\{\alpha_n\xi_n\}$.证明T是紧算子的充分必要条件是$\{\alpha_n\} \to 0$.

76. 设$\alpha(\cdot)$是定义在$[a,b]$上的有界可测函数且不恒等于零,则乘法算子$(Tx)(t)=\alpha(t)x(t)$在$L^2[a,b]$中有可能是紧算子吗?

77. 设 $\alpha(\cdot)$ 是定义在 $[a,b]$ 上的连续函数且不恒等于零，则乘法算子 $(Tx)(t)=\alpha(t)x(t)$ 在 $C[a,b]$ 中有可能是紧算子吗？

78. 设 E,E_1 均是赋范线性空间，$T\in\mathscr{C}(E,E_1)$，L 是 T 的零空间. 令 $\hat{T}(x+L)=Tx$. 证明 $\hat{T}$ 是 E/L 到 E_1 的紧算子.

79. 证明：按等式 $Jx=x$ 定义的嵌入算子 $J:C^1[a,b]\to C[a,b]$ 是紧算子.

80. 举例说明存在有界线性但非紧的算子 T 使得 T^2 是紧算子甚至是有限秩算子.

§1 希尔伯特空间的对偶空间·伴随算子

在第七章 §3, §4 中,我们系统地研究了内积空间,特别是希尔伯特空间的理论,同时还指出,最佳逼近元的存在及其特例正交投影的存在是希尔伯特空间理论中的一个基本事实.在这一章中,我们将比较系统地研究希尔伯特空间上的自伴算子.对自伴算子比较系统地研究还有赖于希尔伯特空间理论中另一基本事实的确立:有界线性泛函的表示及由此导出的希尔伯特空间的自对偶性.因此我们先来讨论这一问题.

1.1 希尔伯特空间上的有界线性泛函·对偶空间

定理1.1(里斯) 对于希尔伯特空间 $\mathscr{U}$ 上的每个有界线性泛函 f,必存在唯一的 $u \in \mathscr{U}$ 使得下面的表示成立

$$f(x) = (x, u) \quad 且 \quad \| f \| = \| u \|. \tag{1}$$

反之,对任一元素 $u \in \mathscr{U}$,由等式 $f(x) = (x, u)$ 定义了 $\mathscr{U}$ 上的一个有界线性泛函 f,且 f 的范数满足(1)中的第二个等式.

证 设 f 为定义在 $\mathscr{U}$ 上的有界线性泛函.若 $f = \theta$,可取 $u = \theta$.今设 $f \neq \theta$,令

$$L = \{x : f(x) = 0,\ x \in \mathscr{U}\}.$$

则 L 是 $\mathscr{U}$ 的真闭子空间.取非零元素 $x_0 \in L^{\perp}$,并设 $\| x_0 \| = 1$.由第八章习题29,对 $\mathscr{U}$ 可作如下的分解:

$$\mathscr{U} = L \oplus \{\alpha x_0\} \quad (\alpha 为数).$$

因 $x_0 \in L^{\perp}$,故上述分解实为正交分解.任取 $x \in \mathscr{U}$,令

$$y = x - (x, x_0) x_0, \tag{2}$$

则

$$(y, x_0) = (x, x_0) - (x, x_0)(x_0, x_0) = (x, x_0) - (x, x_0) = 0, \tag{3}$$

因此 $y \in L$. 故

$$f(x)=(x,x_0)f(x_0)+f(y)=(x,\overline{f(x_0)}x_0),$$

令 $u=\overline{f(x_0)}x_0$,(1) 中第一个关系成立.

现在证明 u 的唯一性以及 $\|f\|=\|u\|$.设另有 u',使等式 $f(x)=(x,u')$ 对一切 $x\in\mathscr{U}$ 成立, 于是

$$(x,u-u')=0.$$

故 $u-u'$ 与一切 $x\in\mathscr{U}$ 正交,因此 $u-u'=\theta$.唯一性成立.由施瓦茨不等式,我们有

$$|f(x)|=|(x,u)|\leqslant\|x\|\ \|u\|,$$

故 $\|f\|\leqslant\|u\|$. 另一方面

$$\|f\|\ \|u\|\geqslant|f(u)|=|(u,u)|=\|u\|^2,$$

故 $\|f\|\geqslant\|u\|$,于是 $\|f\|=\|u\|$.(1) 中的第二个等式成立.

反之,设 $u\in\mathscr{U}$ 为任一给定的元素.由内积的性质以及施瓦茨不等式知,等式 $f(x)=(x,u)$ 确实定义了 $\mathscr{U}$ 上的有界线性泛函 f.至于 $\|f\|=\|u\|$,则上面已经证明. ∎

定理 1.1 称为里斯表示定理,应用此定理可以对空间 $\mathscr{U}$ 作进一步探讨.

由(1),可作 $\mathscr{U}$ 到 $\mathscr{U}^*$ 上的映射:$u\mapsto f$.再任取 $v\in\mathscr{U}$,且设 $v\mapsto g\in\mathscr{U}^*$,那么显然有

$$u+v\mapsto f+g. \tag{4}$$

对任一实(或复)数 α,则有

$$\alpha u\mapsto\overline{\alpha}f. \tag{5}$$

为了证明这一关系,设 $\alpha u\mapsto h$,那么 对任一 $x\in\mathscr{U}$, 有

$$h(x)=(x,\alpha u)=\overline{\alpha}(x,u)=\overline{\alpha}f(x).$$

于是 $h=\overline{\alpha}f$.(5) 成立.

与定义内积时的情形类似,当 $\mathscr{U}$ 是实空间时,$u\mapsto f$ 是线性的;当 $\mathscr{U}$ 是复空间时,我们称 $u\mapsto f$ 是**共轭线性**的或**反线性**的.再由(1) 可知,这一映射是由 $\mathscr{U}$ 到 $\mathscr{U}^*$ 上的等距同构映射或等距共轭同构映射.现在在 $\mathscr{U}^*$ 中定义内积.对于 $u\mapsto f$, $v\mapsto g(u,v\in\mathscr{U},f,g\in\mathscr{U}^*)$, 令

$$(f,g)=\overline{(u,v)}.$$

不难证明, $\mathscr{U}^*$ 是希尔伯特空间.于是 $u\mapsto f$ 是两个希尔伯特空间之间的等距同构或等距共轭同构.今后我们将它们视为同一,即 $\mathscr{U}=\mathscr{U}^*$.此性质称为希尔伯特空间的**自对偶性**或**自共轭性**.它与里斯表示定理一道是希尔伯特空间理论中又一

个基本事实.

1.2 伴随算子及其性质

现在讨论希尔伯特空间中有界线性算子的伴随算子. 第八章中定义的伴随算子对希尔伯特空间中的有界线性算子无疑是适用的. 但应用里斯表示定理, 我们可以直接在希尔伯特空间中定义伴随算子.

设 $T \in \mathscr{B}(\mathscr{U})$, 那么对于给定的 $y \in \mathscr{U}$, 表示式 (Tx, y) 定义了 $\mathscr{U}$ 上关于 x 的一个有界线性泛函. 由里斯表示定理, 必有 $y' \in \mathscr{U}$, 使

$$(Tx, y) = (x, y')$$

对于一切 $x \in \mathscr{U}$ 成立. 当 y 确定时, y' 唯一地被确定, 于是可作映射 $T^*: T^*y = y'$. 由此可知,

$$(Tx, y) = (x, T^* y). \tag{6}$$

由等式 (6) 可以证明 T^* 是有界线性算子, 且等式 $\|T\| = \|T^*\|$ 成立(或参考第八章 §5.2 定义 5.2 下面的性质(ii)).

定义 1.1 称 T^* 为 T 的**伴随算子**.

希尔伯特空间中的伴随算子具有下列性质:

(i) $(\alpha T)^* = \bar{\alpha} T^*$ (在赋范线性空间中, 有 $(\alpha T)^* = \alpha T^*$);

(ii) $(T_1 + T_2)^* = T_1^* + T_2^*$;

(iii) $(T_1 T_2)^* = T_2^* T_1^*$;

(iv) T^* 的伴随算子 T^{**} 满足 $T^{**} = T$;

(v) T 有有界逆算子的充分必要条件是 T^* 有有界逆算子, 且当 T 有有界逆算子时, $(T^{-1})^* = (T^*)^{-1}$;

(vi) 当 $\mathscr{U}$ 为复空间时, $\sigma(T^*) = \overline{\sigma(T)}$, 这里 $\overline{\sigma(T)}$ 表示 $\sigma(T)$ 中的数取共轭后构成的集(在赋范线性空间中, 有 $\sigma(T^*) = \sigma(T)$).

由性质(i) 及性质(vi) 可知, 希尔伯特空间情形下的伴随算子与赋范线性空间情形下的伴随算子有重要的区别.

现在证明性质(i), (iv), (vi), 其余从略.

性质(i) 的证明 对任何 $x, y \in \mathscr{U}$, 有

$$\begin{aligned}(x, (\alpha T)^* y) &= ((\alpha T)x, y) = \alpha(Tx, y) \\ &= \alpha(x, T^* y) = (x, \bar{\alpha} T^* y),\end{aligned}$$

故 $(\alpha T)^* = \bar{\alpha} T^*$.

性质(iv) 的证明 对任何 $x, y \in \mathscr{U}$, 有

$$(x,T^{**}y)=(x,(T^*)^*y)=(T^*x,y)=(x,Ty),$$

故 $T^{**}=T$.

性质(vi) 的证明 设 λ 为复数,由性质(i) 以及 $I^*=I$, 有

$$(\lambda I-T)^*=\bar{\lambda}I-T^*.$$

再由性质(v) 可知,$\lambda I-T$有有界逆算子的充分必要条件是 $\bar{\lambda}I-T^*$ 有有界逆算子,故 $\sigma(T^*)=\overline{\sigma(T)}$.

例 1 考察空间 $\mathbf{C}^n$ 中由矩阵

$$A=(\alpha_{ij})\quad(i,j=1,2,\cdots,n)$$

定义的算子

$$T:x=(\xi_1,\xi_2,\cdots,\xi_n)\mapsto x'=(\xi'_1,\xi'_2,\cdots,\xi'_n),$$

其中

$$\xi'_i=\sum_{j=1}^n\alpha_{ij}\xi_j\quad(i=1,2,\cdots,n).$$

现在求 T 的伴随算子.对任何 $y=(\eta_1,\eta_2,\cdots,\eta_n)\in\mathbf{C}^n$, 有

$$(x,T^*y)=(Tx,y)=\sum_{i=1}^n\Big(\sum_{j=1}^n\alpha_{ij}\xi_j\Big)\overline{\eta_i}=\sum_{i,j=1}^n\alpha_{ij}\xi_j\bar{\eta}_i$$

$$=\sum_{j=1}^n\xi_j\overline{\Big(\sum_{i=1}^n\bar{\alpha}_{ij}\eta_i\Big)}=\sum_{i=1}^n\xi_i\overline{\Big(\sum_{j=1}^n\bar{\alpha}_{ji}\eta_j\Big)}.$$

由此可见, T^* 由(α_{ij}) 的共轭转置矩阵$(\bar{\alpha}_{ji})$ 定义.

例 2 设$K(t,s)$ 是定义在 $a\leqslant t\leqslant b$, $a\leqslant s\leqslant b$ 上的平方可积函数.由核函数$K(t,s)$ 定义了复 $L^2[a,b]$ 上的有界线性算子 T:

$$(Tx)(t)=\int_a^bK(t,s)x(s)\,\mathrm{d}s.$$

现在求 T 的伴随算子.任取 $y\in L^2[a,b]$ 有,

$$(x,T^*y)=(Tx,y)=\int_a^b\int_a^bK(t,s)x(s)\overline{y(t)}\,\mathrm{d}s\mathrm{d}t$$

$$=\int_a^bx(s)\overline{\Big[\int_a^b\overline{K(t,s)}\,y(t)\,\mathrm{d}t\Big]}\,\mathrm{d}s$$

$$=\int_a^bx(t)\overline{\Big[\int_a^b\overline{K(s,t)}\,y(s)\,\mathrm{d}s\Big]}\,\mathrm{d}t,$$

故

$$T^*y(t)=\int_a^b\overline{K(s,t)}\,y(s)\,\mathrm{d}s,$$

即 T^* 是以 $K^*(t,s)=\overline{K(s,t)}$ 为核的积分算子.

例 3 作为例 2 的特殊情形,我们考察复 $L^2[0,1]$ 上的沃尔泰拉积分算子:

$$Tx(t)=\int_0^t x(s)\,\mathrm{d}s,$$

那么

$$T^*x(t)=\int_t^1 x(s)\,\mathrm{d}s. \tag{7}$$

注意到上述沃尔泰拉积分算子的核为

$$K(t,s)=\begin{cases}1, & \text{当 } 0\leqslant t\leqslant 1,\ 0\leqslant s\leqslant t,\\ 0, & \text{当 } 0\leqslant t\leqslant 1,\ t<s\leqslant 1,\end{cases}$$

由例 2 可知,T 的伴随算子 T^* 的核为

$$K^*(t,s)=\begin{cases}1, & \text{当 } 0\leqslant t\leqslant 1,\ t\leqslant s\leqslant 1,\\ 0, & \text{当 } 0\leqslant t\leqslant 1,\ 0\leqslant s<t.\end{cases}$$

故(7)成立.

§2 自伴算子的基本性质

按照 §1 中的定义,当 $\mathscr{U}$ 为希尔伯特空间时,$\mathscr{U}$ 上的有界线性算子 T 的伴随算子 T^* 也是 $\mathscr{U}$ 上的算子,即 T 与 T^* 均定义在同一空间 $\mathscr{U}$ 上.这样便可以进一步研究 T 与 T^* 之间的关系.例如考察它们是否相等、是否可交换,等等.在这一章中,我们将着重研究 T 与 T^* 相等的情形.其他情形则不再研究.

2.1 自伴算子及其基本性质

定义 2.1 设 T 是定义在希尔伯特空间 $\mathscr{U}$ 上的有界线性算子,如果 $T^*=T$,则称 T 是**自伴算子**或**自共轭算子**.

今后我们常用自伴算子这一名称,而且仅考察有界的情形.容易看出自伴算子是线性代数中埃尔米特矩阵的一种实质性发展.在微分方程、积分方程中也不乏自伴算子的例子.至于在量子力学中,自伴算子更是一种常见的、基本的算子.

自伴算子有下列性质:

(i) T 为自伴算子的充分必要条件是对任何 $x,y\in\mathscr{U}$,有

$$(Tx,y)=(x,Ty). \tag{1}$$

若 T 自伴,(1) 显然成立.反之,若(1) 成立,则由

$$(Tx,y)=(x,T^*y)$$

有 $(x,Ty)=(x,T^*y)$，由 x,y 的任意性可知，$T=T^*$，T 自伴.

有时我们称满足条件(1) 的有界线性算子 T 为**对称的**，于是性质(i) 又可表成：T 为自伴算子的充分必要条件是 T 为对称的.

(ii) 当 $\mathscr{U}$ 是复空间时，T 为自伴的充分必要条件是对任何 $x\in\mathscr{U}$，(Tx,x) 为实数.

因为当 T 自伴时，对任何 $x\in\mathscr{U}$，有

$$(Tx,x)=(x,Tx)=\overline{(Tx,x)},$$

故 (Tx,x) 为实数.反之，若对任何 $x\in\mathscr{U}$，(Tx,x) 为实数，则 $(Tx,x)=(x,Tx)$.通过直接验算，我们有关于"算子的极化恒等式"：

$$\begin{aligned}(Tx,y)=&\frac{1}{4}[(T(x+y),x+y)-(T(x-y),x-y)]+\\&\frac{i}{4}[(T(x+iy),x+iy)-(T(x-iy),x-iy)]\\=&\frac{1}{4}[(x+y,T(x+y))-(x-y,T(x-y))]+\\&\frac{i}{4}[(x+iy,T(x+iy))-(x-iy,T(x-iy))]\\=&(x,Ty).\end{aligned}$$

故 T 对称，因此自伴.

现在考察 §1.2 中的三个实例.如果在例 1 中，

$$\alpha_{ij}=\overline{\alpha}_{ji}\quad(i,j=1,2,\cdots,n),$$

则由矩阵 (α_{ij}) 定义的算子是自伴的.称(α_{ij}) 为埃尔米特矩阵.如果在例 2 中，$K(t,s)=\overline{K(s,t)}$，则以 $K(t,s)$ 为核的积分算子也是自伴的.但例 3 中的沃尔泰拉积分算子不是自伴的.

下面再考察一个自伴算子.

例 1 在 $L^2[0,1]$ 中考察乘法算子：

$$(Tx)(t)=tx(t)\quad(x\in L^2[0,1]).$$

显然 T 是定义在 $L^2[0,1]$ 上的有界线性算子，由于

$$(Tx,x)=\int_0^1 t\,|x(t)|^2\mathrm{d}t$$

为实数，故 T 自伴.这里假定 $L^2[a,b]$ 是复空间.

定理2.1 设T_1,T_2都是定义在希尔伯特空间上的自伴算子,则T_1T_2是自伴算子的充分必要条件是T_1与T_2可换.

证 T_1T_2为自伴算子的充分必要条件是以下一系列等式成立:

$$T_1T_2=(T_1T_2)^*=T_2^*T_1^*=T_2T_1.$$

故定理的结论成立. ■

定理2.2 设T为希尔伯特空间$\mathscr{U}$上的自伴算子.记$\mathscr{M}$为T的值域,$\mathscr{N}$为T的零空间,则$\mathscr{N}=\mathscr{M}^{\perp}$.

证 任取$x\in\mathscr{U},y\in\mathscr{N}$,则

$$0=(x,Ty)=(Tx,y),$$

即$Tx\perp y$.当x取遍$\mathscr{U}$时,Tx取遍$\mathscr{M}$,而y则为$\mathscr{N}$内任一元素,故$\mathscr{N}\subset\mathscr{M}^{\perp}$.

反之,设$y\in\mathscr{M}^{\perp}$,则对任何$x\in\mathscr{U}$,有

$$0=(Tx,y)=(x,Ty).$$

因x任意,故$Ty=\theta,y\in\mathscr{N}$,因此$\mathscr{N}\supset\mathscr{M}^{\perp}$.故$\mathscr{N}=\mathscr{M}^{\perp}$. ■

定理2.3 设T是希尔伯特空间$\mathscr{U}$上的自伴算子.那么T的任一特征值必为实数,且对应于T的不同特征值的特征向量相互正交.

证 设λ为T的任一特征值.任取一个对应的特征向量x,由等式$Tx=\lambda x$可知,$(Tx,x)=\lambda(x,x)$,因(Tx,x)与(x,x)均为实数,故λ必为实数.

设λ_1,λ_2是算子T的两个不同的特征值,x_1,x_2是对应的特征向量.由$Tx_1=\lambda_1x_1,Tx_2=\lambda_2x_2$,有

$$(Tx_1,x_2)=\lambda_1(x_1,x_2),$$

$$(Tx_1,x_2)=(x_1,Tx_2)=\lambda_2(x_1,x_2),$$

于是$\lambda_1(x_1,x_2)=\lambda_2(x_1,x_2)$,因$\lambda_1\neq\lambda_2$,故$(x_1,x_2)=0$. ■

定理2.4 设T是希尔伯特空间$\mathscr{U}$上的自伴算子.令

$$m=\inf\{(Tx,x):x\in\mathscr{U},\|x\|=1\};$$

$$M=\sup\{(Tx,x):x\in\mathscr{U},\|x\|=1\},$$

则

$$\|T\|=\max\{|m|,|M|\}.\tag{2}$$

m,M分别称为算子T的**下界**与**上界**.

证 令$K=\max\{|m|,|M|\}$.根据M,m的定义,下列不等式成立:

$$|M|\leqslant\sup_{\|x\|=1}|(Tx,x)|\leqslant\|T\|;$$

$$|m|\leqslant\sup_{\|x\|=1}|(Tx,x)|\leqslant\|T\|.$$

故 $K \leqslant \|T\|$. 下面证明 $K \geqslant \|T\|$. 任取 $\lambda > 0$,根据 T 的对称性,可直接验证下面的等式:

$$\|Tx\|^2 = \frac{1}{4}\left[\left(T\left(\lambda x + \frac{1}{\lambda}Tx\right), \lambda x + \frac{1}{\lambda}Tx\right) - \left(T\left(\lambda x - \frac{1}{\lambda}Tx\right), \lambda x - \frac{1}{\lambda}Tx\right)\right].$$

故

$$\|Tx\|^2 \leqslant \frac{1}{4}K\left(\|\lambda x + \frac{1}{\lambda}Tx\|^2 + \|\lambda x - \frac{1}{\lambda}Tx\|^2\right)$$

$$= \frac{1}{2}K\left(\lambda^2\|x\|^2 + \frac{1}{\lambda^2}\|Tx\|^2\right).$$

不妨设 $x \neq \theta$. 令 $\lambda = \left(\frac{\|Tx\|}{\|x\|}\right)^{\frac{1}{2}}$, 则有

$$\|Tx\|^2 \leqslant \frac{1}{2}K\left[\frac{\|Tx\|}{\|x\|}\|x\|^2 + \frac{\|x\|}{\|Tx\|}\|Tx\|^2\right]$$

$$= K\|Tx\|\|x\|,$$

故

$$\|Tx\| \leqslant K\|x\|.$$

于是 $\|T\| \leqslant K$,因此 $\|T\| = K$,(2) 成立. ∎

推论 设 T 是希尔伯特空间 $\mathscr{U}$ 上的自伴算子, 则

$$\|T\| = \sup\{|(Tx,x)| : x \in \mathscr{U}, \|x\| = 1\}. \tag{3}$$

证 因(3) 的右端等于 $\max\{|m|, |M|\}$,故推论成立. ∎

2.2 正算子

为研究自伴算子的谱分解理论,我们引进一类特殊的自伴算子——正算子.

定义 2.2 设 $\mathscr{U}$ 是希尔伯特空间,$T \in \mathscr{B}(\mathscr{U})$ 为自伴算子,如果对任意的 $x \in \mathscr{U}$, 有

$$(Tx,x) \geqslant 0, \tag{4}$$

则称 T 为**正算子**,记为 $T \geqslant \theta$.

现在设 T_1, T_2 均为自伴算子. 若 T_1, T_2 满足 $T_1 - T_2 \geqslant \theta$,则称 T_1 **不小于** T_2 或称 T_2 **不大于** T_1,并分别记为 $T_1 \geqslant T_2$ 或 $T_2 \leqslant T_1$.

在定义中,如果 $\mathscr{U}$ 是复空间,则无需假定 T 是自伴算子,因由不等式(4),便

知道 T 自伴.

由定义 2.2 可以导出下列性质:

(i) 设自伴算子 $T_1 \geqslant T_2$, $S_1 \geqslant S_2$, 则

$$T_1 + S_1 \geqslant T_2 + S_2;$$

若 c 是非负实数,则

$$cT_1 \geqslant cT_2.$$

以上两个不等式均显然成立,证明从略.

设 $p(\lambda) = a_0 + a_1\lambda + \cdots + a_n\lambda^n$ 是 λ 的多项式,则称

$$p(T) = a_0 I + a_1 T + \cdots + a_n T^n$$

是 T 的**多项式**.

(ii) 设 T 是正算子,则 T 的任何非负整数次幂 T^n 也是正算子,因此 T 的任何具有非负实系数的多项式 $p(T)$ 也是正算子.

先设 n 为偶数: $n = 2k$, 于是

$$(T^n x, x) = (T^{2k} x, x) = (T^k x, T^k x) \geqslant 0.$$

若 n 为奇数, 则 $n = 2k + 1$, 于是

$$(T^n x, x) = (T^{2k+1} x, x) = (T(T^k x), T^k x) \geqslant 0.$$

故无论哪一种情形,T^n 都是正算子.再根据性质(i)可知,T 的任何具有非负实系数的多项式 $p(T)$ 是正算子.

(iii) (广义施瓦茨不等式)　设 T 为正算子,则对任何 $x, y \in \mathscr{U}$, 有

$$|(Tx, y)|^2 \leqslant (Tx, x)(Ty, y). \tag{5}$$

不等式(5)称为**广义施瓦茨不等式.**

我们应用关于内积的施瓦茨不等式来证明不等式(5). 对任何 $x, y \in \mathscr{U}$, 令

$$\langle x, y\rangle = (Tx, y).$$

那么除第七章 §3.1 定义 3.1 中的条件(iv)中第二个条件外,$\langle x, y\rangle$ 满足该定义中所有其他条件,于是可以应用施瓦茨不等式,且得到

$$|\langle x, y\rangle|^2 \leqslant \langle x, x\rangle\langle y, y\rangle,$$

即

$$|(Tx, y)|^2 \leqslant (Tx, x)(Ty, y).$$

不等式(5)成立.

单调有界数列必有极限,这是古典分析中人们熟知的基本命题.对于自伴算子,类似的性质也成立.为此,先引入**单调自伴算子列**的含义.

定义 2.3　设 $\{T_n\}$ $(n = 1, 2, 3, \cdots)$ 为自伴算子列.如果对一切 n 有 $T_n \leqslant T_{n+1}$,则称 $\{T_n\}$ 是**单调上升**的.如果对一切 n 有 $T_n \geqslant T_{n+1}$,则称 $\{T_n\}$ 是**单调下降的**.单调上升及单调下降的自伴算子列统称为**单调算子列**.

定理 2.5 设$\{T_n\}$ $(n=1,2,3,\cdots)$ 为一致有界的单调自伴算子列，则存在唯一的自伴算子 T 使

$$\{T_n\} \xrightarrow{\text{强}} T.$$

证 不妨设$\{T_n\}$单调上升.任取自然数 m,n 并设 $n>m$.令 $T_{m,n}=T_n-T_m$，易见 $T_{m,n}$ 是正算子.因$\{T_n\}$一致有界，$\{T_{m,n}\}$也一致有界，故存在$\alpha>0$使得对一切 $m,n(n>m)$，有

$$\|T_{m,n}\| \leqslant \alpha.$$

由这一节定理2.4的推论及 $T_{m,n}$ 的正性可知，

$$0 \leqslant (T_{m,n}x,x) \leqslant \|T_{m,n}\|(x,x) \leqslant \alpha(x,x) \quad (x \in \mathscr{U}).$$

再由广义施瓦茨不等式，对任一 $x \in \mathscr{U}$，有

$$\begin{aligned}\|T_{m,n}x\|^4 &= |(T_{m,n}x,T_{m,n}x)|^2\\ &\leqslant (T_{m,n}x,x)(T_{m,n}^2x,T_{m,n}x)\\ &\leqslant \alpha(T_{m,n}x,x)(T_{m,n}x,T_{m,n}x)\\ &= \alpha(T_{m,n}x,x)\|T_{m,n}x\|^2,\end{aligned}$$

故

$$\|T_{m,n}x\|^2 \leqslant \alpha(T_{m,n}x,x). \tag{6}$$

因$\{T_n\}$单调上升且一致有界，因此$\{(T_nx,x)\}$是单调上升的有界数列，它有有限的极限.于是当 $m,n\to\infty$ 时，$(T_{m,n}x,x)\to 0$. 由(6)可知，

$$\|(T_n-T_m)x\| = \|T_{m,n}x\| \to 0.$$

根据第八章§3.1定理3.2，存在唯一的有界线性算子 T 使

$$\{T_n\} \xrightarrow{\text{强}} T.$$

因每个 T_n 为自伴的，故 T 也是自伴的. ∎

任一非负实数有唯一的非负平方根，这也是早已熟知的事实，对于正算子，类似的性质也成立.

定理 2.6 设 T 为正算子，则存在唯一的正算子 S 使 $S^2=T$.称 S 为 T 的**正平方根**，记为 $T^{\frac{1}{2}}$，$T^{\frac{1}{2}}$ 是 T 的某一多项式序列按强算子拓扑收敛的极限，于是与 T 可换的任何算子必与 $T^{\frac{1}{2}}$ 可换.

证 不妨设 $0\leqslant T\leqslant I$.若 T 存在正平方根 S，则由等式 $T=S^2$，有

$$-2S=-T+S^2-2S,$$

因此

$$2(I-S)=I-T+(I-S)^2.$$

令 $A=I-S$，$B=I-T$，则有

$$A=\frac{1}{2}(B+A^2). \tag{7}$$

于是问题归结为：证明存在满足等式(7)的算子 A.我们用迭代法证明这一结论.令

$$A_0=\theta,\ A_1=\frac{1}{2}(B+A_0^2),\cdots,A_{n+1}=\frac{1}{2}(B+A_n^2),\cdots. \tag{8}$$

现在先用归纳法证明 $\{A_n\}$ 是单调上升的正算子列.显然 A_0,A_1 以及 A_1-A_0 都是正算子 B 的具有非负系数的多项式,因此都是正算子.今设 A_{n-1},A_n 以及 A_n-A_{n-1} 也都是 B 的具有非负系数的多项式.用归纳法不难证明 A_n,A_{n-1} 可换，故

$$A_{n+1}-A_n=\frac{1}{2}(A_n^2-A_{n-1}^2)=\frac{1}{2}(A_n+A_{n-1})(A_n-A_{n-1}).$$

由关于 A_n,A_{n-1} 的假设可知,A_n+A_{n-1} 也是 B 的具有非负系数的多项式,再由关于 A_n-A_{n-1} 的假设可知,$A_{n+1}-A_n$ 也是 B 的具有非负系数的多项式.这样我们便证明了$\{A_n\}$ 是单调上升的正算子列.现在证明对一切 n, $\|A_n\|\leqslant 1$.当 $n=0$ 时,不等式 $\|A_0\|\leqslant 1$ 显然成立.今设不等式 $\|A_n\|\leqslant 1$ 对某个 $n>0$ 成立.由 B 的定义,并将这一节定理 2.4 的推论应用于 B,得到 $\|B\|\leqslant 1$. 于是

$$\|A_{n+1}\|=\frac{1}{2}\|B+A_n^2\|\leqslant\frac{1}{2}(\|B\|+\|A_n\|^2)\leqslant 1.$$

因此不等式 $\|A_n\|\leqslant 1$ 对一切 n 成立.由这一节定理 2.5,$\{A_n\}$ 在强算子拓扑意义下有极限,记其极限为 A.显然 $\|A\|\leqslant 1$.进而可以证明$\{A_n^2\}$ 在强算子拓扑意义下收敛于 A^2. 在下述等式中,

$$A_{n+1}=\frac{1}{2}(B+A_n^2)$$

令 $n\to\infty$ 便得到 $A=\frac{1}{2}(B+A^2)$.根据以上的分析可知,$S=I-A$,就是 T 的一个正平方根.再由以上的处理方法,任一与 T 可换的有界线性算子必与 S 可换.

最后证明正平方根的唯一性.设 S' 也是 T 的一个正平方根:$S'^2=T$.易见 S' 与 T 可换,于是 S' 与 S 可换.令 V,V' 分别是 S,S' 按上述方法得到的正平方根.任取 $x\in\mathscr{U}$,令 $y=(S-S')x$, 则

$$\begin{aligned}\|Vy\|^2+\|V'y\|^2&=(V^2y,y)+(V'^2y,y)=(Sy,y)+(S'y,y)\\&=((S+S')(S-S')x,y)\\&=((S^2-S'^2)x,y)\\&=((T-T)x,y)=0.\end{aligned}$$

故 $Vy=V'y=\theta$, 于是更有

$$\|y\|^2=(y,y)=((S-S')x,y)=(Vx,Vy)-(V'x,V'y)=0.$$

因此 $y=\theta$,即 $Sx=S'x$,于是 $S=S'$.唯一性成立. ∎

推论 1 设 T 为正算子,$x_0\in\mathscr{U}$,若$(Tx_0,x_0)=0$,则 $Tx_0=\theta$.

证 因

$$\begin{aligned}\|T^{\frac{1}{2}}x_0\|^2&=(T^{\frac{1}{2}}x_0,T^{\frac{1}{2}}x_0)=(T^{\frac{1}{2}}T^{\frac{1}{2}}x_0,x_0)\\&=(Tx_0,x_0)=0,\end{aligned}$$

故 $T^{\frac{1}{2}}x_0=\theta$.于是 $Tx_0=T^{\frac{1}{2}}(T^{\frac{1}{2}}x_0)=\theta$. ∎

推论 2 设自伴算子 T_1,T_2 满足:$T_1\geqslant T_2$,而正算子 T 与 T_1,T_2 均可换,则 $TT_1\geqslant TT_2$.特别地,当 $T_2=\theta$ 时,则有 $TT_1\geqslant\theta$.

证 任取 $x\in\mathscr{U}$,我们有

$$\begin{aligned}(TT_1x,x)&=(T^{\frac{1}{2}}T^{\frac{1}{2}}T_1x,x)=(T_1T^{\frac{1}{2}}x,T^{\frac{1}{2}}x)\\&\geqslant(T_2T^{\frac{1}{2}}x,T^{\frac{1}{2}}x)=(T_2Tx,x).\end{aligned}$$

因此 $TT_1\geqslant TT_2$.若 $T_2=\theta$,则 $TT_2=\theta$,故 $TT_1\geqslant\theta$. ∎

*§3 投影算子

3.1 投影算子的含义

应用希尔伯特空间中元素的正交分解,可以很自然地引进正交投影算子.而正交投影算子在自伴算子的谱理论中起着基本作用.

设 $\mathscr{U}$ 为希尔伯特空间,L 为 $\mathscr{U}$ 的闭子空间.由第七章 §4.2 定理4.2,任一元素 $x\in\mathscr{U}$ 可唯一地分解为

$$x=x_1+x_2,$$

其中 $x_1\in L,x_2\in L^{\perp}$.

定义 3.1 令 $Px=x_1$,则称 P 为 L 上的**正交投影算子**,简称为**投影算子**.称 L 为 P 的**投影子空间**.

由定义容易证明下面的性质:

(i) 正交投影算子 P 是有界线性的且范数满足:$\|P\|=0$ 或 1.

先证 P 的线性.设 $x,y\in\mathscr{U}$, 作正交分解

$$x=x_1+x_2,\ y=y_1+y_2\quad(x_1,y_1\in L;\ x_2,y_2\in L^{\perp}).$$

于是对任意的数 α,β,有

$$\alpha x+\beta y=(\alpha x_1+\beta y_1)+(\alpha x_2+\beta y_2),$$

其中 $\alpha x_1+\beta y_1\in L,\alpha x_2+\beta y_2\in L^{\perp}$. 因此

$$P(\alpha x+\beta y)=\alpha x_1+\beta y_1=\alpha Px+\beta Py,$$

故 P 为线性.

现在证明 P 有界,并讨论 P 的范数.若 $L=\{\theta\}$,$\|P\|$ 显然等于零.今设 $L\neq\{\theta\}$.由投影算子的定义,$Px=x_1$,于是

$$\|Px\|=\|x_1\|\leqslant\|x\|,$$

故 $\|P\|\leqslant 1$.任取 $x\in L,x\neq\theta$,由 $Px=x$,有

$$\|P\|\|x\|\geqslant\|Px\|=\|x\|,$$

于是 $\|P\|\geqslant 1$,因此 $\|P\|=1$.(i) 证毕.

(ii) $I-P$ 为 $L^{\perp}$ 上的投影算子.

设 $x\in\mathscr{U}$,由 x 的分解可知,$(I-P)x=x_2$,故 $I-P$ 为 $L^{\perp}$ 上的投影算子.(ii) 成立. ∎

定理 3.1 $\mathscr{U}$ 上的有界线性算子 P 为投影算子的充分必要条件是 P 满足:

(i) P 是自伴的;

(ii) P 是幂等的:$P^2=P$.

证 必要性 设 P 为闭子空间 L 上的投影算子.任取 $x,y\in\mathscr{U}$,作正交分解:

$$x=x_1+x_2,\quad y=y_1+y_2\quad(x_1,y_1\in L;\ x_2,y_2\in L^{\perp}).$$

于是

$$(Px,y)=(x_1,y_1+y_2)=(x_1,y_1);$$

$$(x,Py)=(x_1+x_2,y_1)=(x_1,y_1).$$

故 $(Px,y)=(x,Py)$,因此 P 自伴.(i) 成立.

其次,对任给的 $x\in\mathscr{U}$,有

$$P^2x=Px_1=x_1=Px,$$

故 $P^2=P$.(ii) 成立.

充分性 设 L 是 $I-P$ 的零空间,$L^{\perp}$ 是 L 在 $\mathscr{U}$ 中的正交余,则

$$\mathscr{U}=L\oplus L^{\perp}.$$

现在着手研究 P 对 $\mathscr{U}$,L 及 $L^{\perp}$ 中元素作用的结果.首先,对任给的 $x\in\mathscr{U}$,由

$$(I-P)Px=(P-P^2)x=\theta$$

可知,$Px\in L$.其次,对任给的 $y\in L$,由 $(I-P)y=\theta$ 可知,$Py=y$.最后考察 P 对 $L^{\perp}$ 中元素作用的结果. 由这一章 §2.1 定理 2.2 可知, 算子 $I-P$ 的值域 $(I-P)(\mathscr{U})$ 在 $L^{\perp}$ 中稠密, 再由等式

$$P(I-P)=P-P^2=\theta$$

可知,$P(I-P)(\mathscr{U})=\{\theta\}$,故对任给的 $z\in L^{\perp}$,有 $Pz=\theta$.综合以上三方面的结

果可知,P 是以 L 为投影子空间的投影算子. ∎

推论 1 设 P 为投影算子,则 P 为正算子.

证 由定理 3.1(i),P 是自伴的.由定理 3.1(ii),对任给 $x \in \mathscr{U}$,

$$(Px,x)=(P^2x,x)=(Px,Px)=\|Px\|^2 \geqslant 0,$$

故 P 为正算子. ∎

推论 2 复希尔伯特空间 $\mathscr{U}$ 上的有界线性算子 P 为投影算子的充分必要条件是对任给的 $x \in \mathscr{U}$, 有

$$\|Px\|^2=(Px,x). \tag{1}$$

证 必要性 设 P 为投影算子,则(1) 成立:

$$\|Px\|^2=(Px,Px)=(P^2x,x)=(Px,x). \tag{2}$$

充分性 等式(1) 表明对任一 $x \in \mathscr{U}$,(Px,x) 为实数.由本章 §2.1 定义 2.1 后面的性质(ii) 可知,P 自伴.由等式(2) 中的最后一个等式$(P^2x,x)=(Px,x)$,并将这一章 §2.1 定义 2.1 后面"算子的极化恒等式" 应用于 P 可知,$P^2=P$,P 为投影算子. ∎

例 1 设$\{e_n\}_{n\in\mathbf{N}}$ 是 l^2 空间中的完备规范正交系:

$$e_n=\{\underbrace{0,\ \cdots,\ 0,\ 1}_{n个},0,\cdots\} \quad (n=1,2,3,\cdots).$$

对 $x=\sum\limits_{n=1}^{\infty}\xi_n e_n \in l^2$, 令

$$Px=\sum_{k=1}^{\infty}\xi_{2k}e_{2k}.$$

则 P 为投影算子,其投影子空间是由$\{e_{2k}\}_{n\in\mathbf{N}}$ 张成的闭子空间.

例 2 设 $F \subset [a,b]$ 为可测集,且 F 的测度为正.考察 $L^2[a,b]$ 上的算子 P_F:

$$(P_F x)(t)=\chi_F(t)x(t),$$

这里χ_F 是 F 的特征函数,$x \in L^2[a,b]$,则 P_F 是投影算子,称它是**与 F 对应的投影算子**.

3.2 投影算子的代数运算

现在研究投影算子的代数运算.一般说来,两个投影算子的和、差、积并不一定是投影算子,而需补充适当的条件,现在就来研究这些条件.

定义 3.2 $\mathscr{U}$ 中两个相互正交的子空间 L,M 的直接和称为**正交和**,仍记为 $L \oplus M$.

由第七章习题 26 可知,当 L,M 都是闭子空间时,正交和 $L \oplus M$ 也是闭子空间.

定理 3.2 投影算子 P_1,P_2 的和 P_1+P_2 为投影算子的充分必要条件是下列性质之一成立:

(i) $P_1P_2=\theta$(或 $P_2P_1=\theta$);

(ii) P_1 的投影子空间 L_1 与 P_2 的投影子空间 L_2 正交.

当 P_1+P_2 是投影算子时,其投影子空间是 $L_1\oplus L_2$.

证 先设 P_1+P_2 为投影算子,那么有

$$P_1+P_2=(P_1+P_2)^2=P_1+P_1P_2+P_2P_1+P_2.$$

故

$$P_1P_2+P_2P_1=0 \tag{3}$$

对等式(3)的两端先左乘后右乘 P_1,分别得到

$$P_1P_2+P_1P_2P_1=0;$$

$$P_2P_1+P_1P_2P_1=0.$$

从而 $P_1P_2=P_2P_1$,再由等式(3)可知,(i)成立.

现设(i)成立.任取 $x_1\in L_1, x_2\in L_2$,则

$$(x_1,x_2)=(P_1x_1,P_2x_2)=(P_2P_1x_1,x_2)=0.$$

故 $L_1\perp L_2$.(ii)成立.

再设(ii)成立.记 $L=L_1\oplus L_2$,则 L 是 $\mathscr{U}$ 的闭子空间,记 P 为 L 上的投影算子.任取 $x\in\mathscr{U}$,由 $Px\in L$ 可知,有唯一的 $y_j\in L_j(j=1,2)$,使得

$$Px=y_1+y_2.$$

容易看出,y_j 是 x 在 L_j 上的投影,因此

$$P_jx=y_j\quad(j=1,2).$$

于是 $Px=P_1x+P_2x$,即 $P=P_1+P_2$,P_1+P_2 是 $L_1\oplus L_2$ 上的投影算子. ∎

当两个投影算子的投影子空间正交时,我们便说这两个**投影算子正交**.于是定理3.2(ii)又可改述为:投影算子 P_1,P_2 的和 P_1+P_2 为投影算子的充分必要条件是 P_1,P_2 正交.

定理3.3 投影算子 P_1,P_2 的积 P_1P_2 为投影算子的充分必要条件是 $P_1P_2=P_2P_1$,即 P_1,P_2 可换.当 P_1P_2 是投影算子时,其投影子空间是 $L_1\cap L_2$,这里 L_1,L_2 仍分别表示 P_1,P_2 的投影子空间.

证 必要性 设 P_1P_2 是投影算子,则 P_1P_2 自伴,因此

$$P_1P_2=(P_1P_2)^*=P_2^*P_1^*=P_2P_1,$$

故 P_1,P_2 可换.

充分性 设 P_1,P_2 可换,则

$$(P_1P_2)^*=P_2^*P_1^*=P_2P_1=P_1P_2,$$

故 P_1P_2 自伴.又因

$$(P_1P_2)^2 = (P_1P_2)(P_1P_2) = P_1^2P_2^2 = P_1P_2,$$

由以上的定理 3.1 可知,P_1P_2 是投影算子.

现在证明第二个结论.设 P_1P_2 为投影算子, L 为 P_1P_2 的投影子空间.任取 $x \in L$, 由 $x = P_1P_2x = P_1(P_2x) \in L_1$ 可知,$L \subset L_1$.同理,$L \subset L_2$.因此 $L \subset L_1 \cap L_2$.反之,设 $x \in L_1 \cap L_2$,则 $P_1P_2x = P_1x = x$,故 $x \in L$,这表明 $L_1 \cap L_2 \subset L$.因此 $L = L_1 \cap L_2$. ∎

定理 3.4 两个投影算子 P_1, P_2 的差 $P_1 - P_2$ 是投影算子的充分必要条件是下列三性质之一成立:

(i) $L_2 \subset L_1$,这里 L_1, L_2 仍分别表示 P_1, P_2 的投影子空间;

(ii) $P_1P_2 = P_2$ 或 $P_2P_1 = P_2$;

(iii) $P_2 \leqslant P_1$.

当 $P_1 - P_2$ 是投影算子时,$P_1 - P_2$ 的投影子空间是 L_2 在 L_1 中的正交余空间.

证 先证(i)、(ii)、(iii) 等价.设(i) 成立.任取 $x \in \mathscr{U}$,则 $P_2x \in L_2 \subset L_1$, 于是

$$P_1P_2x = P_1(P_2x) = P_2x.$$

故 $P_1P_2 = P_2$.取其伴随,有 $P_2P_1 = P_2$.(ii) 成立.

再设(ii) 成立.任取 $x \in \mathscr{U}$,则

$$\begin{aligned}(P_2x,x) &= \|P_2x\|^2 = \|P_2P_1x\|^2 \leqslant \|P_2\|^2\|P_1x\|^2 \\ &\leqslant \|P_1x\|^2 = (P_1x,x).\end{aligned}$$

故 $P_2 \leqslant P_1$.(iii) 成立.

现设(iii) 成立.P_1, P_2 的零空间分别记为 $\mathscr{N}_1, \mathscr{N}_2$.任取 $x \in \mathscr{N}_1$, 由

$$0 \leqslant (P_2x,x) \leqslant (P_1x,x) = 0$$

可得 $(P_2x,x) = 0$,因此 $P_2x = \theta$.故 $x \in \mathscr{N}_2$,这表明 $\mathscr{N}_1 \subset \mathscr{N}_2$. 于是

$$L_2 = \mathscr{N}_2^{\perp} \subset \mathscr{N}_1^{\perp} = L_1.$$

(i)成立. 至此我们证明了(i),(ii),(iii) 等价.

现在证明:$P_1 - P_2$ 为投影算子这一事实与(i),(ii),(iii) 中之一等价.

先设 $P_1 - P_2$ 是投影算子.令 $P_3 = P_1 - P_2$,则 $P_1 = P_2 + P_3$.因 $P_j(j = 1,2,3)$ 均为投影算子,由定理 3.2 知,P_2 的投影子空间必包含在 P_1 的投影子空间中,即 $L_2 \subset L_1$.因此(i) 成立,而且 $P_1 - P_2$ 的投影子空间(即 P_3 的投影子空间) 是 L_2 在 L_1 中的正交余空间.

其次设(ii) 成立. 我们有

$$\begin{aligned}(P_1 - P_2)^2 &= P_1^2 - P_1P_2 - P_2P_1 + P_2^2 \\ &= P_1 - P_2 - P_2 + P_2 = P_1 - P_2.\end{aligned}$$

再由 $P_1 - P_2$ 的自伴性可知，$P_1 - P_2$ 是投影算子. ∎

例 3 设 F_1, F_2 均为 $[a,b]$ 中的可测子集. 考察复空间 $L^2[a,b]$ 中的投影算子：

$$P_{F_j} f(t) = \chi_{F_j}(t) f(t) \quad (j = 1,2),$$

其中 $f \in L^2[a,b]$. 易证下列事实成立：

(i) $P_{F_1} + P_{F_2}$ 为投影算子的充分必要条件是 $m(F_1 \cap F_2) = 0$. 当 $P_{F_1} + P_{F_2}$ 为投影算子时，其投影子空间为 $L^2(F_1 \cup F_2)$，在这里我们将 $L^2(F_1 \cup F_2)$ 看成 $L^2[a,b]$ 的子空间，$L^2(F_1 \cup F_2)$ 中的函数在 $[a,b] \setminus (F_1 \cup F_2)$ 上几乎处处为零.

(ii) $P_{F_1} P_{F_2} = P_{F_1 \cap F_2}$ 是以 $L^2(F_1 \cap F_2)$ 为投影子空间的投影算子.

(iii) $P_{F_1} - P_{F_2}$ 为投影算子的充分必要条件是 $m(F_2 \setminus F_1) = 0$. 当 $P_{F_1} - P_{F_2}$ 是投影算子时，其投影子空间是 $L^2(F_1 \setminus F_2)$.

在 (ii)，(iii) 中，空间 $L^2(F_1 \cap F_2)$，$L^2(F_1 \setminus F_2)$ 也看成 $L^2[a,b]$ 的子空间，其中的函数分别在 $[a,b] \setminus (F_1 \cap F_2)$ 及 $[a,b] \setminus (F_1 \setminus F_2)$ 上几乎处处等于零.

*§4 谱族与自伴算子的谱分解定理

在这一节中，我们研究自伴算子的谱分解定理并将获得相当完整的结论. 作为准备，现在先引入谱族，并研究其基本性质. 我们将始终假定 $\mathscr{U}$ 是复希尔伯特空间.

4.1 谱族的基本概念

先研究两个实例.

例 1 设 $\{\lambda_n\}$ $(n = 1,2,3,\cdots)$ 是一有界实数列，其中 λ_n 互不相同，$\{e_n\}$ 为复 l^2 中的完备规范正交系：

$$e_n = \{\underbrace{0,\cdots,0,1}_{n},0,\cdots\} \quad (n = 1,2,3,\cdots).$$

在 l^2 中定义算子 T 如下：对任何 $x = \sum_{n=1}^{\infty} \xi_n e_n \in l^2$，令

$$Tx = \sum_{n=1}^{\infty} \xi_n \lambda_n e_n, \tag{1}$$

则 T 为自伴算子. 令 P_n 为 l^2 到 e_n 张成的一维子空间上的投影算子，则 $P_n x = \xi_n e_n$. 由 (1)，$Tx = \sum_{n=1}^{\infty} \lambda_n P_n x$. 这个等式表明 $\sum_{n=1}^{m} \lambda_n P_n$ 按强算子拓扑收敛于 T(当 $m \to \infty$

时)，即在强算子拓扑意义下，有

$$T=\sum_{n=1}^{\infty}\lambda_n P_n.$$

另一方面，显然有

$$I=\sum_{n=1}^{\infty}P_n.$$

容易证明，$\lambda_n(n=1,2,3,\cdots)$ 是 T 的特征值，而 $\overline{\{\lambda_n\}}\setminus\{\lambda_n\}$ 中所有的点都属于 T 的连续谱(见后面定理 4.5)。

例 2 设 $\varphi(\cdot)$ 为 $[a,b]$ 上的连续实函数，在复 $L^2[a,b]$ 中定义算子 T 如下：对任何 $x\in L^2[a,b]$，令

$$(Tx)(t)=\varphi(t)x(t). \tag{2}$$

容易验证 T 为自伴算子，现在研究 T 的谱. 记

$$m=\min_{t\in[a,b]}\varphi(t),\quad M=\max_{t\in[a,b]}\varphi(t).$$

任取复数 λ_0，当 $\lambda_0 \overline{\in} [m,M]$ 时，$\dfrac{1}{\lambda_0-\varphi(t)}$ 是 $[a,b]$ 上的连续函数. 令 S_{λ_0} 为由下述等式定义的算子：

$$(S_{\lambda_0}x)(t)=\frac{1}{\lambda_0-\varphi(t)}x(t),$$

容易证明 S_{λ_0} 有界，且为 $\lambda_0 I-T$ 的逆算子，故 $\lambda_0\in\rho(T)$.

今设 $\lambda_0\in[m,M]$. 令 $e_{\lambda_0}=\{t:\varphi(t)=\lambda_0,\ t\in[a,b]\}$，则 e_{λ_0} 为 $[a,b]$ 的闭子集. 先设 $me_{\lambda_0}>0$. 任取 $x_0\in L^2[a,b]$ 使得 $x_0\neq\theta$ 但在 $[a,b]\setminus e_{\lambda_0}$ 上为零. 容易看出

$$(\lambda_0 I-T)x_0=\theta.$$

故 λ_0 是 T 的特征值. 现设 $me_{\lambda_0}=0$，则方程 $(\lambda_0 I-T)x=\theta$ 在 $L^2[a,b]$ 没有非零解，故 λ_0 不是 T 的特征值. 今证明 λ_0 属于 T 的连续谱. 对任一自然数 n，令

$$\hat{e}_{\lambda_0,n}=\left\{t:\,|\varphi(t)-\lambda_0|<\frac{1}{n},\ t\in[a,b]\right\},$$

则 $\hat{e}_{\lambda_0,n}$ 是非空开集，故 $m\,\hat{e}_{\lambda_0,n}>0$. 作区间 $[a,b]$ 上的函数

$$x_n(t)=\begin{cases}1/[m\,\hat{e}_{\lambda_0,n}]^{1/2}, & 当\ t\in\hat{e}_{\lambda_0,n};\\ 0, & 当\ t\in[a,b]\setminus\hat{e}_{\lambda_0,n},\end{cases}$$

则 $x_n \in L^2[a,b]$,且 $\|x_n\| = 1$. 另一方面

$$\|(\lambda_0 I - T)x_n\| = \left(\int_a^b |\lambda_0 - \varphi(t)|^2 |x_n(t)|^2 \mathrm{d}t\right)^{1/2} \leqslant \frac{1}{n},$$

故 λ_0 不可能是 T 的正则值.由于容易证明$(\lambda_0 I - T)$ 的值域在$L^2[a,b]$ 中稠密,故 λ_0 属于 T 的连续谱(见后面定理 4.5).

对于例 2 来说,要想如例 1 那样,用级数来表示算子 T 是不可能的.面对这类复杂的情形,必须寻求新的更一般的形式.谱族就是在这样的背景下产生的.

定义 4.1 设在 $\mathscr{U}$ 中有一依赖于实参数 λ 的投影算子族$\{E_\lambda\}$,满足下面的条件:

(i) 当 λ 增大时,E_λ 不减,即当 $\lambda < \mu$ 时,$E_\lambda \leqslant E_\mu$;

(ii) E_λ 关于 λ 在强算子拓扑意义下右连续,即

$$\lim_{\lambda \to \lambda_0 + 0} E_\lambda = E_{\lambda_0}$$

按强算子拓扑收敛.记 $E_{\lambda_0+0} = \lim\limits_{\lambda \to \lambda_0+0} E_\lambda$.

(iii) 在强算子拓扑意义下,有

$$\lim_{\lambda \to -\infty} E_\lambda = \theta, \quad \lim_{\lambda \to +\infty} E_\lambda = I.$$

那么称 $\{E_\lambda\}$ 为一个**谱族**.

对于谱族$\{E_\lambda\}$,如果存在实数$m < M$使得当$\lambda < m$时,$E_\lambda = \theta$,当$\lambda \geqslant M$时,$E_\lambda = I$.则称$\{E_\lambda\}$ 为**区间**$[m,M]$ **上的谱族**.

由定义及投影算子的一系列性质,谱族具有下列性质:

(i) 对任意的λ_0,E_{λ_0+0}是投影算子,又$E_{\lambda_0-0} = \lim\limits_{\lambda \to \lambda_0-0} E_\lambda$ 在强算子拓扑意义下也存在,且 E_{λ_0-0} 也是投影算子;

(ii) 对任意的 λ 及μ,当 $\lambda \leqslant \mu$ 时,$E_\lambda E_\mu = E_\mu E_\lambda = E_\lambda$;

(iii) 对任意的左开右闭区间 $\Delta = (\alpha,\beta]$,令 $E(\Delta) = E_\beta - E_\alpha$,则 $E(\Delta)$ 是投影算子;

(iv) 当 $\Delta_1 \cap \Delta_2 = \Delta$ 时,$E(\Delta_1)E(\Delta_2) = E(\Delta)$,这里 Δ_1,Δ_2 为任意的左开右闭区间.

我们来考察例 1、例 2 中的算子所对应的谱族.

例 1 中的算子 T 的特征值 $\lambda_1,\lambda_2,\cdots,\lambda_n,\cdots$ 以及投影算子 $P_1,P_2,\cdots,P_n,\cdots$ 均为已知.对任一给定的实数 $\lambda \geqslant \inf\limits_j \lambda_j$,令

$$E_\lambda = \sum_{\lambda_j \leqslant \lambda} P_j.$$

若 $\lambda < \inf\limits_j \lambda_j$,则令 $E_\lambda = \theta$.$\{E_\lambda\}$ 是一个谱族.我们只证明$\{E_\lambda\}$ 满足定义 4.1 中的

条件(ii).因为条件(i)是显然的,条件(iii)的证法与条件(ii)类似,故均从略.

任给 λ_0,对 $\lambda > \lambda_0$,由定义,有

$$E_\lambda - E_{\lambda_0} = \sum_{\lambda_0 < \lambda_j \leqslant \lambda} P_j.$$

因此 为了证明在强算子拓扑意义下等式 $\lim\limits_{\lambda \to \lambda_0 + 0} E_\lambda = E_{\lambda_0}$ 成立,只需证明在强算子拓扑意义下,有

$$\lim_{\lambda \to \lambda_0 + 0} \sum_{\lambda_0 < \lambda_j \leqslant \lambda} P_j = 0. \tag{3}$$

因为等式 $\sum\limits_{n=1}^{\infty} P_n = I$ 在强算子拓扑意义下成立,任给 $x \in \mathscr{U}$,并任给 $\varepsilon > 0$,则存在 j_0,使得

$$\sum_{j > j_0} \| P_j x \|^2 < \varepsilon. \tag{4}$$

再令 $\delta = \min\limits_{\substack{1 \leqslant j \leqslant j_0 \\ \lambda_j > \lambda_0}} | \lambda_j - \lambda_0 |$.因为满足不等式 $1 \leqslant j \leqslant j_0$ 及 $\lambda_j > \lambda_0$ 的 j 仅为有限个,故 $\delta > 0$,于是当 $0 < \lambda - \lambda_0 < \delta$ 时,一切满足 $\lambda_0 < \lambda_j \leqslant \lambda$ 的 λ_j 之下标 j 必满足 $j > j_0$. 由(4)可知,

$$\sum_{\lambda_0 < \lambda_j \leqslant \lambda} \| P_j x \|^2 < \varepsilon \quad (\text{这里 } 0 < \lambda - \lambda_0 < \delta).$$

故(3)成立, 即在强算子拓扑意义下$\{E_\lambda\}$右连续,故$\{E_\lambda\}$是谱族.

现在考察例 2 中的算子 T.对任给的实数 λ,令χ_λ 为集合

$$\hat{e}_\lambda = \{t : \varphi(t) \leqslant \lambda, t \in [a,b]\}$$

的特征函数.通过$\chi_\lambda(t)$ 作算子 E_λ 如下:

$$(E_\lambda x)(t) = \chi_\lambda(t) x(t) \quad (x \in L^2[a,b]),$$

则 $\{E_\lambda\}$ 是一个谱族.

我们只验证定义 4.1 中的条件(ii).其余的请读者验证.

任给实数 λ_0,由于 $\bigcap\limits_{\lambda > \lambda_0} \hat{e}_\lambda = \hat{e}_{\lambda_0}$.故 $\lim\limits_{\lambda \to \lambda_0 + 0} \chi_\lambda(t) = \chi_{\lambda_0}(t)$ 对于所有的 $t \in [a,b]$ 成立.任取 $x \in L^2[a,b]$,由勒贝格控制收敛定理,有

$$\lim_{\lambda \to \lambda_0 + 0} \| E_\lambda x - E_{\lambda_0} x \|^2 = \lim_{\lambda \to \lambda_0 + 0} \int_a^b | \chi_\lambda(t) - \chi_{\lambda_0}(t) |^2 | x(t) |^2 \mathrm{d}t = 0.$$

故 $\{E_\lambda\}$ 右连续,因此$\{E_\lambda\}$ 是谱族.

定理 4.1 设$\{E_\lambda\}$ $(-\infty < \lambda < \infty)$ 是空间 $\mathscr{U}$ 中一个投影算子族.那么 $\{E_\lambda\}$ 为谱族的充分必要条件是对任给的 $x \in \mathscr{U}$,函数$(E_\lambda x, x)$ 满足下列性质:

(i) $(E_\lambda x, x)$ 不减;

(ii) $(E_\lambda x, x)$ 右连续;

(iii) $\lim\limits_{\lambda\to-\infty}(E_\lambda x,x)=0,\lim\limits_{\lambda\to+\infty}(E_\lambda x,x)=\|x\|^2$.

证 必要性显然.现在证明充分性.

性质(i). 设 $\lambda<\mu$,于是$(E_\lambda x,x)\leqslant(E_\mu x,x)$,故 $E_\lambda\leqslant E_\mu$.

性质(ii). 任给 λ_0 并设 $\lambda>\lambda_0$,再任给 $x\in\mathscr{U}$.则当 $\lambda\to\lambda_0+0$ 时,有

$$\|(E_\lambda-E_{\lambda_0})x\|^2=((E_\lambda-E_{\lambda_0})x,(E_\lambda-E_{\lambda_0})x)$$
$$=((E_\lambda-E_{\lambda_0})x,x)\to0.$$

故$\{E_\lambda\}$在强算子拓扑意义下右连续.

性质(iii). 由

$$\lim_{\lambda\to-\infty}\|E_\lambda x\|^2=\lim_{\lambda\to-\infty}(E_\lambda x,E_\lambda x)=\lim_{\lambda\to-\infty}(E_\lambda x,x)=0$$

可知 $\lim\limits_{\lambda\to-\infty}E_\lambda=\theta$.类似地,可以证明 $\lim\limits_{\lambda\to+\infty}E_\lambda=I$.

故$\{E_\lambda\}$是谱族. ∎

4.2 自伴算子的谱分解定理

现在着手讨论本章的主要内容——自伴算子的谱分解定理.

设 T 为自伴算子,λ 为实数.记 $T_\lambda=\lambda I-T$.

定理 4.2 设 T 为空间 $\mathscr{U}$ 上的自伴算子,则存在投影算子族$\{E_\lambda\}$ $(-\infty<\lambda<\infty)$ 满足下列性质:

(i) 对给定的 λ,如果 $T_\lambda x=\theta$,则 $E_\lambda x=x$;

(ii) 对任何 λ,均有 $T_\lambda E_\lambda\geqslant\theta,T_\lambda(I-E_\lambda)\leqslant\theta$;

(iii) 凡与 T 可换的有界线性算子均与 E_λ 可换.

证 令 S_λ 为 T_λ^2 的正平方根.记 $S_\lambda-T_\lambda$ 的零空间 $\mathscr{N}_\lambda$ 上的投影算子为 E_λ.今证$\{E_\lambda\}$ $(-\infty<\lambda<\infty)$ 满足定理的全部性质.

(i) 若对给定的 $x\in\mathscr{U}$,有 $T_\lambda x=\theta$,则 $S_\lambda^2x=T_\lambda^2x=\theta$. 于是

$$\|S_\lambda x\|^2=(S_\lambda x,S_\lambda x)=(S_\lambda^2x,x)=0,$$

故 $S_\lambda x=\theta$,从而$(S_\lambda-T_\lambda)x=\theta$.根据 E_λ 的定义,$E_\lambda x=x$.(i) 成立.

在证(ii) 之前,先证(iii).设 A 为与 T 可换的有界线性算子,则 A 与 T_λ,S_λ 均可换.任取 $x\in\mathscr{U}$,由于 $\mathscr{N}_\lambda$ 是 $S_\lambda-T_\lambda$ 的零空间,故对任给的 $x\in\mathscr{U}$, 有

$$(S_\lambda-T_\lambda)AE_\lambda x=A(S_\lambda-T_\lambda)E_\lambda x=\theta,$$

这表明 $AE_\lambda x\in\mathscr{N}_\lambda$,于是 $AE_\lambda x=E_\lambda AE_\lambda x$.因 $x\in\mathscr{U}$ 任意, 故

$$AE_\lambda=E_\lambda AE_\lambda. \tag{5}$$

又因 $AT=TA$, 两边同取伴随,得到

$$TA^*=A^*T.$$

故 A^* 与 T 因而与 T_λ,S_λ 均可换,用证明等式(5) 的方法可以证明

$$A^* E_\lambda = E_\lambda A^* E_\lambda. \tag{6}$$

再对等式(6)的左右两边同取伴随,得到

$$E_\lambda A = E_\lambda A E_\lambda.$$

比较等式(5),(6)可知,A 与 E_λ 可换.

现在证明(ii).由于 T 与 T_λ, S_λ 均可换,由(iii)可知,E_λ 与 T_λ, S_λ 也均可换.再注意到对任给的 $x \in \mathscr{U}$,有

$$(S_\lambda - T_\lambda) E_\lambda x = \theta,$$

故 $T_\lambda E_\lambda = S_\lambda E_\lambda$.由于 S_λ, E_λ 是可换的正算子,由这一章 §2.2 定理2.6 推论2 可知,$S_\lambda E_\lambda$ 为正算子,于是 $T_\lambda E_\lambda$ 也是正算子.

再由 $S_\lambda^2 = T_\lambda^2$ 可知,$(S_\lambda - T_\lambda)(S_\lambda + T_\lambda) = \theta$.于是对任意$x \in \mathscr{U}$,$(S_\lambda + T_\lambda) x \in \mathscr{N}_\lambda$,故

$$E_\lambda (S_\lambda + T_\lambda) x = (S_\lambda + T_\lambda) x,$$

移项得到

$$-T_\lambda (I - E_\lambda) x = S_\lambda (I - E_\lambda) x.$$

注意到 $S_\lambda (I - E_\lambda)$ 是正算子,因此 $-T_\lambda (I - E_\lambda)$ 也是正算子,也就是说,

$$T_\lambda (I - E_\lambda) \leqslant \theta. \qquad \blacksquare$$

定理4.3 定理4.2中的$\{E_\lambda\}$是区间$[m, M]$上的一个谱族,这里m, M分别是T的下界、上界.

证 应当证明$\{E_\lambda\}$满足定义4.1中的三个条件,且当$\lambda < m$时,$E_\lambda = \theta$,当$\lambda \geqslant M$时,$E_\lambda = I$.

(i) 设$\lambda < \mu$,我们的目的是证明$E_\lambda \leqslant E_\mu$.由这一章 §3.2 定理3.4 可知,这与证明

$$E_\lambda = E_\lambda E_\mu \tag{7}$$

等价.

任取 $x \in \mathscr{U}$,令 $y = E_\lambda (I - E_\mu) x$.因 E_λ, E_μ 可换,由这一章 §3.2 定理3.3 可知,$E_\lambda (I - E_\mu)$ 为投影算子,而且 y 属于 E_λ 的投影子空间与 $I - E_\mu$ 的投影子空间的交中.因此 $E_\lambda y = y$,$(I - E_\mu) y = y$.由定理4.2,有

$$(T_\lambda y, y) = (T_\lambda E_\lambda y, y) \geqslant 0; \tag{8}$$

$$(T_\mu y, y) = (T_\mu (I - E_\mu) y, y) \leqslant 0. \tag{9}$$

用(9)减去(8)得到

$$(\mu - \lambda)(y, y) \leqslant 0.$$

但 $\lambda < \mu$,故 $y = \theta$.因此 $E_\lambda (I - E_\mu) = \theta$.等式(7) 成立.(i) 证毕.

(ii) 设 $\lambda_0 < \lambda$.当 λ 下降趋向 λ_0 时,投影算子 $E_\lambda - E_{\lambda_0}$ 不增大,由这一章 §2.2 定理2.5,当 $\lambda \to \lambda_0 + 0$ 时,$E_\lambda - E_{\lambda_0}$ 必按强算子拓扑收敛于某一投影算子.

关键在于证明这个投影算子等于零. 因

$$T_\lambda(E_\lambda - E_{\lambda_0}) = T_\lambda E_\lambda(E_\lambda - E_{\lambda_0}) \geqslant \theta; \tag{10}$$

$$T_{\lambda_0}(E_\lambda - E_{\lambda_0}) = T_{\lambda_0}(I - E_{\lambda_0})(E_\lambda - E_{\lambda_0}) \leqslant \theta. \tag{11}$$

由(10)、(11)可知,

$$\lambda_0(E_\lambda - E_{\lambda_0}) \leqslant T(E_\lambda - E_{\lambda_0}) \leqslant \lambda(E_\lambda - E_{\lambda_0}). \tag{12}$$

再令 $\lambda \to \lambda_0 + 0$,并注意到在强算子拓扑意义下 $\lim\limits_{\lambda\to\lambda_0+0} E_\lambda = E_{\lambda_0+0}$, 便有

$$\lambda_0(E_{\lambda_0+0} - E_{\lambda_0}) = T(E_{\lambda_0+0} - E_{\lambda_0})$$

即

$$(\lambda_0 I - T)(E_{\lambda_0+0} - E_{\lambda_0}) = \theta.$$

任取 $x \in \mathscr{U}$,令 $y = (E_{\lambda_0+0} - E_{\lambda_0})x$, 则

$$(\lambda_0 I - T)y = (\lambda_0 I - T)(E_{\lambda_0+0} - E_{\lambda_0})x = \theta.$$

由定理 4.2(i) 可知,$E_{\lambda_0}y = y$. 于是

$$y = E_{\lambda_0}y = E_{\lambda_0}(E_{\lambda_0+0} - E_{\lambda_0})x = \theta.$$

故 $E_{\lambda_0+0} - E_{\lambda_0} = \theta$,$\{E_\lambda\}$ 在强算子拓扑意义下右连续.(ii) 成立.

(iii) 设 $\lambda < m$.若 $E_\lambda \neq \theta$,则存在 $x \in \mathscr{U}$ 满足 $\|x\| = 1$, $E_\lambda x = x$. 于是

$$(T_\lambda E_\lambda x, x) = (T_\lambda x, x) = \lambda - (Tx, x) \leqslant \lambda - m < 0,$$

与 $T_\lambda E_\lambda \geqslant \theta$ 矛盾.故 $E_\lambda = \theta$.

类似地,应用 $T_\lambda(I - E_\lambda) \leqslant \theta$ 以及 $\{E_\lambda\}$ 在强算子拓扑意义下的右连续性,可以证明当 $\lambda \geqslant M$ 时,$E_\lambda = I$. ■

我们称定理 4.3 中的 $\{E_\lambda\}$ 为**由 T 生成的谱族**,简称为 **T 的谱族**.

证明了任何自伴算子都有谱族后,便可以建立自伴算子的谱分解定理.

定理 4.4 任何自伴算子 T 都可通过它的谱族 $\{E_\lambda\}$ 表示成

$$T = \int_{m-0}^{M} \lambda \mathrm{d}E_\lambda, \tag{13}$$

其中 m,M 分别是 T 的下界、上界.凡与 T 可换的算子均与 $E_\lambda(-\infty < \lambda < \infty)$ 可换,而积分则按一致算子拓扑收敛.

证 任取充分小的正数 ε_0,将区间 $[m - \varepsilon_0, M]$ 用分点

$$\lambda_0 = m - \varepsilon_0 < \lambda_1 < \lambda_2 < \cdots < \lambda_n = M$$

分成 n 个区间 Δ_k 的并 $(k = 0, 1, \cdots, n - 1)$,其中

$$\Delta_0 = [\lambda_0, \lambda_1], \Delta_k = (\lambda_k, \lambda_{k+1}] \ (k = 1, 2, \cdots, n - 1).$$

记 $E(\Delta_k)=E(\lambda_{k+1})-E(\lambda_k)$.由不等式(12),有

$$\lambda_k E(\Delta_k)\leqslant TE(\Delta_k)\leqslant \lambda_{k+1}E(\Delta_k).$$

对 k 求和, 并注意到 $\sum\limits_{k=0}^{n-1}E(\Delta_k)=I$, 得到

$$\sum_{k=0}^{n-1}\lambda_k E(\Delta_k)\leqslant T\leqslant \sum_{k=0}^{n-1}\lambda_{k+1}E(\Delta_k).$$

任取 $\mu_k\in\Delta_k$, 则

$$\begin{aligned}\sum_{k=0}^{n-1}(\lambda_k-\mu_k)E(\Delta_k)&\leqslant T-\sum_{k=0}^{n-1}\mu_k E(\Delta_k)\\&\leqslant \sum_{k=0}^{n-1}(\lambda_{k+1}-\mu_k)E(\Delta_k).\end{aligned}$$

故对任给的 $x\in\mathscr{U}$, 有

$$\begin{aligned}\sum_{k=0}^{n-1}(\lambda_k-\mu_k)(E(\Delta_k)x,x)&\leqslant \left(\left(T-\sum_{k=0}^{n-1}\mu_k E(\Delta_k)\right)x,x\right)\\&\leqslant \sum_{k=0}^{n-1}(\lambda_{k+1}-\mu_k)(E(\Delta_k)x,x),\end{aligned}$$

令 $\delta=\max\limits_k(\lambda_{k+1}-\lambda_k)$, 则有

$$-\delta(x,x)\leqslant\left(\left(T-\sum_{k=0}^{n-1}\mu_k E(\Delta_k)\right)x,x\right)\leqslant\delta(x,x).$$

由这一章 §2.1 定理 2.4 的推论可知,

$$\left\|T-\sum_{k=0}^{n-1}\mu_k E(\Delta_k)\right\|\leqslant\delta.$$

令 $\delta\to0$,积分和 $\sum\limits_{k=0}^{n-1}\mu_k E(\Delta_k)$ 按一致算子拓扑收敛于 T, 即

$$T=\lim_{\delta\to0}\sum_{k=0}^{n-1}\mu_k E(\Delta_k)\quad(\delta=\max_k(\lambda_{k+1}-\lambda_k)).$$

现在将右端的极限记为 $\int_{m-\varepsilon_0}^{M}\lambda\,\mathrm{d}E_\lambda$, 于是有

$$T=\int_{m-\varepsilon_0}^{M}\lambda\,\mathrm{d}E_\lambda.$$

由于当 $\lambda<m$ 时,$E_\lambda=\theta$,故上式右端的积分实际上与 $\varepsilon_0>0$ 的选择无关,因此我们又可以将这个积分记为

$$T=\int_{m-0}^{M}\lambda\,\mathrm{d}E_\lambda.$$

(13)成立. 由定理 4.2(iii) 可知,凡与 T 可换的算子均与 E_λ 可换. ∎

以下的定理阐明了自伴算子的正则集与谱的所有特征. 由于需要较多的预备知识,故证明从略.

定理 4.5 设 T 为空间 $\mathscr{U}$ 中的自伴算子,m,M 分别为 T 的下界与上界,$\{E_\lambda\}$ 为 T 的谱族. 则 T 的谱 $\sigma(T)$ 与正则集 $\rho(T)$ 分别满足下列性质:

(i) $\sigma(T) \subset [m,M]$,m,M 均属于 $\sigma(T)$,且

(a) $[m,M]$ 中的点 λ_0 属于 T 的点谱 $\sigma_p(T)$ 的充分必要条件是 λ_0 为 $\{E_\lambda\}$ 的间断点,且当 $\lambda_0 \in \sigma_p(T)$ 时,T 对应于 λ_0 的特征向量空间等于 $E_{\lambda_0} - E_{\lambda_0-0}$ 的投影子空间;

(b) $[m,M]$ 中的点 λ_0 属于 T 的连续谱 $\sigma_c(T)$ 的充分必要条件是 λ_0 为 $\{E_\lambda\}$ 的连续点,即 $E_{\lambda_0-0} = E_{\lambda_0} = E_{\lambda_0+0}$,且对任意的实数 λ_1,λ_2,当 $\lambda_1 < \lambda < \lambda_2$ 时,$E_{\lambda_1} \neq E_{\lambda_2}$,即 $E_{\lambda_1} < E_{\lambda_2}$;

(c) T 的剩余谱为空集,即 $\sigma_r(T) = \varnothing$;

(ii) T 的正则集 $\rho(T)$ 包含了区间 $[m,M]$ 之外所有的点,且 $[m,M]$ 中的点 λ_0 属于 $\rho(T)$ 的充分必要条件是存在实数 λ_1,λ_2 满足 $\lambda_1 < \lambda_0 < \lambda_2$,使得 $\{E_\lambda\}$ 在 (λ_1,λ_2) 内保持常值.

*4.3 紧自伴算子的谱分解定理

这一段讨论希尔伯特空间 $\mathscr{U}$ 中的紧自伴算子的谱分解定理. 设 T 为 $\mathscr{U}$ 中的紧自伴算子,由第八章 §7.2 定理 7.11 以及这一节中的定理 4.5 可知,T 的谱点都是实的,且都是 T 的特征值而且都是 $\sigma(T)$ 的孤立点,因此 T 的全部非零特征值可按绝对值由大到小的顺序排列:

$$|\lambda_1| \geqslant |\lambda_2| \geqslant \cdots \geqslant |\lambda_n| \geqslant \cdots,$$

且 $\{\lambda_n\} \to 0$. 每个特征值 λ_n 对应的特征向量空间 L_n 是有限维的. 由这一章 §2.1 定理 2.3 可知,L_n 还是相互正交的. 将 L_n 上的投影算子记为 P_n,于是有下面的定理,它是定理 4.4 在紧自伴算子情况下的具体表现.

定理 4.6 设 T 为紧自伴算子,则 T 可表示成下列级数的和:

$$T = \sum_{n=1}^{\infty} \lambda_n P_n, \tag{14}$$

其中级数按一致算子拓扑收敛于 T.

记 $\lambda_0 = 0$, $P_0 = I - \sum\limits_{n=1}^{\infty} P_n$,则 T 的谱族由下面的等式给出:

$$E_\lambda = \sum_{\lambda_n \leqslant \lambda} P_n \quad (\lambda \in (-\infty,\infty)).$$

证 先证明$\sum\limits_{n=1}^{\infty}P_n$按强算子拓扑收敛.令$Q_m=\sum\limits_{n=1}^{m}P_n$.由于$P_n$相互正交,故$\{Q_m\}$是投影算子列.且容易看出,$\{Q_m\}$是单调上升的.由于投影算子的范数不超过1,故$\{Q_m\}$一致有界,于是$\{Q_m\}$按强算子拓扑收敛于某一投影算子$P$,即

$$P=\sum_{n=1}^{\infty}P_n. \tag{15}$$

因此$P_0=I-P$.记P_0的投影子空间为L_0,而P的投影子空间为L.由于$\{\lambda_n\}$ $(n=1,2,3,\cdots)$是T的全部非零特征值,而且每个λ_n对应的投影子空间L_n均包含在L中(这由(15)可知),于是L_0必为紧自伴算子T对应于特征值$\lambda_0=0$的特征向量空间.因此对任一$x\in L_0$,有$Tx=\theta$,于是等式$TP_0x=\theta$对于任一$x\in\mathscr{U}$成立.

今任取$x\in\mathscr{U}$,则$x=P_0x+Px$.由等式(15)及T的连续性并注意到$TP_0x=\theta$,有

$$\begin{aligned}Tx&=T(P_0x+Px)=TP_0x+TPx\\&=TPx=\sum_{n=1}^{\infty}TP_nx\\&=\sum_{n=1}^{\infty}\lambda_nP_nx=\left(\sum_{n=1}^{\infty}\lambda_nP_n\right)x,\end{aligned}$$

(14)成立.由于$\lambda_n\to0(n\to\infty)$,故级数按一致算子拓扑收敛.

现在讨论T的谱族.令

$$E_\lambda=\sum_{\lambda_n\leqslant\lambda}P_n,$$

而当$\lambda<\inf\lambda_n$时,令$E_\lambda=\theta$.现在证明$\{E_\lambda\}$是谱族.首先,E_λ是有限个或可列个相互正交的投影算子之和,故E_λ也是投影算子.以下验证$\{E_\lambda\}$满足谱族的条件.

(i) 当$\lambda<\mu$时,

$$\begin{aligned}E_\lambda&=\sum_{\lambda_n\leqslant\lambda}P_n\leqslant\sum_{\lambda_n\leqslant\lambda}P_n+\sum_{\lambda<\lambda_n\leqslant\mu}P_n\\&=\sum_{\lambda_n\leqslant\mu}P_n=E_\mu.\end{aligned}$$

条件(i)成立.

(ii) 为证E_λ右连续,注意当$\mu>\lambda$时,由(i)可知

$$E_\mu-E_\lambda=\sum_{\lambda<\lambda_n\leqslant\mu}P_n. \tag{16}$$

由于$\lambda_n\to0(n\to\infty)$且每个$\lambda_n$为孤立点,故当$\mu$充分接近于$\lambda$时$(\mu>\lambda)$,集合$\{n:\lambda<\lambda_n\leqslant\mu\}$或为空集(对$\lambda\neq0$)或数列$\{\lambda_{n_k}\}$ $(n_k\in\{n:0<\lambda_n\leqslant\mu\})$

为无穷小(对 $\lambda=0$).对于前者 $E_\mu\equiv E_\lambda$ 而对于后者 $\lambda_{n_k}\to 0$ 且此蕴含 $n_k\to\infty$.再注意到上面(15) 按强算子拓扑收敛,可见按强算子拓扑意义有

$$\lim_{\mu\to 0^+}\sum_{0<\lambda_n\leqslant\mu}P_n=\theta,$$

即 $\lim\limits_{\mu\to 0^+}E_\mu=E_0$. (ii) 成立.

最后,由 $\sum\limits_{n=0}^{\infty}P_n=I$ 及当 $\lambda<\inf\lambda_n$ 时,$E_\lambda=\theta$ 可知,条件(iii) 成立. ∎

这一章着重研究了希尔伯特空间中的自伴算子及紧自伴算子的谱分解定理,得到了较完整的结果,希望读者注意:

(i) 投影算子是一类十分重要且比较简单的算子,任何一个投影算子都有投影子空间.反之,$\mathscr{U}$ 的任何一个闭子空间都是某个投影算子的投影子空间.这样,投影算子与闭子空间之间就建立了一对一的对应关系.

(ii) 谱族是由满足一些特定条件的一族投影算子组成.应用谱族便可以对自伴算子及紧自伴算子进行分解,使得自伴算子可以通过谱族表示成积分的形式,紧自伴算子可以表示成级数的形式.这些都是很有意义的结果.

(iii) 通过谱族的分析性质则可以对自伴算子及紧自伴算子的谱进行刻画,使得我们对它们的谱有更具体更深刻的认识.

小结与延伸

本章内容的小结与启示见 §4 末. 关于自伴算子的谱分解参看[2,10,11,17,24]. 对微分方程及其他应用见[2,15,23,24]. 关于广义函数与索伯列夫(S. Sobolev) 空间可参看[2,10,17,24]. 非线性算子,可参看[7,10],无界算子,可参看[4,17,25].

第九章习题

§1, §2

1. 设 f 是希尔伯特空间 $\mathscr{U}$ 的子空间 G 上的有界线性泛函, 证明 f 在 $\mathscr{U}$ 上存在唯一的延拓 F,满足 $\|F\|=\|f\|_G$.

2. 试求下列定义在 l^2 上的算子 T 的伴随算子:

(1) $T\{\xi_1,\xi_2,\cdots\}=\{0,\xi_1,\xi_2,\cdots\}$；

(2) $T\{\xi_1,\xi_2,\cdots\}=\{\xi_2,\xi_3,\cdots\}$；

(3) $T\{\xi_1,\xi_2,\cdots\}=\{0,0,\alpha_1\xi_1,\alpha_2\xi_2,\cdots\}$，这里$\{\alpha_k\}$为有界数列.

3. 试求下列定义在$L^2(-\infty,\infty)$上的算子T的伴随算子：

(1) $(Tx)(t)=x(t+h)$（h是给定的实数）；

(2) $(Tx)(t)=\alpha(t)x(t+h)$（$\alpha(t)$是有界可测函数，h是给定的实数）；

(3) $(Tx)(t)=\dfrac{1}{2}[x(t)+x(-t)]$.

4. 设T为定义在希尔伯特空间$\mathscr{U}$上的有界线性算子，令$\mathscr{R}$为T的零空间，$\mathscr{M}$为T^*的值域，证明$\mathscr{R}=\mathscr{M}^{\perp}$.

在以下的习题中，如不作特别声明，均假定算子定义在希尔伯特空间$\mathscr{U}$上.

5. 设自伴算子T有有界逆算子T^{-1}，证明T^{-1}也是自伴的.

6. 证明：有界线性算子T是正算子的充分必要条件是存在有界线性算子S使得$T=S^*S$.

7. 设T_1,T_2均为自伴算子，若$T_1\geqslant T_2,T_2\geqslant T_1$同时成立，证明$T_1=T_2$.

8. 设自伴算子T_1,T_2满足$\theta\leqslant T_1\leqslant T_2$且$T_1,T_2$可换，证明$T_1^n\leqslant T_2^n$对任何自然数$n$成立.

9. 设T_1,T_2自伴且存在$c>0$使$cI\leqslant T_1\leqslant T_2$，证明$T_1,T_2$均有有界逆算子且$c^{-1}I\geqslant T_1^{-1}\geqslant T_2^{-1}$.

10. 设T_1,T_2自伴可换，且$\theta\leqslant T_1\leqslant T_2$，证明$\theta\leqslant T_1^{\frac{1}{2}}\leqslant T_2^{\frac{1}{2}}$.

11. 试举出在“$\leqslant$”意义下不可比较的自伴算子T_1与T_2的例.

12. 设T_1,T_2均为自伴算子，试证存在自伴算子S使$T_1\leqslant S,T_2\leqslant S$.

13. 试给出自伴算子T_1,T_2的例，使$\theta\leqslant T_1\leqslant T_2$，但$T_1^2,T_2^2$不可比较.

14. 设自伴算子T存在右逆，即存在有界线性算子S使$TS=I$，证明T有有界的逆算子.

15. 设T为有界线性算子，且$\|T\|\leqslant 1$，证明

$$\{x:Tx=x\}=\{x:T^*x=x\}.$$

16. 设A是复内积空间$\mathscr{U}$上的有界线性算子，如果对每个$x\in\mathscr{U}$，$(Ax,x)=0$，证明$A=\theta$.对于实空间，此结果成立否？如果$\mathscr{U}$是希尔伯特空间且A是自伴的，证明不论$\mathscr{U}$是实或复空间，只要$(Ax,x)=0\ (x\in\mathscr{U})$，就有$A=\theta$.

17. 设A,B是希尔伯特空间$\mathscr{U}$上的线性算子，满足

$$(Ax,y)=(x,By),$$

其中$x,y\in\mathscr{U}$，证明A,B均有界.

18. 设 $\mathscr{U}$ 为复希尔伯特空间,T 为 $\mathscr{U}$ 上的有界线性算子,若对一切 $x \in \mathscr{U}$,$\mathrm{Re}(Tx,x)=0$,证明 $T=-T^*$.

19. 设 T 是可分希尔伯特空间 $\mathscr{U}$ 上的有界线性算子,$\{e_n\}$ 为 $\mathscr{U}$ 中完备的规范正交系.若对任何 m,n,有 $(Te_n,e_m)=\overline{(Te_m,e_n)}$,证明 T 自伴.

20. 设 $\mathscr{U}$ 是希尔伯特空间,T,S 为 $\mathscr{U}$ 上的有界线性算子.若 T 是紧算子,且 $S^*S \leqslant T^*T$,证明 S 也是紧算子.

§3, §4

21. 设 P 是投影算子,如果 $\|Px\|=\|x\|$,证明 $Px=x$,这里 $x \in \mathscr{U}$.

22. 设$\{e_k\}$ $(k=1,2,3,\cdots)$ 是 $\mathscr{U}$ 中的规范正交系,L 是$\{e_k\}$张成的闭子空间,证明 L 上的投影算子可以表示成

$$Px=\sum_{k=1}^{\infty}(x,e_k)e_k \quad (x \in \mathscr{U}).$$

23. 设 P_1,P_2 为可换的投影算子,证明 $P=P_1+P_2-P_1P_2$ 也是投影算子,而且 $P \geqslant P_1, P \geqslant P_2$.当任一投影算子 Q 满足 $Q \geqslant P_1, Q \geqslant P_2$ 时,证明必满足 $Q \geqslant P$.

24. 设$\{P_\alpha:\alpha \in A\}$是一族投影算子,证明存在投影算子 P,使得对一切 $\alpha \in A$,有 $P \geqslant P_\alpha$,且对任何投影算子 Q,当 $Q \geqslant P_\alpha$ 对一切 $\alpha \in A$ 时,有 $Q \geqslant P$; 这时记

$$P=\sup_{\alpha \in A} P_\alpha.$$

25. 设 $\mathscr{U}$ 是可分希尔伯特空间,$\{P_\alpha:\alpha \in A\}$ 是一族投影算子.证明必有 A 的有限或可列子集 A_0,使

$$\sup_{\alpha \in A} P_\alpha=\sup_{\alpha \in A_0} P_\alpha.$$

26. 设 P 是 $L^2[a,b]$ 中的投影算子,如果对$[a,b]$上的任何有界可测函数 φ,都有

$$(P\varphi x)(t)=\varphi(t)(Px)(t) \quad (x \in L^2[a,b]).$$

证明存在$[a,b]$的可测子集 F,使得

$$(Px)(t)=\chi_F(t)x(t) \quad (x \in L^2[a,b]),$$

这里χ_F 是 F 的特征函数.

27. 设 $T=\int_{m-0}^{M}\lambda\,\mathrm{d}E_\lambda$.对 $x \in \mathscr{U}$, $\|x\|=1$,令 $\alpha_x=(Tx,x)$,$\beta_x=\|Tx\|$,证明 $\beta_x^2 \geqslant \alpha_x^2$,且对任意的 $\varepsilon>0$,必存在 $\lambda_0 \in \sigma(T)$,使

$$\alpha_x-\sqrt{\beta_x^2-\alpha_x^2}-\varepsilon \leqslant \lambda_0 \leqslant \alpha_x+\sqrt{\beta_x^2-\alpha_x^2}+\varepsilon.$$

28. 设 T 是复希尔伯特空间 $\mathscr{U}$ 上的自伴算子,$\{E_\lambda\}$ 为 T 的谱族.证明 T 的值域的闭包是$[(I-E_0)+E_{-0}](\mathscr{U})$.

29. 设 $\mathscr{U}$ 是复希尔伯特空间, $\{\alpha_n\}$ 是实数列且 $\sup\limits_n |\alpha_n| < \infty$. 令

$$Tx = y : \eta_n = \alpha_n \xi_n, \quad n = 1, 2, \cdots,$$

其中 $x = \{\xi_1, \xi_2, \cdots, \xi_n, \cdots\}$, $y = \{\eta_1, \eta_2, \cdots, \eta_n, \cdots\}$. 证明 $\sigma(T)$ 等于 $\{\alpha_n\}$ 的闭包, 每个 α_n 是 T 的特征值, 且 T 的谱族 $\{E_\lambda\}$ 由下式给出:

$$(E_\lambda x, y) = \sum_{\alpha_i \leqslant \lambda} \xi_i \eta_i.$$

30. 设 T 是复希尔伯特空间 $\mathscr{U}$ 上的自伴算子, 用 $|T|$ 表示 T^2 的正平方根, 令

$$T_+ = \frac{1}{2}(|T| + T), \ T_- = \frac{1}{2}(|T| - T).$$

证明: 算子 $|T|$ 是使不等式 $T_+ \leqslant S$, $T_- \leqslant S$ 同时成立且与 T 可换的正算子 S 中的最小者.

31. 承上题, 证明: T_+ 是使 $T \leqslant S$ 成立, 且与 T 可换的正算子 S 中的最小者.

参考书目与文献

[1] LIMAYE B V. Functional analysis. New Delhi:Wiley Eastern Limited, 1981.

[2] BREZIS H. Functional analysis, Sobolev spaces and partial differential equations. New York:Springer-Verlag, 2011.

[3] DUNFORD N, SCHWARTZ J T. Linear operators, part Ⅰ:general theory. New York:Interscience publishers, 1958.

[4] EIDELMAN Y, MILMAN V, TSOLOMITIS A.Functional analysis: an introduction. Providence:AMS,2004.

[5] 关肇直.泛函分析讲义.北京:高等教育出版社,1958.

[6] 关肇直,张恭庆,冯德兴.线性泛函入门.上海:上海科学技术出版社,1979.

[7] 胡适耕.泛函分析.北京:高等教育出版社,海德堡:施普林格出版社,2001.

[8] 江泽坚,孙善利.泛函分析.北京:高等教育出版社,1994.

[9] KRISHNAN V K.泛函分析习题集.步尚全,方宜译.北京:清华大学出版社,2008.

[10] 克里斯台斯库.泛函分析.鲁世杰译.北京:科学出版社,1988.

[11] LAX P D. Functional analysis. New York:Wiley-Interscience,2002.

[12] 刘斯铁尔尼克,索伯列夫.泛函分析概要.2版.杨从仁译.北京:科学出版社,1985.

[13] 南京大学数学系.泛函分析.北京:人民教育出版社,1961.

[14] 纳唐松.函数构造论.何旭初,唐述剑译.北京:科学出版社,1959.

[15] 裴鹿成.蒙特卡罗方法及其应用.长沙:国防科技大学出版社,1993.

[16] 邱曙熙,邱旭勐,李毅轩.实变与泛函学习指导.厦门:厦门大学出版社,2004.

[17] Rudin W. 泛函分析.赵俊峰,刘培德译.武汉:湖北教育出版社,1989.

[18] 宋国柱.实变函数与泛函分析习题精解.北京:科学出版社,2003.

[19] 孙清华,候谦民,孙昊.泛函分析:内容、方法与技巧.武汉:华中科技大学出版社,2005.

[20] 汪林.泛函分析中的反例.北京:高等教育出版社,2014.

[21] 夏道行,吴卓人,严绍宗,等.实变函数论与泛函分析:下册.2 版.北京:高等教育出版社,1985.

[22] 夏道行,严绍宗,舒五昌,等.泛函分析第二教程.2 版.北京:高等教育出版社,2009.

[23] ZEIDLER E. Applied functional analysis: main principles and their applications: Vol.1,2. New York: Springer-Verlag, 1995.

[24] 张恭庆,林源渠.泛函分析讲义:上册.北京:北京大学出版社,1987.

[25] 张恭庆,郭懋正.泛函分析讲义:下册.北京:北京大学出版社,1990.

索　引

A

B

C

G

H

J

K

L

M

N

P

Q

R

S

T

W

X

Y

Z

符　号　表

读者意见反馈

为收集对教材的意见建议，进一步完善教材编写并做好服务工作，读者可将对本教材的意见建议通过如下渠道反馈至我社。

咨询电话　400-810-0598

反馈邮箱　hepsci@pub.hep.cn

通信地址　北京市朝阳区惠新东街4号富盛大厦1座

高等教育出版社理科事业部

邮政编码　100029